21 世纪高等学校计算机类
课程创新系列教材·微课版

U0662482

Python程序设计基础与应用

微课视频版

杨年华　编著

清华大学出版社
北京

内 容 简 介

本书主要介绍 Python 语言的基础知识及其在数据分析与可视化、文本处理、数字媒体处理等领域的应用。本书在讲解 Python 基础知识的同时，以案例的形式详细介绍了 Python 在经济、管理、文学、法学和数字媒体处理的各专业中的应用。本书中的代码均在 Python 3.12 中测试通过，可以在 Python 3.12 及以上的版本中运行。

本书适合作为高等院校程序设计基础、Python 数据处理与分析基础、Python 数字媒体处理基础等课程的教材，也可作为 Python 程序设计爱好者的入门教程或相关科研工作者、工程实践者的参考书。

图书在版编目(CIP)数据

Python 程序设计基础与应用：微课视频版 / 杨年华编著. -- 北京：清华大学出版社，2025.7.
(21 世纪高等学校计算机类课程创新系列教材：微课版). -- ISBN 978-7-302-69738-1

Ⅰ．TP312.8

中国国家版本馆 CIP 数据核字第 2025L2J803 号

责任编辑：黄　芝　薛　阳
封面设计：刘　键
责任校对：胡伟民
责任印制：沈　露

出版发行：清华大学出版社
　　　　　网　　　址：https://www.tup.com.cn，https://www.wqxuetang.com
　　　　　地　　　址：北京清华大学学研大厦 A 座　　　邮　　编：100084
　　　　　社 总 机：010-83470000　　　　　　　　　　邮　　购：010-62786544
　　　　　投稿与读者服务：010-62776969，c-service@tup.tsinghua.edu.cn
　　　　　质量反馈：010-62772015，zhiliang@tup.tsinghua.edu.cn
　　　　　课件下载：https://www.tup.com.cn，010-83470236
印　装　者：涿州汇美亿浓印刷有限公司
经　　　销：全国新华书店
开　　　本：185mm×260mm　　　印　张：18.5　　　　　字　　数：465 千字
版　　　次：2025 年 8 月第 1 版　　　　　　　　　　　印　　次：2025 年 8 月第 1 次印刷
印　　　数：1～1500
定　　　价：59.80 元

产品编号：103639-01

Python 程序设计语言的开源、跨平台、易于入门等特点使其广受使用者欢迎。近二十多年来,Python 语言在 TIOBE 程序设计语言排行榜中的位次不断上升。在最近两年的每月排名中更是长期占据榜首。Python 是通用的程序设计语言,广泛应用于互联网、桌面系统和嵌入式系统等开发领域。

在大数据和人工智能时代,数据处理、分析、机器学习和深度学习得到各个领域的广泛关注和重视。程序设计是实现数据处理、分析、机器学习和深度学习的基础。Python 程序设计语言已广泛应用于这些领域。因此,学习 Python 程序设计可以为上述领域的学习和研究提供基础的技术支撑。

本书面向 Python 程序设计的入门读者,尽量兼顾简单性和体系性,顺序渐进地进行讲解,逐步引导读者注重利用帮助文档来提高自学能力和解决问题的能力。第 1~7 章介绍 Python 的基本用法和基础语法,第 8、9 章介绍文件与数据的处理,第 10~12 章分别介绍 Python 程序设计在各领域的应用。

第 1 章介绍 Python 开发环境的安装、各种常用集成开发环境的特点、Python 编程的方式与风格、帮助的使用。第 2~8 章中贯穿了一个身体质量指数(BMI)计算的案例,根据各章的知识点,不断丰富该案例。第 2 章介绍 Python 语言的标识符、变量、赋值语句、标准输入和输出、常用数据类型等,该章根据体质指数案例计算的顺序(也是初学者初次接触程序碰到的大致流程)来组织知识点的顺序,逐步丰富、扩展相关知识点,并尽量保持知识点的完整性和体系性。第 3 章主要介绍分支结构和循环结构,其中标星号(∗)的部分对初学者来说可能有一定的难度,读者可以先跳过该内容。第 4 章主要介绍列表、元组、等差整数序列、字典、集合等组合类型对象的创建和常见用法,并介绍了可迭代对象、迭代器和推导式的用法,最后介绍 collections 模块中的 Counter 容器以方便元素个数的统计。第 5 章主要介绍字符串的构造、字符集与字符编码、字符串格式化方法和字符串操作的常用方法。第 6 章主要介绍函数的定义方法、函数参数的传递方式、lambda 函数、模块的__name__属性及其用处。第 7 章介绍类的定义方法、对象的一般创建方法、类的继承特性。第 8 章主要介绍数据在文本文件和 Excel 文件中的存取方法。第 9 章主要介绍利用 NumPy、Matplotlib 和 Pandas 进行数据分析和可视化展示的基本方法。第 10 章以案例的形式分别介绍经济与管理中的数据分析和可视化。第 11 章以案例的形式介绍文学与法学中文本的分析和可视化。第 12 章以案例的形式介绍数字媒体中音频与图像的处理。上海对外经贸大学的柳青参与了第 2、4、5 和 6 章的部分内容编写,郑戟明参与了第 2 和 4 章的部分内容编写。

本书提供配套的程序源码,并为教师提供教学课件、教学大纲和部分习题参考答案。这些资料可以从清华大学出版社官方网站下载。

使用本书时,如果读者使用 Python 官方发行的标准版本,则还需要安装以下第三方库:openpyxl、xlwings、numpy、matplotlib、pandas、scikit-learn、gensim、pillow、jieba、 wordcloud、pygame、pydub。 如果使用 Anaconda,则还需要安装以下第三方库：jieba、wordcloud、pygame、pydub。本书相应章节中均有这些库的安装方法介绍。

由于作者水平有限,书中难免存在疏漏和不足之处,敬请批评指正,并将意见反馈给我们。

作　者

2025 年 3 月

目　录

第 1 章

Python概述与开发环境

本章首先讲述 Python 语言的特点；接着介绍 Python 开发环境的安装方法，并以简单的实例介绍如何开始使用 Python；然后介绍几个常用的集成开发环境；最后介绍模块的导入方式、如何查看帮助信息。

1.1 Python 语言的特点

Python 语言的语法简洁、清晰，比较容易入门和掌握，使得用户能够专注于解决问题的逻辑，而不是为烦琐的语法所困惑。Python 语言具有良好的跨平台特性，可以运行于 Windows、UNIX、Linux、安卓等大部分操作系统平台。Python 是一种解释性语言，在运行时先转换成作为中间状态的字节码。不同操作系统上的 Python 解释器均可对中间状态的字节码进行解释执行，这使得 Python 程序具有良好的跨平台特性，且易于移植。

Python 语言具有良好的可扩展性。例如，Python 可以调用使用 C、C++等语言编写的程序，也可以调用 R 语言中的对象以利用其专业的数据分析能力。同样也可以将 Python 程序嵌入其他程序设计语言中，或者作为一些软件的二次开发脚本语言。例如，Python 可以作为 SPSS 的脚本语言。

Python 标准库非常庞大，可以处理各种工作。而且，由于 Python 开源、免费的特征，不同社区的 Python 爱好者贡献了大量实用且高质量的扩展库，方便在程序设计时直接调用。Python 是一个高级程序设计语言，用户在使用时无须考虑诸如内存管理等底层问题，从而降低了技术难度。这也是它在非计算机专业领域受到广泛欢迎的另一个重要原因。

1.2 Python 的下载与安装

从 Python 官方网站下载的 Python 版本称为标准版本。在 Python 标准版本的基础上集成了第三方功能模块的 Python 版本称为增强版的 Python，如 Anaconda、WinPython 等。这些增强版本除了包含 Python 官方发行的标准版本，还包含很多第三方模块。本节先介绍标准版 Python 的下载与安装，然后介绍 Anaconda 的下载与安装。建议读者安装增强版本的 Python，如 Anaconda。

1.2.1 标准版 Python 的下载与安装

用户可以从 https://www.python.org/downloads/下载标准版本的 Python。根据所

使用的操作系统,选择适合于不同操作系统的 Python 安装文件。例如,要安装到 64 位 Windows 操作系统上,在下载网页上单击 Windows 后,单击相应版本 Python 中 Windows installer(64-bit)下载 Python 安装文件。

下面以在 Windows 的 64 位操作系统上安装 Python 为例,简要介绍 Python 开发环境的安装过程,步骤如下。

双击安装程序 python-版本号-amd64.exe。

在出现的安装界面中勾选 Install launcher for all users 和 Add Python 版本号 to PATH 选项,然后单击 Customize installation。

在出现的下一个安装界面中单击 Next 按钮。

在出现的下一个安装界面中,勾选 Install for all users,接着选择 Python 的安装路径,然后单击 Install 按钮,等待直到出现安装完成界面。

如果使用标准版本的 Python,且在使用过程中需要第三方模块,例如需要使用第三方模块 openpyxl 来读写 Excel 文件,则按 Windows+R 组合键打开如图 1.1 所示的 Windows "运行"对话框。

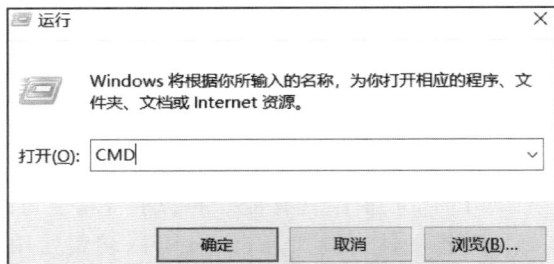

图 1.1　Windows"运行"对话框

在如图 1.1 所示的"运行"对话框中输入"CMD",按 Enter 键或单击"确定"按钮,打开 CMD 命令行窗口。在打开的 CMD 命令行窗口中输入以下命令来完成第三方模块的安装: pip install 模块所在的库名称,例如: pip install openpyxl。

1.2.2　增强版 Python 的下载与安装

WinPython 和 Anaconda 是两个比较常用的 Python 增强发行版本。WinPython 只适用于 Windows 操作系统。Anaconda 是一个开源、跨平台的 Python 增强发行版本,包含 Python 官方发行的标准版本及很多常用的模块。本节主要介绍 Anaconda 的下载与安装。

使用网址 https://www.anaconda.com/download 进入下载页面,输入 E-mail 地址登录后下载或者直接单击 Skip registration 后打开 Anaconda Installers 列表。根据操作系统类型,选择下载相应版本的 Anaconda。

下载完成后,在 Windows 下右击安装文件,选择以管理员身份运行,逐步安装。在如图 1.2 所示的 Select Installation Type 窗口中,建议选择 All Users 单选按钮。然后继续按步骤操作直到完成安装。

安装完 Anaconda 后,已经集成的第三方模块不需要再安装,可以降低初学者安装第三方模块的难度。如果有些软件模块没有包含在 Anaconda 发行版中,可以在 Windows "开始"菜单中单击 Anaconda 3→Anaconda Prompt,打开相应的命令行窗口,在该命令行窗口

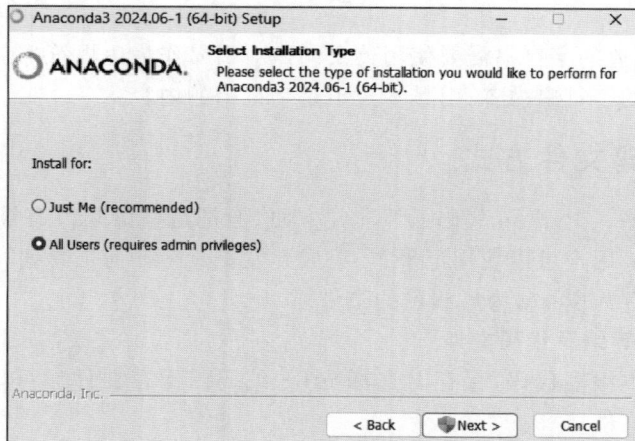

图 1.2　Anaconda 的 Select Installation Type 窗口

中输入 pip install 模块所在的库名称或者 conda install 模块所在的库名称，完成相应的安装。

1.3　开始使用 Python

1.3.1　交互方式

程序的交互方式是指程序员输入一条指令，程序立即返回该指令的执行结果。在 Windows 下安装完标准版本的 Python 后，通过"开始"菜单→Python 版本号→IDLE 打开如图 1.3 所示的 IDLE 交互界面。

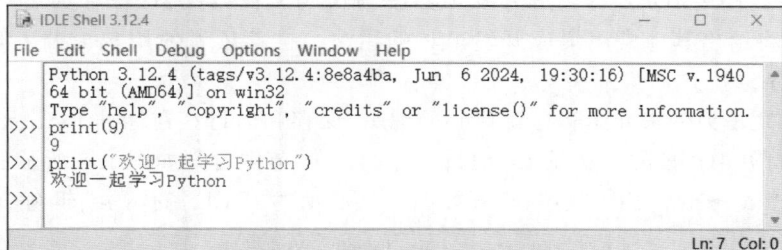

图 1.3　IDLE 交互界面

如果安装的是 Anaconda，则进入 Anaconda 安装目录，如 C:\ProgramData\anaconda3\Scripts，双击该目录下的 idle.exe 文件，即可打开如图 1.3 所示的 IDLE 交互窗口。

在如图 1.3 所示窗口的提示符>>>下输入"print(9)"。这是调用 print()函数，并将数字 9 作为参数传递给 print()函数。紧挨着下一行是该函数打印输出的数字 9。

再在提示符>>>下输入"print("欢迎一起学习 Python")"。这是调用函数 print()，将以英文双引号为边界符的字符串"欢迎一起学习 Python"作为函数 print()的参数。紧接着在下一行会输出字符串"欢迎一起学习 Python"（注意：输出时没有双引号）。

这里的 print()函数将后面一对圆括号中的参数打印输出到屏幕上。如果参数是以英文引号为边界符的字符串，则只打印输出引号边界符之间的字符串内容，不打印作为边界符的引号。

注意，作为文本值的字符串需要使用英文的一对引号作为边界符，一对英文引号之间的内容表示一个完整的字符串内容，引号本身不是字符串的内容。

1.3.2　代码文件方式

在交互方式下输入 Python 代码虽然非常方便，但是这些语句没有被保存，无法重复执行或留作将来使用。用户可以使用记事本、集成开发工具等任何工具编写源代码，然后将源代码构成的程序保存为以. py 为后缀名的文件。

1. 使用记事本等编写代码文件

如果使用记事本编写代码，保存时选择 utf-8 编码。保存文件后可以在操作系统的命令行方式下执行此文件。

如果使用的是 Python 标准发行版本，则按 Windows＋R 组合键打开如图 1.1 所示的"运行"对话框，在该对话框中输入"CMD"命令，在打开的 CMD 命令行窗口中输入以下语句来执行：

```
python 文件名.py
```

如果使用的是 Anancoda 这种增强版的 Python，则使用 Windows"开始"菜单→Anancoda 3→Anaconda Prompt，在打开的命令行窗口中执行：

```
python 文件名.py
```

初学者要注意，在命令行下执行程序文件时，要先切换到程序文件所在目录，然后执行python 文件名.py。或者在文件名前面添加路径名：python 路径名/文件名.py。

2. 使用集成开发环境编写代码文件

用户也可以使用 IDLE 等集成开发工具编写代码文件，将文件保存为后缀名为. py 的文件。1.4 节将给出其他常用集成开发工具的用法。推荐读者使用集成开发环境来编写、调试、运行程序。

本节以 IDLE 为例来介绍程序源代码的编写、保存和运行。在标准 Python 发行版本或Anaconda 中打开 IDLE 的方法见 1.3.1 节。在 1.3.1 节中打开如图 1.3 所示的 IDLE 交互窗口中，选择 File→New File 菜单，打开如图 1.4 所示的 IDLE 源代码编辑窗口。

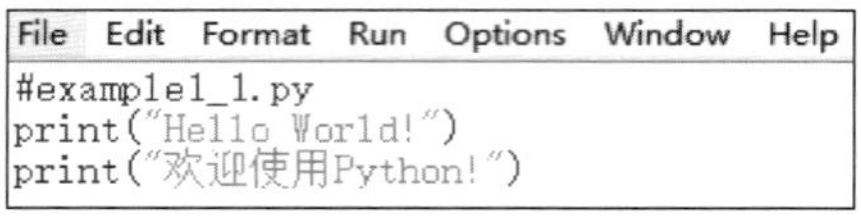

图 1.4　IDLE 源代码编辑窗口

【例 1-1】　使用 IDLE 编写 Python 程序，分两行分别打印"Hello World!"和"欢迎使用Python!"。

在如图 1.4 所示的 IDLE 源代码编辑窗口中输入如下所示的程序源代码。

```
# example1_1.py
print("Hello World!")
print("欢迎使用 Python!")
```

其中，第 1 行以"＃"开头，是注释行。解释器会直接忽略注释行，不会执行该行。

在如图 1.4 所示的窗口中编写完代码后,使用菜单 File→Save(或 Save As),以 example1_1.py 为文件名保存该程序(读者可以自行命名文件名,但须以.py 为后缀名)。然后按 F5 键或选择菜单中的 Run→Run Module 运行程序,得到如下执行结果。

Hello World!
欢迎使用 Python!

利用 IDLE 等集成开发环境编辑完源代码后,既可以像例 1.1 一样直接在 IDLE 等集成开发工具中运行,也可以在命令行窗口中执行 python 文件名.py 运行程序文件,得到运行结果。

1.3.3 代码文件的打开

打开已有的代码文件有两种方式。第一种是使用 Windows 右键的弹出式菜单,选择指定的编辑器来打开。第二种是先打开代码编辑器,然后通过编辑器中的 Open 菜单打开。

注意,在 Windows 下双击.py 文件时,默认自动打开命令行窗口,并执行该.py 文件,执行结束后自动关闭命令行窗口。如果程序执行时间较短,会看到命令行窗口一闪而过的画面。如果在 Windows 默认打开方式中为 py 文件指定了默认编辑器,则鼠标双击 py 文件后,在默认的编辑器中打开该文件。

1.3.4 代码风格

代码风格是指代码的样子。一个具有良好风格的程序不但能够降低程序的错误率,还能提高程序的可读性,便于交流和理解。这里介绍几个对编写 Python 程序具有比较重要影响的风格。

1. 代码缩进与语句块

代码缩进是 Python 语法中的强制要求。Python 的源程序依赖于代码段的缩进来实现程序代码逻辑上的归属。一个 Python 程序从上到下整体构成一个语句块,上一行结束时的冒号意味着下一行开始创建一个新的语句块,该新创建的语句块相比于冒号所在行要适当往右缩进。连续几个相同缩进的语句行构成一个语句块。内部语句块是外部语句块的一个子块。内部语句块与其上一行的冒号所在行构成一个整体。图 1.5 为一个语句块嵌套的实例,内层语句块相对于外层语句块要往右缩进适当的空间。

同一个程序中每一级缩进时统一使用相同数量的空格或制表符(Tab 键)。一个 Python 程序可能因为没有使用合适的空格缩进而导致完全不同的逻辑和功能。

2. 适当的空行

适当的空行能够增加代码的可读性,方便交流和理解。例如,在一个函数的定义开始之前和结束之后使用空行、在 for 语句功能模块之前和之后添加空行都能够极大地提高程序可读性。空行不是强制需要的。

3. 适当的注释

一行程序中,井号(♯)往后的部分称为单行注释。一行或多行中成对的三个单引号或成对的三个双引号之间的部分为多行注释。程序中的注释内容是给人看的,不是为计算机写的。运行时,注释语句的内容将被忽略。适当的注释有利于别人读懂程序、了解程序的用途,同时也有助于程序员本人整理思路、方便回忆。

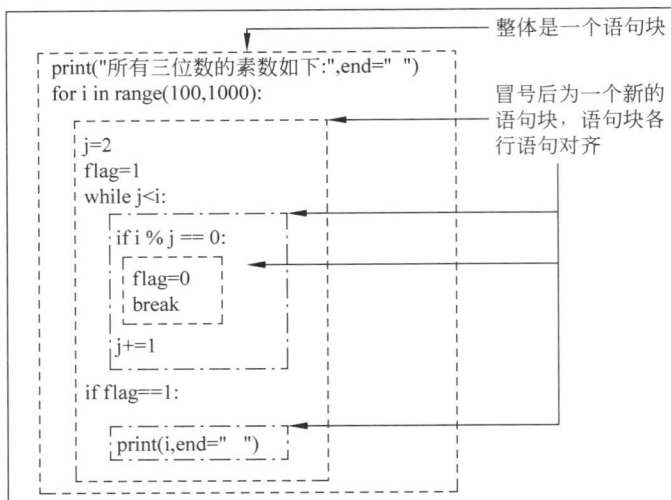

图 1.5　语句块嵌套实例

1.4　Python 的集成开发环境

前面已经提到，标准 Python 发行版中已经内置了集成开发环境（Integrated Development Environment，IDE），会随着 Python 解释器一起安装。集成开发环境通过提供一些可视化的工具、插件等，帮助开发者提高开发效率，加快开发的速度。Python 集成开发环境的后端通过命令也是调用计算机上安装的 Python 环境（如 1.2 节介绍的两种方式安装的 Python 环境）。

图 1.6 给出了各种集成开发环境与 Python 解释器之间的关系。点画线框内的内容表示 Python 标准发行版本中除了 Python 解释器，还内置了 IDLE 这个集成开发环境。点状虚线框内的内容表示 Anaconda 发行版本，除了 Python 标准发行版本的内容，还内置了 Spyder 和 Jupyter Notebook 两个集成开发环境。在一台计算机上只需安装一个 Python 解

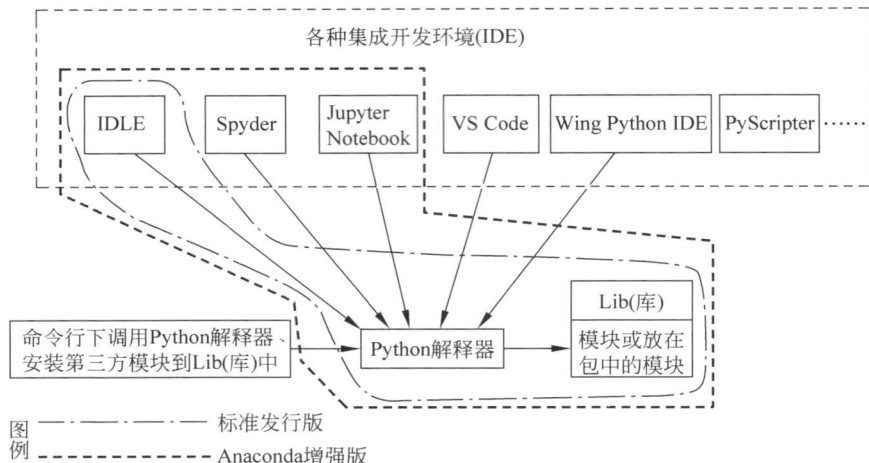

图 1.6　集成开发环境与 Python 解释器之间的关系

释器即可。通过 Python 的标准发行版本或增强版本安装了 Python 解释器后,在计算机上还可以安装多种集成开发环境。这些集成开发环境可以指定调用特定的 Python 解释器。无论是通过命令行执行程序,还是通过集成开发环境执行程序,都是通过调用 Python 解释器来解释执行程序。

本节以下部分简要介绍 Spyder、VS Code 和 Wing Python IDE 这三款常用的集成开发工具。

1.4.1　Spyder

Spyder 是一个出色的集成开发环境,可以用来编写、调试和执行代码。

1. 使用 Anaconda 中的 Spyder

Anaconda 等 Python 增强发行版本已经内置了 Spyder。安装完这些增强发行版本的 Python 后就带有 Spyder。如果安装了 Anaconda,可以通过 Windows 菜单→Anaconda 3→Spyder 来启动 Spyder,打开如图 1.7 所示的图形界面。

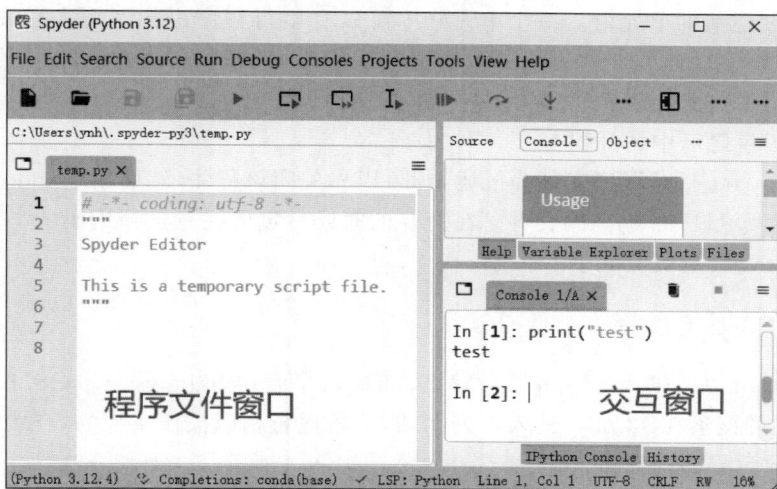

图 1.7　Spyder 集成开发环境编码窗口

图 1.7 的右下角是交互窗口,可以交互执行 Python 语句。图 1.7 的左侧是程序文件窗口。用户在左侧的程序文件窗口中编写、修改代码,将文件保存到指定的位置后,可以选择菜单"运行"→"运行"(或者直接按 F5 键)来执行整个程序文件。

2. 在 Python 标准发行版本中安装、使用 Spyder

如果读者安装的是 Python 官方的标准发行版本,则要自己安装 Spyder 模块。按 Windows+R 组合键打开如图 1.1 所示的"运行"对话框,在该对话框中输入"CMD"命令,在打开的操作系统命令行窗口中输入"pip install spyder"来安装 Spyder。

安装完 Spyder 后,在操作系统命令行下输入"spyder"后按 Enter 键或者在 Python 安装目录的 Scripts 子目录下双击 Spyder.exe 来启动 Spyder 集成开发环境。

3. 改变编辑器中的字体大小

单击主菜单 Tools→Preferences,在打开的 Preferences 窗口左侧选择 Apperence 选项,在窗口中间的 Fonts 区域改变相应的 Size 参数,单击 OK 按钮后改变字体的大小。

4．切换显示界面的语言

单击主菜单 Tools→Preferences，在打开的 Preferences 窗口左侧选择 Applications 选项，在右侧单击 Advanced Settings 标签，然后在 Language 右侧的下拉列表框中选择语言类别，如简体中文。单击 OK 按钮确认。

5．选择 Python 解释器

如果读者的计算机中安装了多个 Python（如 1.2 节安装的标准版与增强版，或多个不同版本编号的 Python），则可以通过菜单“工具”→“偏好”打开偏好设置窗口，选择“Python 解释器”的选项，在窗口右侧选择 Python 解释器（python.exe 文件），单击 OK 按钮后完成设置。可以选择使用标准发行版本的 Python，也可以选择 Anaconda 等扩展版本的 Python。

6．创建程序单元格

使用 Spyder 编写程序时，可以用“♯%%”（♯与%%之间可以有一个空格，也可以没有空格）或“♯ In[]”（♯与 In 之间有一个空格）来创建一个单元格。在它们后面的是同一个单元格，直到创建新的单元格。一个单元格中可以有多行程序语句。将光标放在某个单元格上，可以通过菜单“运行”→“运行单元格”（Ctrl+Enter）来执行该单元格中的程序。如果选择菜单“运行”→“运行”（F5）将执行整个程序文件。

7．处理程序显示中的乱码

如果用 Spyder 打开程序文件为乱码，则可以先关闭该程序，然后用 Windows 中的记事本打开，并另存为 UTF-8 编码的文件。在另存的时候一定要注意选择编码的类型为 UTF-8。然后重新用 Spyder 打开即可。

1.4.2　VS Code

Visual Studio Code(VS Code)是微软发布的跨平台（Windows、macOS、Linux）集成开发工具。从百度搜索 VS Code，进入官方网站，下载适合相应操作系统的 VS Code，并安装。

1．切换显示界面的语言

VS Code 中可以安装中文插件，将菜单切换到中文模式。在主菜单中选择 File→Preferences→Extensions，在打开的 Extensions 搜索框中输入“中文”两个字，并按 Enter 键。在列出的搜索结果中，选择“Chinese (Simplified)（简体中文）Language Pack for Visual Studio Code”插件，单击 Install 按钮。安装完成后，在右下角出现的询问语言切换对话框中单击 Change Language and Restart 按钮。重启后就显示了中文界面。如果要将显示界面在中英文等多种语言之间切换，可以在主界面中按 Ctrl+Shift+P 组合键，在出现的命令面板中输入“Language”，选择 Configure Display Language。接着在出现的语言类别中选择相应的选项。

2．Python 插件的安装

VS Code 可以用于多种程序设计语言的开发。如果要用于 Python 开发，需要先安装 Python 插件。选择菜单“文件”→“首选项”→“扩展”，在打开的扩展窗口中输入“Python”进行搜索，找到 Python 插件（Python extension for Visual Stadio Code），单击安装。

3．配置默认 Python 解释器

如果计算机上安装了多个 Python 解释器（如 1.2 节的介绍），则需要为 VS Code 指定默认的解释器,否则默认使用操作系统 path 路径中指定的默认 Python 解释器。先用如下两种方式之一打开"Python:选择解释器"项。

方式 1:单击编辑器上方"搜索"栏中的空白处,在弹出的下拉列表中选择"显示并运行命令>",选择"Python:选择解释器"项。

方式 2:直接按 Ctrl+Shift+P 组合键,在弹出的下拉列表中选择"Python:选择解释器"项。

单击"Python:选择解释器"项后,选择已显示的 Python 解释器,如"C:\\Program Files\\Python312\\python.exe"。如果单击"Python:选择解释器"项后没有显示已安装的 Python 解释器,则选择"+输入解释器路径…",在随后出现的选项中单击"查找",然后在出现的文件选择对话框中选择 Python 安装路径下的 python.exe 文件。这样就完成了默认 Python 解释器的设置。

选择菜单"文件"→"新建文件",选择新建 Python 文件。输入源代码后,单击源代码窗口右上角的"运行 Python 文件"图标就可以调用默认 Python 解释器来运行当前源代码文件。

4. 创建程序单元格

VS Code 中还可以安装 Jupyter 插件。安装完 Jupyter 插件后,VS Code 可以像 Spyder 一样用"♯%%"或"♯ In[]"来创建一个单元格,并可以单独运行各个单元格。

5. 改变编辑器中的字体大小

如果要改变编辑器中的字体大小,选择主菜单中的"文件"→"首选项"→"设置",在打开的设置窗口中,选择"文本编辑器"→"字体",在右侧 Font Size 下方的文本框中输入字体大小,关闭设置窗口。

6. 处理程序显示中的乱码

打开文件后如果出现乱码,则进入菜单"文件"→"首选项"→"设置",在打开的设置窗口中,选择"文本编辑器"→"文件",在右侧 encoding 的下拉列表框中选择 UTF-8 或 GBK。然后重新打开文件。新建的文件也将以此编码格式来保存文件内容。

1.4.3　Wing Python IDE

Wing Python IDE 也是一种 Python 语言集成开发环境。它既可以用于开发大型项目,也方便 Python 初学者进行单个 Python 文件的操作。Wing Python IDE 是一个商业软件,但 Wing Python IDE Personal 是一个免费版本。Wing Python IDE Personal 版可以满足 Python 学习的需要,也能满足项目开发的需要。读者可自行下载安装。

1. 选择 Python 解释器

安装完 Wing Python IDE Personal 版本后,在"开始"菜单中打开。在窗口主菜单中选择 Project→Project Properties 菜单,打开如图 1.8 所示的设置对话框。选择 Environment 选项卡,在 Python Executable 选项中勾选 Command Line 单选按钮。单击下拉列表框可以看到本机已安装的 Python 环境。可以选择 Python 标准发行版本或选择 Anaconda 中的 Python。选择其中一项需要的 Python 版本作为 Wing Python IDE 当前环境的解释器。然后单击 OK 按钮。

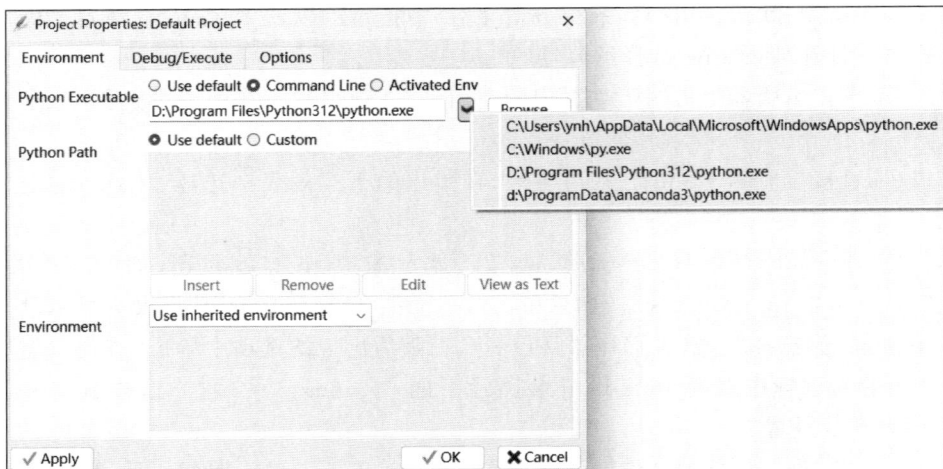

图 1.8　选择 Wing Python IDE 的 Python 解释器

2. 创建、运行程序

选择主窗口的 File→New 菜单，打开一个空白的编辑窗口，在窗口中可以编写程序。在编写程序过程中，在函数名或方法名的后面输入左圆括号后，在主窗口右上角会显示相关可用参数及其默认值。

编写完代码后，保存程序源代码。在主窗口菜单中选择 Debug → Start/Continue 菜单运行、调试程序。也可以单击工具栏上的 ▶ 按钮或直接按 F5 键来运行、调试程序。

3. 处理程序显示中的乱码

如果用 Wing Python IDE 打开文件出现乱码，则进入菜单 Edit→Preferences，在打开的 Preferences 设置窗口中，选择 files，在右侧 Default Encoding 下拉列表框中选择 system default、utf-8、gbk 等编码。然后重新打开文件。新建的文件也将以此编码格式来保存文件内容。

1.5　模块导入与使用帮助

1.5.1　模块、包、库与模块的导入方式

模块是一种程序的组织形式。它将彼此具有特定关系的一组 Python 可执行代码、函数、类或变量组织到一个独立文件中，可以供其他程序使用。程序员一旦创建了一个 Python 源文件，就可以将其作为一个模块来使用，其不带后缀 .py 的文件名就是模块名。多个模块还可以组织到一个包中。通常将多个功能相关的模块和包组织在一个库中发布，以方便安装。

Python 有一个内置模块 builtins。在 Python 启动后且没有执行程序员所写的任何代码前，该模块被自动加载到内存中，不需要程序员通过 import 语句显式加载。该内置模块中的类、函数、变量等对象可以直接使用，不用添加内置模块名作为前缀。查看内置模块中的类、函数、变量等对象有以下两种方式。

方式 1：直接使用 dir(__builtins__) 命令查看。

```
>>> dir(__builtins__)
```

返回的结果是一个由内置模块中各对象名称构成的字符串列表。由于返回结果内容较多，请读者执行 dir(__builtins__)来查看结果。

方式2：先用 import builtins 手工加载 builtins 模块，然后用 dir(builtins)命令查看。

```
>>> import builtins
>>> dir(builtins)
```

上述两种方式的结果完全一样。

用 help 可以查看 builtins 模块中的类、函数、变量等详细文档：

```
>>> import builtins
>>> help(builtins)
```

使用非内置模块中的类、函数等对象之前需要先导入相应的模块，然后才能使用该模块中的对象。共有三种模块导入方式，分别如下。

1．import moduleName1[,moduleName2[⋯]]

这种方法一次可以导入多个模块。但在使用模块中的类、函数、变量等内容时，需要在它们前面加上模块名。例如：

```
>>> import math
>>> math.sqrt(25)
5.0
>>> math.pi
3.141592653589793
```

在上述代码中，要使用 sqrt(x)函数来求 x 的平方根，需要先导入 math 模块，使用时须添加模块名为前缀，如 math.sqrt(25)。同样道理，如果要使用 math 模块中的 pi 值，需要通过 math.pi 来引用。

如果只是导入一个模块，可以使用 as 关键词为该模块指定一个别名，格式为

```
import moduleName as anotherName
```

例如：

```
>>> import math as m
>>> m.sqrt(25)
5.0
```

2．from moduleName import *

这种方法一次导入一个模块中的所有内容。使用时不需要添加模块名为前缀，但程序的可读性较差。例如：

```
>>> from math import *
>>> sqrt(25)
5.0
>>> pi
3.141592653589793
```

在上述代码中，利用 from math import * 导入 math 模块中的所有内容后，可以调用这个模块里定义的所有函数、变量等内容，不需要添加模块名为前缀。

尽量不要采用这种方式导入模块。这种方式除了会导入模块中的所有可导入对象外，

还会导入模块本身所导入的对象，容易导致命名空间的混乱。

3. from moduleName import object1[,object2[…]]

这种方法一次导入一个模块中指定的内容，如某个函数。调用时不需要添加模块名为前缀。使用这种导入方法的程序可读性介于前两者之间。例如：

```
>>> from math import sqrt,e
>>> e
2.718281828459045
>>> sqrt(25)
5.0
>>> pi
Traceback (most recent call last):
  File "<pyshell#8>", line 1, in <module>
    pi
NameError: name 'pi' is not defined
>>>
```

上述程序中，"from math import sqrt,e"表示导入模块 math 中的 sqrt 函数和变量 e，程序中只可以使用 sqrt 函数和 e 的值，不能使用该模块中的其他内容。

如果只是导入模块中的一个对象，可以使用 as 关键词为该对象指定一个别名，格式为

```
from moduleName import objectName as anotherName
```

例如：

```
>>> from math import sqrt as s
>>> s(25)
5.0
```

1.5.2 常用标准模块

Python 标准发行版本本身就带有的模块被称为标准模块。需要额外安装才能使用的模块称为第三方模块。

在交互模式下执行 help()，显示帮助相关信息后，出现 help>提示符，在 help>后面输入 modules 命令，可以查看当前系统中所有已经安装的模块名[①]。如果安装完从官方下载的标准发行版本后没有安装其他额外模块，那么此时显示的模块名都是标准模块的名称。

表 1.1 列出了 Python 中部分常用的标准模块。读者可以参考 Python 的官方文档来了解其他标准模块。

表 1.1　Python 部分常用的标准模块

模 块 名 称	简 要 说 明
time	时间戳，表示从 1970 年 1 月 1 日 00:00:00 开始按秒计算的偏移量；格式化的时间字符串；结构化的时间(年，月，日，时，分，秒，一年中第几周，一年中第几天，夏令时)
datetime	获取当前时间，获取之前和之后的时间，进行时间的替换
copy	copy 是一个运行时的模块，提供对复合对象(如 list、tuple、dict、custom class 等)进行浅拷贝和深拷贝的功能
os	提供与操作系统交互的接口

---

① 　在 help>提示符后面输入"q"或"quit"并按 Enter 键后退出帮助状态。

续表

模 块 名 称	简 要 说 明
sys	sys 是一个运行时的模块,提供了很多与 Python 解释器和环境相关的变量和函数
math	math 是一个数学模块,定义了标准的数学方法(如 cos(x),sin(x)等)和数值(如 pi)
random	random 是一个数学模块,提供了各种产生随机数的方法
re	处理正则表达式
pickle	提供了一个简单的持久化模块,可以将对象以文件的形式存储在磁盘里

1.5.3　使用帮助

Python 提供了 dir 和 help 函数供用户查看模块、函数等的相关说明。

以查看 math 模块的相关说明为例,在 Python 交互窗口中导入 math 模块后输入 dir (math)即可查看 math 模块的可用变量和函数,例如:

```
>>> import math
>>> dir(math)
['__doc__', '__name__', '__package__', 'acos', 'acosh', 'asin', 'asinh', 'atan', 'atan2', 'atanh', 'ceil',
'copysign', 'cos', 'cosh', 'degrees', 'e', 'erf', 'erfc', 'exp', 'expm1', 'fabs', 'factorial', 'floor',
'fmod', 'frexp', 'fsum', 'gamma', 'hypot', 'isinf', 'isnan', 'ldexp', 'lgamma', 'log', 'log10', 'log1p',
'modf', 'pi', 'pow', 'radians', 'sin', 'sinh', 'sqrt', 'tan', 'tanh', 'trunc']
>>>
```

help 函数可以查看模块、函数等的详细说明信息。例如,在 import math 后,输入命令 help(math),将列出 math 模块中所有的变量和函数详细说明。如果输入 help(math. sqrt),将只列出 math. sqrt 函数的详细信息。

1.5.4　模块导入与使用帮助的应用实例

【例 1-2】　分别运用模块导入的三种方式导入 random 模块来生成[0,99]区间的一个随机整数。

分析:我们尚不知道在 Python 的 random 模块中可以调用哪个函数来生成随机整数,此时,可以先用 help 函数查看一下帮助信息。例如:

```
>>> import random
>>> help(random)
```

在返回的帮助信息中找到如下信息:

```
randint(a, b) method of Random instance
Return random integer in range [a, b], including both end points.
```

通过帮助信息可以看到 randint(a,b)函数返回[a,b]区间内的一个随机整数,该区间包括边界值 a 和 b。

如果需要查看模块中已知函数名的帮助信息,可直接输入 help(模块名.函数名),例如,help(random. randint)只查看 randint()函数的帮助信息。

根据 random 模块中的帮助信息,下面分别使用三种模块导入方式编写程序。程序源代码如下。

```
#example1_2.py
print("用 import random 的方式导入模块")
```

```
import random
print(random.randint(10,99))

print("用 from random import * 的方式导入模块")
from random import *
print(randint(10,99))

print("用 from random import randint 的方式导入模块")
from random import randint
print(randint(10,99))

print("用 from random import randint as rt 的方式导入模块")
from random import randint as rt
print(rt(10,99))
```

程序 example1_2.py 中的 from random import randint 和 from random import randint as rt 可看成同一种导入方式。

程序 example1_2.py 的运行结果如下。

```
>>>
用 import random 的方式导入模块
17
用 from random import * 的方式导入模块
24
用 from random import randint 的方式导入模块
23
用 from random import randint as rt 的方式导入模块
68
>>>
```

习题

1. 从 https://www.python.org 下载适合于自己操作系统的 Python 安装程序，并在个人计算机上完成安装。

2. 下载并安装 Anaconda。

3. 下载、安装 VS Code，并在 VS Code 中安装 Python 插件和中文语言插件。

4. Python 中有哪些模块导入方法？分别举一个例子。

5. 导入 datetime 模块，并查看该模块的帮助信息。

6. 编写程序，利用 math 模块中的相关函数计算角度为 60°的角的余弦值。程序保存为 exercise1_6.py。

第**2**章

Python语言基础

本章介绍了利用引号构造字符串及字符串的拼接,利用 input()函数从键盘读取输入数据的基本方法,标识符的概念和命名规则、赋值语句的用法,常用的数据类型,从字符串中获取数值类型对象的方法,运算符和表达式的用法,用 print()函数实现数据输出的方法,如何执行字符串中表达式的计算,以及常用的内置函数和续行符的用法。

本书后面内容多处使用身体质量指数(BMI)的计算案例。BMI(Body Mass Index,身体质量指数),简称体质指数,是常用的衡量人体胖瘦程度的一个标准。其计算公式如下。

$$BMI = 体重 \div 身高^2$$

其中,体重的单位为千克(kg)、身高的单位为米(m)。成年人的 BMI 含义如表 2.1 所示。

表 2.1 成年人的 BMI 含义

BMI	肥 胖 程 度
BMI<18.5	过轻
18.5≤BMI<25.0	正常
25.0≤BMI<28.0	过重
28.0≤BMI<32.0	肥胖
BMI≥32.0	非常肥胖

【引例 2-1】 从键盘输入姓名、体重(单位为 kg)和身高(单位为 m),分别赋值给变量 name、weight 和 height。计算 BMI,并在屏幕上打印输出姓名和 BMI 的值。

该引例需要用到字符串、变量、输入函数、运算符、输出函数等内容,本章会详细介绍这些内容,并给出该引例的实现代码。

2.1 用字符串表达自然语言

人类平常读、写的语言称为自然语言。描述自然语言的文本序列在程序设计中通常称为字符串。在 Python 中需要用成对的英文引号作为字符串的边界符。两个成对的边界符之间的内容是字符串的实际内容,边界符不是字符串的内容。

2.1.1 一对英文引号作为字符串的边界符

可以用成对的单引号、成对的双引号或成对的三引号作为边界符,将字符序列括起来,构成一个字符串。作为字符串边界符的引号是英文的引号。注意,用引号作为边界符构造字符串时,要求引号成对出现:如果左侧是单引号,则右侧也用单引号;如果左侧用双引号,则右侧也用双引号;如果左侧用三个单引号,则右侧也用三个单引号;如果左侧用三个双引号,则右侧也用三个双引号。例如：

```
>>> '一起学习 Python'              #单引号作为边界符
'一起学习 Python'
>>> "一起学习 Python"              #双引号作为边界符
'一起学习 Python'
>>> '''一起学习 Python'''          #三个单引号作为边界符
'一起学习 Python'
>>> """一起学习 Python"""          #三个双引号作为边界符
'一起学习 Python'
>>>
```

2.1.2 字符串的拼接

多个字符串可以通过加号(＋)拼接为一个新的字符串。例如：

```
>>> "一起学习" + 'Python'
'一起学习 Python'
>>>
```

如果想与字符串拼接的内容不是字符串,则需要先构造成字符串才能用加号进行拼接。例如：

```
>>> "一起学习" + str(5) + "小时"
'一起学习 5 小时'
>>>
```

在该例子中,由于数字 5 不是字符串,无法与字符串使用加号进行直接拼接。这里使用 str(5)构造了以字符 5 为内容的字符串,然后利用加号将三个字符串拼接起来,构成一个新的字符串。

2.2 标识符、变量与赋值语句

2.2.1 标识符

标识符是用来标识某个对象的符号,如文件名、变量名、模块名、函数名、类名等。一个标识符是由指定字符集中的字符根据特定规则构成的一个字符序列。

1. 标识符构造规则

在 Python 中,标识符要符合以下规则。

(1) 只能由字母、数字 0~9 以及下画线组成。

(2) 必须以字母或下画线开头。

(3) 字母严格区分大小写。

(4) Python 语言的关键字不能作为自定义标识符。

例如,x、xy、Xy、y2023m8d8、year_1、_2023 等都是合法的标识符。

2. 不能使用关键字作为自定义标识符

在 Python 中,有一部分标识符是编程语言的关键字。这样的标识符是保留字,不能用于其他用途,否则会引起语法错误。

可以通过在交互模式下输入>>> help(),显示提示信息后跳出提示符 help >,在后面输入 keywords 即可显示所有的关键字。例如：

```
>>> help()
//此处省略了提示信息
help > keywords
Here is a list of the Python keywords. Enter any keyword to get more help.
False       class      from      or
None        continue   global    pass
True        def        if        raise
and         del        import    return
as          elif       in        try
assert      else       is        while
async       except     lambda    with
await       finally    nonlocal  yield
break       for        not
```

从上述结果可以看出，while、for 等是关键字，不能作为标识符使用。需要注意的是，在关键字中，None 表示一个特殊的 Python 对象。它和 False 不同，不是 0，也不是空字符串、空列表等。None 有自己的数据类型 NoneType。用户不能自己创建其他 NoneType 对象。

导入 keyword 模块后，可以调用 keyword.iskeyword(s)来测试自定义的字符串 s 是否为保留标识符（保留字）。例如：

```
>>> import keyword
>>> keyword.iskeyword("while")
True
>>> keyword.iskeyword("my_while")
False
>>>
```

还可以通过 keyword.kwlist 或 print(keyword.kwlist)查看所有关键字。

3. 应避免使用内置对象名作为自定义标识符

最好不要使用内置的模块名、类名、函数名、已经导入的模块名及其成员名作为标识符。如果使用内置模块名、类名、函数名、已经导入的模块名及其成员名作为标识符，则会改变标识符原有的定义，容易造成混淆。例如：

```
>>> max(5,1,9,8)          ♯用内置函数 max()求最大值
9
>>> max = 0               ♯作为变量使用
>>> max                   ♯max 是一个整型变量，改变了原标识符的定义
0
>>> max(5,1,9,8)          ♯整型变量不能被当作函数来调用
Traceback (most recent call last):
File "< console >", line 1, in < module >
TypeError: 'int' object is not callable
```

以上代码显示由于使用了内置函数名 max 作为变量名（标识符）导致 max 这个标识符变成变量名了，不再标识函数了。

可以通过 dir(__builtins__)查看所有内置的函数、变量和类等对象，常用的内置函数有 max()、min()、pow()、round()、sum()等。

2.2.2 变量与赋值语句

变量表示某个对象的名字，用标识符表示。可以通过变量名访问变量所指向的对象，也

可以通过赋值语句为变量赋值。

赋值语句由变量、赋值号和表达式构成，其格式如下。

<变量> = <表达式>

其中，"="称为赋值号，"="左边是一个变量，"="右边是一个表达式（由特定对象、变量和运算符构成）。首先对赋值号右边的表达式进行计算求值，然后将计算结果赋值给左边的变量。

Python 中变量的类型是可以随时变化的，例如：

```
>>> v = "一起学习 Python"        # 字符串类型
>>> v                           # 交互模式下可以直接输入变量名来查看结果
'一起学习 Python'
>>> print(v)                    # 程序文件或交互模式下均可使用 print()输出结果
一起学习 Python
>>> v = 2 + 3                   # 整数类型
>>> print(v)                    # 程序文件或交互模式下均可使用 print()输出结果
5
```

已经赋值的变量可以出现在赋值号右边的表达式中。在上述代码中，已经为变量 v 赋值了整数 5，所以变量 v 可以出现在赋值号的右边。例如：

```
>>> v = v + 3
>>> v                           # 交互模式下可以直接输入变量名来查看结果
8
```

在上述语句 v＝v＋3 中，根据当前 v 的值 5，先计算赋值号右边的表达式得 8，然后将 8 赋值给赋值号左侧的变量 v。此时，v 指向值为 8 的对象。

与许多编程语言不同，Python 语言允许同时对多个变量赋值。例如：

```
>>> x,y = 1,2
>>> x
1
>>> y
2
>>> a = b = 5
>>> a
5
>>> b
5
>>>
```

Python 3.8 开始引入了称为海象运算符的赋值符号"：＝"，可以在表达式内部为变量赋值，避免变量的重复书写。例如，表达式（x：＝5）＞3 表示先把 5 赋值给 x，然后比较 x 是否大于 3。整个表达式的结果为 True，同时变量 x 被赋予了整数值 5。

```
>>> (x: = 5) > 3
True
>>> x
5
```

上述表达式（x：＝5）＞3 等同于先后执行 x＝5 和 x＞3 这两个表达式的结果。

2.3 使用 input() 函数从键盘接收输入

2.1 节和 2.2 节都是直接给变量赋予一个确定的对象值或将表达式的计算结果赋值给变量,有时候需要动态地从键盘读取用户的输入。在 Python 语言中,可以用 input() 函数接收键盘的输入。无论用户输入什么内容,input() 函数都返回字符串类型。其格式如下。

```
input("自定义的提示符")
```

其中,括号内以一对英文引号为边界的字符串是提示符,可以输入任何内容的提示信息,默认为空。如果提示信息不为空,则执行该函数时,先显示提示信息,然后等待用户在提示信息后输入内容,输入完毕后按 Enter 键。input() 函数将用户输入的内容作为一个字符串返回,并自动忽略换行符。可以将返回结果赋予变量,也可以作为字符串直接用于表达式中。例如:

```
>>> weight = input("请输入体重(以千克为单位):")
请输入体重(以千克为单位):60
>>>
```

执行语句 weight = input("请输入体重(以千克为单位):")后,输出提示符字符串"请输入体重(以千克为单位):",当用户在提示符字符串后面输入 60,按 Enter 键之后,input() 函数读取用户输入的这两个字符构成字符串'60',然后通过语句 weight = input("请输入体重(以千克为单位):")中的赋值号"="将该字符串赋予变量 weight。以下语句查看当前变量 weight 的值。

```
>>> weight
'60'
>>>
```

可以用 Python 内置函数 type() 查看对象的类型。例如,查看 weight 的当前类型:

```
>>> type(weight)
<class 'str'>
>>>
```

上述代码输出结果中的 str 表示字符串类型。

输入其他内容时,input() 函数读取后返回的结果依然是字符串。例如:

```
>>> name = input("请输入姓名:")
请输入姓名:Yang
>>> name     ♯查看变量的当前值
'Yang'
>>> type(name)   ♯查看变量的类型
<class 'str'>
>>>
```

从帮助信息来看,input() 函数每次从键盘读取一个字符串。也就是说,不管输入什么内容,input() 函数得到的结果都是字符串。如果要得到其他类型的数据怎么办? 例如,如何从键盘输入得到数值型数据或列表类型数据呢? 2.5 节将介绍如何从字符串中获得数值,2.8 节将介绍如何执行字符串中的代码来获取字符串中表达式的计算结果。

截至本节内容,可以从键盘输入体重和身高,但得到的是字符串类型的数据,无法进行乘法、除法等数学计算。例如：

```
>>> height = input("请输入身高(以米为单位):")
请输入身高(以米为单位):1.72
>>> height
'1.72'
>>> BMI = weight / (height * height)
Traceback (most recent call last):
File "<console>", line 1, in <module>
TypeError: can't multiply sequence by non-int of type 'str'
>>>
```

需要得到数值类型的数据才能进行数学计算。2.4节将介绍数据类型。

2.4　数据类型

Python语言中内置的数据类型主要有数值、布尔、序列、映射、集合等。其中，序列、映射和集合等类型的对象中通常包含其他对象作为元素。因此，这些类型通常被称为组合类型或容器类型。第7章将介绍如何通过class关键词来自定义类，以拓展类型的定义。

2.4.1　数值类型

Python中的数值类型包括整数、浮点数和复数三种类型，支持任意大的数字，仅受内存大小的限制。

1. 整数类型

整数就是没有小数部分的数值，如100、0、-100。Python中定义了int类来表示整数类型。

2. 浮点数类型

浮点数是指包含小数点的数或用科学记数法表示的数，如15.0、-0.37、3.14e-2、5e2。其中，e用于表示以10为基数的科学记数法，如3.14e-2表示3.14乘以10的-2次幂，5e2表示5乘以10的2次幂。Python中定义了float类型来表示浮点数类型。

3. 复数类型

复数由实部和虚部构成，表示为：实部+虚部j，如2+3j、0.5-0.9j。Python中定义了complex类来表示复数类型。

2.4.2　布尔类型

Python语言定义了bool类来表示逻辑上的"是"和"非"(或称为"真"和"假")。它只有两个值：True(表示逻辑上的"是"或"真")和False(表示逻辑上的"非"或"假")。例如：

```
>>> 3 < 2
False
>>> 4 + 5 == 5 + 4
True
```

2.4.3　序列类型

在Python中，把按照位置顺序排列而形成的数据集称为序列。序列中每个元素的位置都有序号(称为索引或下标),可以通过序号对序列中相应位置的元素进行操作。常用的序列有列表(list)、元组(tuple)、等差整数序列(range)、字符串(str)、字节串(bytes)和字节数组(bytearray)等。

一个对象创建完以后,其自身元素可变(可以进行添加、删除、修改等操作)的对象称为可变对象,其自身元素不可变的对象称为不可变对象。

序列类型又分为不可变序列和可变序列。其中,元组、等差整数序列、字符串和字节串是不可变的序列,列表和字节数组是可变的序列。

2.4 节所提到的数据类型中,可变对象包括列表、字节数组、字典和 set 类型的集合,其余为不可变对象。

本节简要介绍列表、元组、等差整数序列和字符串的相关内容。第 5 章详细介绍字符串时,将简要介绍字节串的内容。本书不对字节数组展开介绍。

1. 列表

Python 中用 list 表示列表类型。一个列表对象用方括号"["和"]"将元素括起来,元素之间以逗号分隔。同一个列表中可以包含多种不同类型数据的元素。列表中的元素也可以是列表,如[1,2,3,True]、[3,4.5,"abc"]、[5]、[ ]和[1,2,[3,4]]都是列表。列表对象是可变的,它的元素可以增加、修改或删除。

2. 元组

Python 中用 tuple 表示元组类型。一个元组对象用圆括号"("和")"作为边界将元素括起来,元素之间以逗号分隔。同一个元组可以包含多种不同类型数据的元素。元组中的元素也可以是元组,如(1,2,3,True)、(3,4.5,"abc")、(5,)、( )和(1,2,(3,4))都是元组。元组对象是不可变的,创建后不可以修改。注意,只有一个元素的元组中,该元素后面的逗号不能省略。

3. 等差整数序列

等差整数序列(range)表示由一系列等差整数构成的序列。该类型的序列在创建后不可修改。有以下两种创建等差整数序列的格式:range(start,stop[,step])和 range(stop),生成一个从 start 开始(包括 start)、到 stop 结束(不包括 stop)、两个相邻整数元素之间间隔为 step 的 range 型等差整数序列对象。

参数说明:

(1) start 表示开始值,默认是从 0 开始。例如,range(5)等价于 range(0,5)。

(2) end 表示结束值,但不包括 end。例如,range(0,5)产生包含 0、1、2、3、4 的等差整数序列对象,但不包含 5。

(3) step 为步长,表示后一个元素在前一个元素基础上的增长值,默认为 1。例如,range(0,5)等价于 range(0,5,1)。步长也可以是负数,这时开始值一般大于结束值,否则将产生一个元素个数为 0 的等差整数序列对象。

用 range()生成的是一个 range 类型的等差整数序列对象,例如:

```
>>> x = range(10)
>>> x
range(0, 10)
>>> type(x)
<class 'range'>
```

以 range 对象为基础,可以生成列表或元组,例如:

```
>>> y = list(x)
>>> y
[0, 1, 2, 3, 4, 5, 6, 7, 8, 9]
>>> z = tuple(x)
>>> z
(0, 1, 2, 3, 4, 5, 6, 7, 8, 9)
```

4. 字符串类型

在 Python 中,用 str 表示字符串类型。字符串的含义及边界符(又称定界符)在 2.1 节中已经介绍了。字符串是一个不可变的序列,一旦创建,其内容就不可更改。在 Python 3 中,所有的字符串都是 Unicode 字符串。通过 ord() 函数可以获取单个字符的 Unicode 编号。通过 chr() 函数可以获取 Unicode 编号对应的字符。例如:

```
>>> ord('c')          # 获取 Unicode 编号
99
>>> chr(99)           # 得到 unicode 编号对应的字符
'c'
>>> ord("家")          # 获取 Unicode 编号
23478
>>> chr(23478)        # 得到 unicode 编号对应的字符
'家'
```

5. 序列中的索引

序列类型有很多共同适用的操作,将在第 4 章中详细阐述相关操作。为了方便第 3 章循环语句的讲解,这里先简要介绍序列索引(下标)的概念。

序列中的每个元素具有一个位置编号称为索引或下标。元素中的第 1 个位置索引为 0,第 2 个元素索引为 1,以此类推,最后一个元素的索引值为序列中元素总个数减 1。例如,元组('Yang','60','1.72')中,第 1 个元素'Yang'的索引为 0,第 2 个元素'60'的索引为 1,第 3 个元素'1.72'的索引为 2。

可以通过索引获取序列中的元素。例如:

```
>>> name = input("请输入姓名:")
请输入姓名:Yang
>>> weight = input("请输入体重(以千克为单位):")
请输入体重(以千克为单位):60
>>> height = input("请输入身高(以米为单位):")
请输入身高(以米为单位):1.72
>>> person = (name, weight, height)
>>> person
('Yang', '60', '1.72')
>>> person[0]
'Yang'
>>> person[1]
'60'
>>> person[2]
'1.72'
>>> person[3]          # 索引越界,引起错误
Traceback (most recent call last):
File "< console>", line 1, in < module>
```

```
IndexError: tuple index out of range
>>> name[1]
'a'
>>> name[3]
'g'
>>> x = range(40,60,5)
>>> x[2]                    #通过索引引用 range 对象中的元素
50
>>> list(x)                 #通过构造列表对象查看等差整数序列 x 中的元素
[40, 45, 50, 55]
>>>
```

2.4.4　映射类型

字典(dict)是 Python 中唯一内建的映射类型。一个字典对象用一对花括号"{"和"}"将元素括起来；每个元素由冒号分隔的键和值构成，冒号之前的是键，冒号之后的是值；元素之间用逗号分隔。每个元素中的键只能是不可变的对象。可根据字典中的键查找该键所对应的值。字典对象是一个可变对象，可以对其元素进行添加、删除和修改等操作。例如：

```
>>> d = {"Yang":[60, 172], "Li":[65, 180]}        #创建字典
>>> d["Yang"]                                      #根据字典的键获取对应的值
[60, 172]
>>> d["Yang"] = (60, 175)                          #修改字典键对应的值
>>> d
{'Yang': (60, 175), 'Li': [65, 180]}
>>>
```

2.4.5　集合类型

集合对象表示由不重复元素组成的无序、有限的数据集，集合中的元素必须是不可变对象。Python 中的内置集合包括可变的 set 和不可变的 frozenset 两种类型。

一个 set 集合对象由一对花括号"{"和"}"将元素括起来，元素之间用逗号分隔，如{'张三','student','李四'}。

set 类型的集合对象是一种可变对象，因此可以对 set 对象进行元素的增加、删除等操作。同一集合可以由多种不可变类型的元素组成，但元素之间没有任何顺序，并且元素都不重复。

本书不对 frozenset 类型的集合展开介绍。

2.5　根据数值字符串创建数值对象

在 Python 语言中，不管输入什么内容，input()函数的返回结果都是字符串。2.3 节中，通过 input()函数输入体重和身高，返回的均为字符串类型，无法进行乘、除的运算。根据2.4 节中数据类型的介绍，可以使用 int、float 等类根据字符串来创建整数、浮点数等对象。

类型 int 和 float 是面向对象领域中的类。没有接触过面向对象程序设计的读者目前还不能理解类的概念。学完第 7 章自定义类与对象后才能理解类的概念。int()或 float()这种形式本质上是创建并初始化类的对象。类名后面加圆括号这种创建对象的方式与函数

的调用很类似。为方便阐述和理解，在学习自定义类与对象这一章之前，可以将这种方式理解为函数的调用。

1. 通过 int 构造整数

格式 1：int([x])

其功能是截取数字 x 的整数部分，直接去掉小数部分；如果不给定参数则返回 0。例如：

```
>>> int(), int(1.88), int(-1.88)
(0, 1, -1)
>>>
```

说明：上述多个表达式写在同一行，中间用逗号隔开，各表达式的结果构成一个元组。实际上是省略了元组两端的圆括号。这里采用这种写法是为了节省空间。

程序设计的格式模板中，经常使用方括号表示该内容可以省略。例如，int([x])表示方括号与方括号内的部分可以省略，这样就成为 int()。

格式 2：int(x, base = 10)

其功能是从 base 进制的字符串 x 构造相应的十进制整数；base 表示字符串 x 中的数值所使用的基数，默认为十进制。

当 int()中的第 1 个参数为字符串时，可以指定第 2 个参数 base 来说明这个数字字符串是什么进制，且不接受带小数的数字字符串。base 的有效值范围为 0 和 2～36 的整数。例如：

```
>>> weight = input("请输入体重(以千克为单位):")
请输入体重(以千克为单位):60
>>> weight
'60'
>>> int('60'), int(weight), int(weight, 10)        ＃默认为十进制
(60, 60, 60)
>>> int("-8"), int("-8",10)                        ＃如果省略参数 base,则默认为十进制
(-8, -8)
>>>
```

注意，int()中的参数不接受带小数的数字字符串，否则将出现错误。

2. 通过 float 构造浮点数

格式：float(x = 0, /)

其功能是由一个数字或字符串构造浮点数。例如：

```
>>> float(),float(8),float(8.0),float(8.8)
(0.0, 8.0, 8.0, 8.8)
>>> height = input("请输入身高(以米为单位):")
请输入身高(以米为单位):1.72
>>> height
'1.72'
>>> float(weight), float("1.72"), float(height), float("inf")
(60.0, 1.72, 1.72, inf)
>>>
```

上述例子中，inf 表示无穷大，不区分大小写。

到目前为止，可以将引例 2-1 中通过 input()函数输入的体重和身高转换为数值类型。

还需要乘法和除法运算符的相关知识才能构建计算表达式。

2.6 运算符与表达式

运算符是用于表示运算的符号,主要有算术运算符、关系运算符、测试运算符和逻辑运算符。表达式一般由运算符与操作数(或操作对象)组成。比如在表达式 1+2 中,"+"称为运算符,1 和 2 称为操作数。

2.6.1 基本运算符与表达式

Python 中的运算符主要分为 4 类:算术运算符、关系运算符、测试运算符和逻辑运算符。

1. 算术运算符

算术运算符有+(加)、−(减)、*(乘)、/(真除法)、//(求整商)、%(取模)、**(幂),其主要功能与应用示例如表 2.2 所示。

表 2.2 算术运算符

运 算 符	功能与示例
+	(1) 写在数字前面用于表示正数,如+8。 (2) 用于两个数字的相加,如 5+3。 (3) 将列表、元组或字符串的元素合并生成一个新的列表、元组或字符串,例如,"ac"+"b"的结果为"acb",["a","b"]+[1,2]的结果为['a','b',1,2]
−	(1) 写在数字前表示负数,如−8。 (2) 用于两个数字的相减,如 8−3。 (3) 表示两个集合的差集,如{1,2,"a","k"}−{1,"a",3}的结果为{'k',2}
*	(1) 用于两个数字的相乘,如 3*5。 (2) 用于列表、元组或字符串与整数的相乘,将这些序列中的元素重复整数所指定的次数。例如,[1,3,5] * 2 的结果为[1,3,5,1,3,5],"abc" * 3 的结果为'abcabcabc'
/	表示除法运算,表达式 x/y 表示 x 除以 y,例如,8/5 的结果为 1.6
//	表示整除运算,表达式 x//y 的结果为 x 除以 y 的商的整数部分,例如,8//5 的结果为 1
%	表示取模运算,表达式 x%y 的结果为 x 除以 y 的余数,结果的正负号与除数 y 相同。例如,8%3 的结果为 2,8.0%3 和 8%3.0 的结果均为 2.0,−8%3 的结果为 1,8%(−3)的结果为−1
**	表示幂运算,x ** y 表示 x 的 y 次幂,其功能与函数 pow(x,y)相同,例如,2 ** 4 表示 2 的四次幂,pow(2,4)也表示 2 的四次幂,即 2×2×2×2,结果为 16

注意:+运算符只支持相同类型对象之间的连接。例如:

```
>>> "你的体重是" + 60 + "千克"
Traceback (most recent call last):
File "< console >", line 1, in < module >
TypeError: can only concatenate str (not "int") to str
>>>
```

上述语句返回错误信息,提示加号(+)不支持 int 和 str 之间的操作。以下代码使用 str()从数字 60 构造得到字符串 '60',然后实现三个字符串的拼接。

```
>>> "你的体重是" + str(60) + "千克"
```

```
'你的体重是 60 千克'
>>>
```

需要注意的是,数学公式中通常会省略乘号(＊),但在程序设计的表达式中,乘号不能省略。

运算符/表示真除,结果保留小数位。而运算符//的结果是取除法得到的商的整数部分,直接丢弃小数位。因此,引例 2-1 中 BMI 的计算必须使用真除运算符/。

引例 2-1 中身高的平方计算中,可以使用乘法运算符、幂运算符或 pow()函数。

现在可以实现本章开头描述的引例 2-1 了。一种可能的实现源代码如下。

```
# coding = utf - 8
# 引例 2_1.py
name = input("请输入姓名:")
weight = input("请输入体重(以千克为单位):")
height = input("请输入身高(以米为单位):")

weight = float(weight)
height = float(height)

# 方式 1:使用乘法运算符计算身高的平方值
BMI = weight / (height * height)
# 方式 2:使用幂运算符计算身高的平方值
# BMI = weight / (height ** 2)
# 方式 3:使用 pow()函数计算身高的平方值
# BMI = weight / pow(height, 2)

print(name + "的 BMI 值为:" + str(BMI))
```

程序"引例 2_1.py"的一种运行结果如下。

```
>>>
请输入姓名:Yang
请输入体重(以千克为单位):60
请输入身高(以米为单位):1.72
Yang 的 BMI 值为:20.281233098972418
>>>
```

2. 关系运算符

关系运算符有<(小于)、>(大于)、<=(小于或等于)、>=(大于或等于)、==(等于)、!=(不等于)。关系运算符根据表达式值的真假返回布尔值 True 或 False。关系运算符的主要功能及示例如表 2.3 所示。

表 2.3　关系运算符

运　算　符	功能与示例

== 与 !=	等号(==)比较左右两个对象所指向的内容是否相等,如果相等则返回 True,否则返回 False;而不等号(!=)的作用正好相反。例如:
	　>>> x = "ab"; y = "ab"
	　>>> x == y, x!= y
	　(True, False)
	　>>> x = "abcd"; y = "aBcd"
	　>>> x == y, x!= y
	　(False, True)

续表

运　算　符	功能与示例
<与>	小于运算符(<)在表达式 x<y 中用于判断 x 是否小于 y,如果 x 小于 y 则返回 True,否则返回 False。大于运算符(>)的结果正好与此相反
<= 与>=	小于或等于运算符(<=)在表达式 x<=y 中用于判断 x 是否小于或等于 y,如果 x 小于或等于 y 则返回 True,否则返回 False。大于或等于运算符(>=)的结果正好与此相反

使用<、>、<=、>=这 4 个运算符时,要保证操作数之间是可比较大小的。例如:

```
>>> 8 < 5
False
>>> "a">"A", "c"<"9"
(True, False)
>>> "xy" == "xy", 'abcae'<'abcAb'
(True, False)
```

在上述代码中,对于字符串的比较,是通过从左到右依次比较各字符串相同位置上每个字符的编号的大小来得到字符串的大小,直到找到第一个不同的字符为止,这个位置上不同字符的编号大小就决定了字符串的大小。可以通过 ord()函数查看字符的 Unicode 编号,例如:

```
>>> ord("a"), ord("A")
(97, 65)
```

字符'a'的 Unicode 编号为 97,字符'A'的 Unicode 编号为 65。因此,'a'>'A'的结果为 True。

比较字符串'abcae'和'abcAb'时,从左到右依次比较前三个位置上的'a'、'b'、'c'的编号,大小均相同,再比较第四个位置上的'a'和'A',发现'a'的编号大于'A'的编号,则'abcae'<'abcAb'的结果为 False。

数字的编号<英文大写字母的编号<英文小写字母的编号

在数字当中,数字 0 比数字 9 的编号要小,并按 0 到 9 顺序递增;在英文大写字母当中,字母 A 的编号比字母 Z 的编号要小,并按 A 到 Z 顺序递增;在英文小写字母当中,字母 a 的编号比字母 z 的编号要小,并按 a 到 z 顺序递增。

由于字符串和数字属于两种不同类型的对象,不可比较大小,所以它们之间不能使用<、>、<=、>=这 4 个运算符。例如,表达式'a'>0 将出现错误。

列表比较大小也是从左到右对应位置上逐个元素依次比较,并且对应的元素之间必须是可比较的。例如:

```
>>> [1,2,3]>[2], [1,2,3]>[1,2,1]
(False, True)
>>> ['ab','c',6]>['ab','d','a'], ['ab','cd',6]>['ab','cd']
(False, True)
>>>
```

等号(==)与不等号(!=)既可以用于同类型之间的比较,也可以用于不同类型之间的比较。例如:

```
>>> "a"!= 3, "a" == 3
```

```
(True, False)
>>> [1]!= 1, [1] == 1
(True, False)
>>>
```

因为精度问题可能导致实数运算有一定的误差，要尽可能地避免在实数之间进行相等性判断。可以使用实数之间的差值的绝对值是否小于某一个很小的数来作为实数之间是否相等的判断。要实现实数的精确计算，可以使用 decimal 模块中的 Decimal 类。

6 个关系运算符($<$、$>$、$<=$、$>=$、$==$、$!=$)均可以连用，等价于用 and 连接起来的表达式，例如：

```
>>> BMI = 20.281233098972418
>>> 18.5 <= BMI <= 25.0
True
>>> 18.5 <= BMI and BMI <= 25.0
True
>>> 18.5 <= BMI > 10
True
>>> 18.5 <= BMI and BMI > 10
True
>>>
```

3. 测试运算符

成员测试运算符 in 和 not in 用于测试运算符左边的对象是否为右边对象中的成员。当运算符左边的对象是右边对象中的成员时，用 in 的表达式返回 True，而用 not in 的表达式返回 False；否则结果正好相反。例如：

```
>>> person = ("Yang", 60, 1.72)
>>> "Yang" in person
True
>>> 60 in person, "60" in person
(True, False)
>>> "an" in "Yang"
True
>>> "ag" in "Yang"
False
>>> "ag" not in "Yang"
True
>>>
```

同一性测试运算符 is 和 is not 用于测试运算符两边的对象是否为同一个对象（是否为同一个内存地址的对象）。当运算符两边是同一个对象时，用 is 的表达式返回 True，而用 is not 的表达式返回 False；否则结果正好相反。例如：

```
>>> person1 = ("Yang", 60, 1.72)
>>> person == person1          # 比较两者的内容是否相同
True
>>> person is person1          # 两者为存储在不同地址上的不同对象
False
>>> id(person), id(person1)
(1878120153472, 1878120033664)
>>> person1 = person           # 将变量 person 指向的地址赋值给 person1
>>> id(person), id(person1)    # 两者指向同一个地址
(1878120153472, 1878120153472)
```

```
>>> person is person1
True
>>>
```

上述例子中,针对组合类型,虽然变量 person 指向的一个地址中已经存储了对象("Yang",60,1.72),但执行语句 person1=("Yang",60,1.72)时,在新的内存空间中重新创建该组合对象。

针对非组合类型,Python 在内存中只保留一份相同的对象。例如:

```
>>> w1 = 60; w2 = 60
>>> w1 == w2
True
>>> w1 is w2
True
>>> id(w1), id(w2)
(140703592698136, 140703592698136)
>>>
```

注意,is 和 is not 是比较内存地址是否相同,即判断是否指向同一个对象;而 == 和 != 比较的是两个对象所指向的内存中内容是否相等。

4. 逻辑运算符

逻辑运算符有 and(与)、or(或)、not(非)。通过逻辑运算符可以将任意表达式连接在一起。

逻辑运算符 not 后面无论是什么值,其返回值一定是布尔值 True 或 False。如果 not 后是 False(或在逻辑上等价于 False 的 0、None、空字符串、空元组、空列表、空字典、空集合等空对象)时,返回值是 True。这样 not False 就为 True。如果 not 后面是 True(或在逻辑上相当于 True 的非零、非 None、非空值),则返回值为 False。例如:

```
>>> not False, not 0, not [], not {}, not "", not None
(True, True, True, True, True, True)
>>> not True, not 8, not [1,2], not {1,3}, not "ab"
(False, False, False, False, False)
```

逻辑操作符 and 和 or 是一种短路操作运算符,具有惰性求值的特点:表达式从左向右计算,一旦结果可以确定就停止。逻辑运算符 and 和 or 不一定返回布尔值 True 和 False。

当计算表达式 exp1 and exp2 时,先计算 exp1 的值,当 exp1 的值为 True(或等价于 True 的非 0、非 None、非空的其他数据类型值)时,才计算 exp2 的结果,并将 exp2 的结果作为整个表达式 exp1 and exp2 的计算结果;当 exp1 的值为 False(或等价于 False 的 0、None、为空的其他数据类型值)时,直接将 exp1 的计算结果作为整个表达式 exp1 and exp2 的计算结果,不再计算 exp2。例如:

```
>>> True and 8, 8 and False, "ab" and [1,2,3], 8 and "ab"
(8, False, [1, 2, 3], 'ab')
>>> 3 < 4 and 4 > 5          # 3 < 4 的值为 True,则计算并输出 4 > 5 的值 False
False
>>> 3 < 4 and 5             # 3 < 4 的值为 True,则计算并输出 5
5
>>> False and 5/0          # 直接输出 False,不计算 5/0,不会出现错误提示
False
>>> 0 and 5/0, () and 5/0, 5 > 8 and 5/0
```

```
(0, (), False)
```

当计算表达式 exp1 or exp2 时，先计算 exp1 的值，当 exp1 的值为 True(或等价于 True 的非 0、非 None、非空的其他数据类型值)时，直接将 exp1 的计算结果作为整个表达式 exp1 or exp2 的计算结果，不再计算 exp2；当 exp1 的值为 False(或等价于 False 的 0、None、为空的其他数据类型值)时，才计算 exp2 的结果作为整个表达式 exp1 or exp2 的计算结果。例如：

```
>>> True or 5/0, "ab" or 5/0, [1,2,3] or 5/0
(True, 'ab', [1, 2, 3])
>>> False or "ab", 0 or "ab", {} or 8, 5 < 8 or [1,2]
('ab', 'ab', 8, True)
```

5. 其他运算符及运算符的优先级

除了上述 4 种类别的运算符外，Python 还有赋值运算符(＝)、复合赋值运算符(＋＝、－＝、*＝、/＝、//＝、%＝、**＝)、位运算符(&、|、^等)等。赋值运算符已经在 2.2 节中介绍了。复合赋值运算符将在 2.6.2 节中单独介绍。读者可以参阅其他资料来了解其他运算符的用法。

一个表达式中出现多种运算符时，按运算符的优先级从高到低依次进行运算。圆括号运算级别最高。运算符优先级次序如图 2.1 所示。

逻辑型	测试型	关系型	算术型
not			**,+(正数符号),－(负数符号)
and	is,is not		*,/,%,//
or	in,not in	!=,==,>=,<=,<,>	+(加),－(减)

图 2.1　运算符优先级次序

对于使用多种运算符的复杂表达式，建议采用圆括号来显式地标注计算优先级，增强程序的可读性，降低出错的可能性。

2.6.2　复合赋值运算符与表达式

变量的值经常被用于表达式中进行计算，计算结束后可能需要重新将结果赋值给该变量。例如，x＝x+1 表示赋值号右边取变量 x 的原来值，然后加 1，再重新赋值给变量 x。在 Python 中，这个语句也可以写成 x+＝1。同样地，x＝x+y 也可以写成 x+＝y。运算符＋与＝共同构成一个复合赋值运算符，有些文献上将其称为增强型赋值运算符。

算术运算符＋、－、*、/、//、%和**均可在后面添加赋值号(＝)构成复合赋值运算符。赋值号和这些算术运算符之间不能有空格。例如：

```
>>> a = 3
>>> b = 5
>>> a * = b
>>> a
15
>>>
```

以上代码中，a*＝b 相当于 a＝a*b，表示将左操作数 a 乘以右操作数 b 再赋值给左操作数的变量 a。其他复合赋值运算符的功能类似。

2.7　使用 print()函数实现输出

在 Python 中,可以利用 print()函数将信息输出到屏幕或指定的文件对象中。其格式如下。

```
print(value, …, sep = ' ', end = '\n', file = sys.stdout, flush = False)
```

其中,各参数的含义如下。

- value:表示需要输出的零个或多个对象(其中,省略号表示任意多个对象);当输出多个对象时,这些待输出的对象之间要用英文逗号分隔。
- sep:表示输出多个对象时对象之间的间隔符,默认为一个空格。
- end:表示输出完所有 value 指定的对象后末尾添加的字符,默认值是换行符(\n)。
- file:表示输出位置,可将输出定向到文件,file 指定的对象要可"写",默认值是 sys.stdout(标准输出)。

本节对通过 file 参数将输出定向到文件以及 flush 参数的含义不展开讨论。

print()函数可以一次输出多个对象,例如:

```
>>> print("欢迎","学习","Python")
欢迎 学习 Python
>>>
```

上述代码 print("欢迎","学习","Python")输出三个字符串。由于没有指定 sep 的参数值,参数 sep 使用了默认值空格,所以输出结果中各对象之间用空格隔开。注意,字符串用 print()函数输出后,结果中没有引号边界符。

可以通过为参数 sep 赋值,为输出对象之间设置分隔符。例如:

```
>>> print("欢迎","学习","Python", sep = "#")
欢迎#学习#Python
>>>
```

上述代码 print("欢迎","学习","Python",sep = "#")中,指定 sep 参数的值为井号(#),输出的三个字符串对象以井号为分隔符。

如果设置 print()函数中的 sep 参数为空字符串,则输出的各对象将紧挨在一起,没有分隔符。例如:

```
>>> print("欢迎","学习","Python", sep = "")
欢迎学习 Python
>>>
```

print()函数输出完 value 指定的所有对象后,最后会输出 end 参数指定的对象。end 参数的默认值为换行符(\n),所以默认情况下,输出所有 value 指定的对象后光标换到下一行。也可以为 end 指定特定的参数,例如:

```
>>> print("欢迎","学习","Python",sep = "", end = "!")
欢迎学习 Python!
>>>
```

上述案例中,输出完三个字符串后,在最后输出 end 参数指定的感叹号,不会产生换行。

【例 2-1】 阅读程序 example2_1_1.py,并分析程序的运行结果。

程序源代码如下。

```
#example2_1_1.py
print("白日依山尽",end=",")
print("黄河入海流。")
print("欲穷千里目","更上一层楼",sep=",",end="。")
```

程序运行过程分析:执行 print("白日依山尽",end=",")时,打印输出字符串"白日依山尽"。由于参数 end 的值为中文逗号,因此在字符串"白日依山尽"的后面再输出中文逗号,然后光标停留在此逗号的后面。执行 print("黄河入海流。")时,输出"黄河入海流。"。由于 end 参数默认为换行符"\n",所以输出该字符串后,光标换到下一行。执行语句 print("欲穷千里目","更上一层楼",sep=",",end="。")时,输出两个字符串"欲穷千里目"和"更上一层楼"。由于参数 sep 的值为中文逗号,因此在这两个字符串之间会输出一个中文逗号。由于 end 值为中文句号,因此在最后一个字符串后面输出中文句号。因此,程序 example2_1_1.py 的运行结果如下。

```
>>>
白日依山尽,黄河入海流。
欲穷千里目,更上一层楼。
>>>
```

从上述例子可以看出,print()函数中因为参数 end 默认值为换行符(\n),所以输出打印对象后默认要换行。如果要实现不换行,则需要将 end 参数设置为非换行符。

如果 print()函数中没有指定要输出的内容,则只输出参数 end 的值。例如:

```
>>> print(end="#")
#
>>>
```

这种不带参数的 print()函数可以用来产生换行的效果。如果没有为参数 value 指定要输出的对象,则直接输出参数 end 指定的值。如果没有为参数 end 指定值,则输出参数 end 的默认值换行符(\n),产生换行效果。例 2-1 中程序源代码的另一种写法保存在文件 example2_1_2.py 中,内容如下。

```
#example2_1_2.py
print("白日依山尽",end=",")
print("黄河入海流",end="。")
print()
print("欲穷千里目","更上一层楼",sep=",",end="。")
```

程序 example2_1_2.py 的运行结果与程序 example2_1_1.py 的运行结果相同。其中,语句 print()中没有指定任何待输出的内容,则不输出任何信息。但参数 end 有默认值换行符(\n),在 print()函数结束前会输出该换行符,所以该语句产生换行的效果。

【引例 2-2】 在引例 2-1 的基础上,要求输出的信息不用加号拼接为字符串后再用 print()函数输出,改为用一个 print()函数输出多个对象,并且各输出对象之间没有空格。

在引例 2_1.py 的基础上,只需要将最后一行的语句

```
print(name + "的 BMI 值为:" + str(BMI))
```

修改为 print(name,"的 BMI 值为:",BMI,sep="")即可。此时不需要将变量 BMI 的值转

换为字符串类型。

2.8 执行字符串中的表达式计算

从键盘或文件等处读入的表达式通常是字符串形式的。可以用 eval()或 exec()函数直接执行字符串中的表达式计算。

2.8.1 用 eval()函数计算字符串中单个表达式的值

使用 eval(source)可以计算用 source 指定的单个表达式的值,并返回计算结果。注意,在 source 中不能存在赋值运算符。例如:

```
>>> eval("x = 1")              #字符串表示的表达式中不能出现赋值语句
Traceback (most recent call last):
  File "< interactive input >", line 1, in < module >
  File "< string >", line 1
    x = 1
     ^
SyntaxError: invalid syntax
>>> x = eval("1")              #返回的表达式计算结果为整数 1
>>> x
1
>>> y = eval("(x + 5)/2")    #返回表达式(x + 5)/2 的计算结果
>>> y
3.0
>>> temp = input("请输入信息:")
请输入信息:[1, 3, 5]
>>> temp
'[1, 3, 5]'
>>> z = eval(temp)            #返回表达式'[1, 3, 5]'的计算结果
>>> z
[1, 3, 5]
>>> type(z)
< class 'list'>
>>>
```

参数 source 可以是如上述例子所示的由表达式构成的字符串,也可以是一个任意的 code 对象实例,本书不展开阐述。

函数 eval()中还可以有 globals 和 locals 两个参数,表示字符串中待计算表达式所含参数的全局命名空间和局部命名空间,本书不展开阐述。

2.8.2 用 exec()函数执行字符串中多个表达式

可以用 exec()函数动态执行 Python 代码。也就是说,它可以执行由多个表达式构成的复杂的 Python 代码。格式 exec(source)中,参数 source 可以是放在一个字符串中的 Python 代码。这些字符串中的代码会先被解释为一组 Python 语句,然后执行这些语句,返回 None。例如:

```
>>> exec("x = 1")              #执行单个表达式
>>> x
```

```
1
>>> exec("y = (x + 5)/2")    # 执行单个表达式
>>> y
3.0
>>> expr = """
... x = 1
... y = (x + 5)//2
... z = x + y
... print(x + y + z)
... """
>>> exec(expr)                # 执行多个表达式
8
>>>
```

参数 source 可以是如上述例子所示的由多个表达式构成的字符串，也可以是一个任意的 code 对象实例，本书不展开阐述。

函数 exec() 中还可以有 globals 和 locals 两个参数，表示字符串中待计算表达式所含参数的全局命名空间和局部命名空间。当 source 为 code 对象时，exec() 函数中还可以有 closure 参数。本书不对这些参数展开阐述。

2.9　常用内置函数与常用模块

2.9.1　常用内置函数

Python 内置了一系列的常用函数，不需要额外导入任何模块就可以直接使用。这些函数通常进行了优化，运行速度相对较快。可以使用内置函数 dir(__builtins__) 查看所有的内置函数和内置对象。还可以通过 help(函数名) 查看某个函数的具体用法。例如，用 help(eval) 可以查看 eval() 函数的帮助信息，了解该函数的具体用法。

通过执行 dir(__builtins__) 返回的部分内置函数和对象如下。

> 'abs', 'aiter', 'all', 'anext', 'any', 'ascii', 'bin', 'bool', 'breakpoint', 'bytearray', 'bytes', 'callable', 'chr', 'classmethod', 'compile', 'complex', 'copyright', 'credits', 'delattr', 'dict', 'dir', 'divmod', 'enumerate', 'eval', 'exec', 'exit', 'filter', 'float', 'format', 'frozenset', 'getattr', 'globals', 'hasattr', 'hash', 'help', 'hex', 'id', 'input', 'int', 'isinstance', 'issubclass', 'iter', 'len', 'license', 'list', 'locals', 'map', 'max', 'memoryview', 'min', 'next', 'object', 'oct', 'open', 'ord', 'pow', 'print', 'property', 'quit', 'range', 'repr', 'reversed', 'round', 'set', 'setattr', 'slice', 'sorted', 'staticmethod', 'str', 'sum', 'super', 'tuple', 'type', 'vars', 'zip'

表 2.4 列出了常用内置函数。

表 2.4　常用内置函数

函　　数	功　　能
abs(x)	返回数字 x 的绝对值；如果 x 为复数，则返回该复数的模
divmod(x,y)	返回 x 整除 y 的商和余数构成的元组
len(obj)	返回对象 obj（如列表、元组、字典、字符串、集合、range 等对象）中的元素个数
max(x[,y,z,⋯])、min(x[,y,z,⋯])	如果是单一的可迭代参数，则返回这个可迭代参数中的最大值/最小值；如果是两个或两个以上的参数，则返回给定参数中的最大值/最小值

续表

函　　数	功　　能
pow(x,y[,z])	pow()函数返回以 x 为底、y 为指数的幂。如果给出 z 值,该函数就计算 x 的 y 次幂值被 z 取模的值
round(x[,n])	返回浮点数 x 采用四舍六入五留双算法保留小数点后面 n 位的值;详细算法见表格后面的介绍
sorted(iterable,/, *, key=None,reverse=False)	返回排序后的元素构成的列表,其中,iterable 表示待排序的可迭代对象,key 表示排序规则,reverse 表示是否采用降序,默认为 False 表示升序
sum(iterable,/,start=0)	返回可迭代对象 iterable 中所有元素之和,如果指定起始值 start,则返回 start+sum(iterable);如果 iterable 为空,则返回 start
bin(x)	生成十进制整数 x 对应的二进制串
oct(x)	生成十进制整数 x 对应的八进制串
hex(x)	生成十进制整数 x 对应的十六进制串

在 Python 3 中,round(x[,n])对数值 x 保留 n 位小数采用四舍六入五留双的算法。小数点后面第 n+1 位的数如果小于或等于 4,则直接舍弃第 n 位后面的部分。小数点后面第 n+1 位的数如果大于或等于 6,则第 n 位加 1,然后截掉第 n 位后面的部分。如果第 n+1 位为 5,且 x 离无论是否进位保留 n 位小数后的两个值距离相同,则保留到第 n 位为偶数的一边;若距离不等,则保留到距离更近的一边。

例如,有一个数为 a.bc,需要保留小数点后面一位,如果小数点后面第二位 c 为 5,则分为以下情况。

(1) 第二位 c 后面有不为 0 的数据,则进位,小数点后面第一位变成 b+1。

(2) 第二位 c 后面没有数据,又分为以下两种情况。

① 如果 b 为偶数,则不进位,小数点后面第一位保持不变。

② 如果 b 为奇数,则进位,小数点后面第一位变成 b+1,使这一位成为偶数。

round()中五留双算法的例子如下。

```
>>> round(1.25,1), round(1.35,1), round(1.45,1), round(1.55,1)
(1.2, 1.4, 1.4, 1.6)
```

但是会出现以下情况。

```
>>> round(1.15, 1), round(2.675, 2)
(1.1, 2.67)
```

根据 round()函数的舍入规则,当舍或入的距离相同时,最后一位保留偶数。round(1.15,1)应该返回 1.2,round(2.675,2)应该返回 2.68。但上述实际运行的情况并不是这样。其实,这两个例子不是例外,也不是错误。这是由于浮点数在计算机中不一定能够精确表达所导致的。浮点数在计算机中换算成二进制的 0、1 串后可能是无限位数,在保存时会做截断处理。因此,实际保存的值比书写的值要小一点点。例如,2.675 在计算机中用二进制表示时,由于后面一部分 0、1 串被截断了,因此比实际值要小一点点,导致其离 2.67 比离 2.68 更近一些。要实现精确计算,可以使用 decimal 模块。

【引例 2-3】 在引例 2-1 或引例 2-2 的基础上,要求打印输出的 BMI 值保留两位小数。

只需要将程序"引例 2_1.py"中的最后一行修改为

```
print(name + "的BMI值为:" + str(round(BMI,2)))
```

或者修改为

```
print(name, "的 BMI 值为:", round(BMI,2), sep = "")
```

程序的运行结果如下。

```
>>>
请输入姓名:Yang
请输入体重(以千克为单位):60
请输入身高(以米为单位):1.72
Yang 的 BMI 值为:20.28
>>>
```

注意,当函数参数中有嵌套的函数调用时,先执行最内层括号中的函数调用。例如,语句 print(name,"的 BMI 值为:",round(BMI,2),sep="")中,先调用 round()函数,再调用 print()函数。

2.9.2　常用标准模块 random

表 1.1 列出了常用的标准模块。这里简要介绍 random 模块及该模块中 random()和 randint()的用法。random 是一个数学模块,提供了产生各种随机数的途径。

1. random.randint

random.randint(a,b)返回位于区间[a,b]内的一个随机整数。

```
>>> import random
>>> random.randint(10,20)
20
>>> random.randint(10,20)
11
>>>
```

2. random.random

random.random()返回[0,1)区间内的一个浮点数。例如:

```
>>> random.random()
0.7136198237310339
>>>
```

如果要获得[a,b)范围内的一个随机浮点数,则可以通过 random.random() * (b−a)+a 得到。例如,要得到[10,15)中的一个随机浮点数,可以通过以下方式实现。

```
>>> random.random() * (15 - 10) + 10
14.197733070102476
>>>
```

3. random.seed

在默认情况下,用 randint()、random()等函数每次执行生成一个不一样的随机数。有时候为了复现程序的效果,在每次执行随机数生成函数前,可以为其指定相同的随机数的种子值,这样可以确保生成相同的随机数。例如:

```
>>> random.seed(10000)
>>> random.randint(10,20)
19
>>> random.seed(10000)
>>> random.randint(10,20)
```

```
19
>>>
```

上述过程中,两次执行 random.randint(10,20)。每次执行前均先通过语句 random.seed(10000)设置相同的种子值,所以生成了两个相同的随机数。需要注意的是,每次执行随机数生成函数前均需要指定相同的种子值才能保证生成相同的随机数,否则就会生成不一样的随机数。例如:

```
>>> random.randint(10,20)        # 与上一次执行随机数生成函数之间没有设置种子值
11
>>> random.seed(10000)           # 重新设置相同的种子值
>>> random.randint(10,20)        # 生成了相同的随机数
19
>>>
```

2.10 续行符

Python 中一个完整的表达式通常写在同一行中。然而,当一行程序非常长的时候,会影响阅读或理解。这时,程序代码可以写成多行。如果上一行的末尾与下一行是同一个表达式,则在上一行的末尾需要添加续行符,表示下一行是上一行的继续,在逻辑上属于同一行的内容。

Python 表达式中,将反斜线(\)作为续行符写在上一行的末尾,表示续行符的下一行与续行符所在行是同一行。在以下例子中,将 x=1+2 这个表达式换成两行,需要在前一行的末尾添加续行符。

```
>>> x = 1 + \
    2
>>> x
3
>>>
```

续行符经常用于较长的字符串中,例如:

```
>>> s = "我" \
"喜欢\n" \
    "程序设计"
>>> s
'我喜欢\n 程序设计'
>>> print(s)
我喜欢
程序设计
>>>
```

定义字符串时采用续行符的写法表示这几个字符串属于同一个字符串。另外,续行符后面不能出现注释符。

2.11 Python 语言基础的应用实例

【例 2-2】 某同学毕业后去一家企业工作,编写程序进行收入的计算。要求从键盘输入试用期工资和企业代付的房租金额,应发工资为试用期工资减去企业代付的房租。试用期满后,用 random 模块的 random()函数生成一个工资增长概率,要求工资增长概率位于

区间[0,0.5)内,并且小数点后面保留一位小数。打印输出试用期满后的工资及扣除房租后的应发工资。

提示：通过帮助查看 random.random()函数的用法。它返回[0,1)区间内的一个浮点数。将结果除以 2 即可得到[0,0.5)范围内的一个浮点数。再利用 round()函数,对这个浮点数进行四舍五入,保留一位小数。

程序源代码如下。

```
# example2_2.py
import random
s_salary = input("请输入试用期工资:")
f_salary = float(s_salary)
i_rent = int(input("代付的房租:"))
print("试用期应发工资:", f_salary - i_rent)
rate = random.random()/2          # 产生[0, 0.5)区间内的一个浮点数
rate = round(rate,1)              # 保留一位小数
print("试用期后工资增长比例:",rate)
new_f_salary = f_salary * (1 + rate)
print("试用期后的工资:",new_f_salary)
print("试用期后的应发工资:",new_f_salary - i_rent)
```

程序中,int(input("代付的房租："))部分先执行 input("代付的房租：")从键盘读取一个整数字符串,再执行外层的 int(),根据该整数字符串来构造整数对象。

程序 example2_2.py 的某一次运行结果如下。

```
>>>
请输入试用期工资:5000
代付的房租:1000
试用期应发工资: 4000.0
试用期后工资增长比例: 0.3
试用期后的工资: 6500.0
试用期后的应发工资: 5500.0
>>>
```

【例 2-3】 通过输入函数 input()输入学号、姓名、语文成绩和数学成绩,成绩用整数表示。通过输出函数 print()输出学号与姓名(格式为：学号-姓名)、语文成绩、数学成绩及平均成绩。

第 1 种方法的程序源代码如下。

```
# example2_3_1.py
# coding = utf - 8
number = input('请输入学号:')
name = input('请输入姓名:')
c_score = int(input('请输入语文成绩:'))
m_score = int(input('请输入数学成绩:'))
score_avg = (c_score + m_score)/2
print("学号 - 姓名:",end = "")
print(number,name,sep = " - ")
print("语文成绩:",c_score,"数学成绩:",m_score,
      "平均成绩:",score_avg)
```

程序运行结果：

```
>>>
请输入学号:123
请输入姓名:张三
```

请输入语文成绩:88
请输入数学成绩:96
学号－姓名:123－张三
语文成绩: 88 数学成绩: 96 平均成绩: 92.0
>>>

程序 example2_3_1 中,先用 input()函数得到数值字符串,然后利用 int()根据该字符串来构造对应的整数,将这两个整数分别赋值给 c_score 和 m_score。最后对 c_score 和 m_score 求平均值。

第 2 种方法的程序源代码如下。

```
# example2_3_2.py
# coding = utf - 8
number = input('请输入学号:')
name = input('请输入姓名:')
c_score = input('请输入语文成绩:')
m_score = input('请输入数学成绩:')
score_avg = (int(c_score) + int(m_score))/2
# 字符串连接后输出一个字符串
print("学号－姓名:" + number + " + " + name)
print("语文成绩:",c_score,"数学成绩:",m_score,
      "平均成绩:",score_avg)
```

程序运行结果:

```
>>>
请输入学号:123
请输入姓名:张三
请输入语文成绩:88
请输入数学成绩:96
学号－姓名:123＋张三
语文成绩: 88 数学成绩: 96 平均成绩: 92.0
>>>
```

程序 example2_3_2.py 中,c_score 和 m_score 都通过 input()函数得到数值字符串。接着在计算平均成绩 score_avg 的时候,先使用 int()从 c_score 和 m_score 构造相应的整数,然后计算这两个整数的平均值。

习题

1. 古代曾采用十六进制的称来称重,满 16 两为一斤。现在一般采用十进制的称来称重,满 10 两为一斤。请从键盘输入一个物体以当前十进制的称所称的重量(以两为单位),计算并打印输出如果用十六进制称来称重的两数。程序保存为 exercise2_1.py。

2. 编写程序,根据输入的圆柱体底部半径和高度(单位为米),计算圆柱体的体积并打印输出。程序保存为 exercise2_2.py。

3. 编写程序,输入三个学生的身高(单位为米),计算并打印输出平均身高。保留两位小数。程序保存为 exercise2_3.py。

4. 编写程序,执行三次 random.random()生成大于或等于 5 且小于 8 的随机浮点数,确保得到三个相同的浮点数。程序保存为 exercise2_4.py。

第 **3** 章

流程控制

程序的基本流程是按照语句顺序从上到下依次执行,这称为顺序结构。另外,还有分支结构和循环结构。分支结构又称为选择结构,根据条件最多选择其中一个分支执行,主要有基于条件表达式的 if 语句分支结构和基于模式匹配的 match-case 分支结构。程序中的部分语句需要多次反复执行,这需要循环结构来实现。在 Python 语言中,主要有 while 和 for 两种结构的循环。在分支结构和 while 循环中,需要使用条件表达式。

【引例 3-1】 从键盘输入姓名、体重(单位为千克)和身高(单位为米),分别赋值给变量 name、weight 和 height。计算 BMI(保留两位小数),计算公式为 BMI $=$ weight $\div$ height^2。在屏幕上打印输出姓名和 BMI 的值。根据表 2.1,判断并在屏幕上打印输出肥胖程度。

为了编写实现该需求的程序,需要使用分支结构。

观看视频

3.1 条件表达式

在进行逻辑判断的时候,对于基本数据类型来说,每个类型都存在一个值会被判定为 False。也就是说,被判定为 False 的值除了 False 以外,还有 None、数值类型中的 0 值、空字符串、空元组、空列表、空字典、空集合等。为了强化初学者的理解,本章通常在 True 和 False 后面用括号给出在逻辑上与 True 和 False 等价的内容,也有一部分省略了等价的内容。

选择结构和循环结构中,程序会根据条件表达式的逻辑值为 True 或 False 来决定下一步的走向。条件表达式的值只要不是判定为 False 的值就认为判定为 True。因此,只要是 Python 合法的表达式都可以作为条件表达式,包含函数调用的表达式也可以。

在用程序解决实际问题时,通常需要将自然语言描述的逻辑条件转换为条件表达式。例如,在身体质量指数中,如果 $18.5 \leqslant \text{BMI} < 25.0$,则为正常,其他情况为不正常。表示正常情况的条件表达式为 $18.5 <= \text{BMI} < 25.0$,表示不正常情况的条件表达式为(BMI<18.5)or(BMI>=25.0)。当 BMI 值确定时,就可以计算表达式的值,例如:

```
>>> BMI = 20.28
>>> 18.5 <= BMI < 25.0
True
>>> (BMI < 18.5) or (BMI >= 25.0)
False
>>>
```

上述例子描述的是单变量的条件表达式。条件表达式中也可以出现多个变量。例如,下学期要开设"Python 数据分析与可视化"的课程,要求选课学生是计算机专业(subject)且年级(grade)为大二及以上;如果是其他专业的学生,要求年级为大三及以上。首先将条件"计算机专业且年级为大二及以上"用条件表达式描述为:subject=='计算机' and grade>=2。然后将条件"其他专业、年级为大三及以上"用条件表达式描述为:subject != '计算机' and grade>=3。这两种情况只要满足其中一项就可以选修该课程,因此可以用 or 连接为如下条件表达式。

(subject == '计算机' and grade >= 2) or (subject != '计算机' and grade >= 3)

程序运行时,根据变量 subject 和 grade 的值,可以确定上述条件表达式的结果为 True 或 False。

这里要强调的是,判断相等关系要使用关系运算符"==",而不能使用赋值运算符"="。

3.2 if 语句分支结构

基于 if 语句的分支结构根据条件表达式的结果为 True(包括非零、非空)或 False(包括零、空、None),选择其结构中的一个分支来运行。根据 if 语句结构的复杂程度,可以将 if 语句的分支结构分为单分支、双分支和多分支。

从完整的 if 分支结构来说,多分支是一个完整的结构。单分支和双分支是多分支的特殊情况,单分支又是双分支的特殊情况。为了使初学者能够循序渐进地入门,本节依次按照单分支、双分支和多分支的顺序进行介绍。

3.2.1 if 语句的单分支结构

图 3.1 中的虚线框内给出了 if 语句的单分支语法结构。在分支结构之前和之后均可以有零行或多行不属于该分支结构的其他语句。

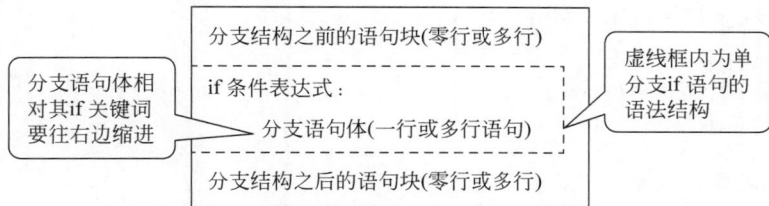

图 3.1 程序中的单分支 if 语句

在图 3.1 虚线框内所示的 if 单分支结构中,关键词 if 后面是条件表达式,条件表达式后面是英文冒号。该冒号表示下一行开始将开启往右缩进的分支语句体。分支语句体可以包含一条或多条语句。当分支语句体由多条语句组成时,要有统一的缩进形式,否则可能会出现逻辑错误或导致语法错误。分支语句体部分不能没有语句。如果没想好具体的语句,可以先用表示空操作的 pass 语句来占位。

该结构先计算 if 后面的条件表达式的值。如果条件表达式的计算结果为 True(或非零、非空),则执行下方的分支语句体;如果条件表达式的值为 False(或零、空、None),则不执行下方的分支语句体。

单分支 if 语句的执行流程可以用图 3.2 表示。

对于引例 3-1,如果只有肥胖程度不正常时才输出"不正常"的提示信息,正常的情况下输出"正常",程序使用单分支结构的一种实现方式见本章配套源程序代码文件"引例 3_1_简化需求的单分支结构实现.py",代码清单如下。

```
# coding = utf - 8
# 引例 3_1_简化需求的单分支结构实现.py
name = input("请输入姓名:")
weight = input("请输入体重(以千克为单位):")
height = input("请输入身高(以米为单位):")

weight = float(weight)
height = float(height)

BMI = weight / (height ** 2)
print(name, "的 BMI 值为:", round(BMI,2), sep = "")

if 18.5 < = BMI < 25.0:
    print("你的当前状况属于:正常")

if BMI < 18.5 or BMI > = 25.0:
    print("你的当前状况属于:不正常")
```

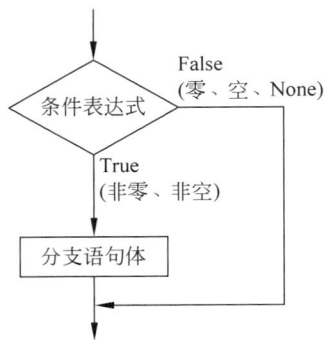

图 3.2　单分支 if 语句执行流程

程序"引例 3_1_简化需求的单分支结构实现.py"两次使用了单分支结构。该程序的其中一次运行结果如下。

```
输入姓名:Wang
请输入体重(以千克为单位):75
请输入身高(以米为单位):1.71
Wang 的 BMI 值为:25.65
你的当前状况属于:不正常
```

该程序的另一次运行结果如下。

```
请输入姓名:Yang
请输入体重(以千克为单位):60
请输入身高(以米为单位):1.72
Yang 的 BMI 值为:20.28
你的当前状况属于:正常
```

【例 3-1】　某销售公司销售员的每月基本工资为 3000 元。每月的销售指标为 20 000 元。当月销售额大于销售指标时,能有一笔绩效奖金。绩效奖金的计算方法是销售额减去销售指标的差额乘以 5%。从键盘输入某员工当月的销售金额,计算其当月的工资总额。

程序代码如下:

```
# example3_1.py
# coding = utf - 8
sales = float(input("请输入当月的销售金额:"))
salery = 3000                        # 基本工资
if sales > 20000:
    merit_pay = (sales - 20000) * 0.05    # 绩效工资
    salery = salery + merit_pay
print("本月的工资总额为:", salery, sep = "")
```

程序测试：运行程序 example3_1.py，分别输入大于 20 000、小于或等于 20 000 的销售金额。

程序某一次输入的运行结果如下。

```
请输入当月的销售金额:35000
本月的工资总额为:3750.0
```

程序另一次输入的运行结果如下。

```
请输入当月的销售金额:20000
本月的工资总额为:3000.0
```

程序再一次输入的运行结果如下。

```
请输入当月的销售金额:15000
本月的工资总额为:3000
```

思考 3-1：如果程序编写如下，会产生怎样的结果？

```
#question3_1.py
#coding = utf - 8
sales = float(input("请输入当月的销售金额:"))
salery = 3000                          #基本工资
if sales > 20000:
    merit_pay = (sales - 20000) * 0.05    #绩效工资
    salery = salery + merit_pay
    print("本月的工资总额为:", salery, sep = "")
```

程序测试：运行程序 question3_1.py，请首先输入一个大于 20 000 的销售金额，程序运行正常。再次运行程序，请输入一个小于 20 000 的销售金额，如 15 000。此时，程序没有打印输出本月的工资总额。因为程序 question3_1.py 中，print() 输出语句是 if 下的分支语句部分，变量 sales 小于或等于 20 000 时，该分支没有执行。而程序 example3_1.py 中，print() 输出语句与 if 分支结构无关，if 分支结构结束后，该 print() 语句始终会运行。

3.2.2 if 语句的双分支结构

图 3.3 中虚线框内的部分是 if 语句的双分支语法结构。在分支结构之前和之后均可以有零行或多行不属于该分支结构的其他语句。

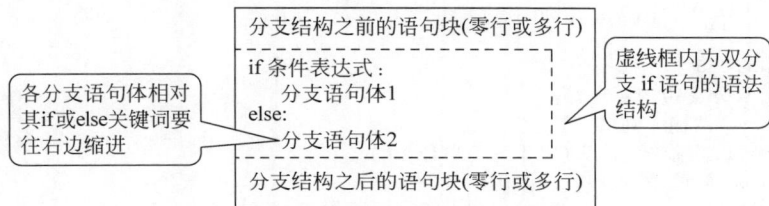

图 3.3 程序中的双分支 if 语句

图 3.3 虚线框内所示的双分支结构由 if 和 else 关键词构成。if 语句行的条件表达式后面和 else 关键词后面均有一个英文冒号，表示其下一行开始将开启一个新的往右边缩进的语句体。各个分支语句体可以包含一条或多条语句，并且都要往右边缩进。如果还没有为某个分支的语句体考虑好合适的语句，则可以先用表示空操作的 pass 语句来占位。

在 if 和 else 构成的双分支结构中，先计算 if 后面的条件表达式的值。如果条件表达式的值为 True(或非零、非空)，则执行分支语句体 1，然后直接退出整个分支结构；否则(也就是条件表达式的值为 False，或等价于 False 的零、空、None)，执行 else 后面的分支语句体 2，然后退出整个分支结构。在这种双分支结构中，有且只有一个分支的语句体会被执行。如果没有 else 分支，则双分支就变成了单分支。因此，单分支是双分支的特殊情况。

双分支 if/else 结构的执行流程可以用图 3.4 表示。

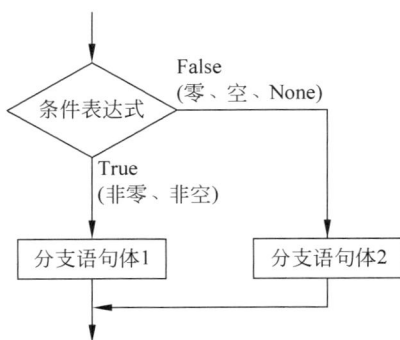

图 3.4　双分支 if/else 结构执行流程

对于引例 3-1，如果只要求根据 BMI 的值判断肥胖程度是否正常，一种实现的源代码见本章配套的程序文件"引例 3_1_简化需求的双分支结构实现.py"，代码清单如下。

```
# coding = utf - 8
# 引例 3_1_简化需求的双分支结构实现.py
name  = input("请输入姓名:")
weight = input("请输入体重(以千克为单位):")
height = input("请输入身高(以米为单位):")

weight = float(weight)
height = float(height)

BMI = weight / (height ** 2)
print(name, "的 BMI 值为:", round(BMI,2), sep = "")

if 18.5 <= BMI < 25.0:
    fat = "正常"
else:
    fat = "不正常"

print("你的当前状况属于:",fat)
```

利用双分支结构实现引例 3-1 的一种完整实现代码见本章配套源代码文件"引例 3_1_双分支结构实现.py"，代码清单如下。

```
# coding = utf - 8
# 引例 3_1_双分支结构实现.py
name = input("请输入姓名:")
weight = input("请输入体重(以千克为单位):")
height = input("请输入身高(以米为单位):")

weight = float(weight)
height = float(height)

BMI = weight / (height ** 2)
print(name, "的 BMI 值为:", round(BMI,2), sep = "")

if BMI < 18.5:
    fat = "过轻"
```

```
    else:
        if BMI < 25.0:
            fat = "正常"
        else:
            if BMI < 28.0:
                fat = "过重"
            else:
                if BMI < 32.0:
                    fat = "肥胖"
                else:
                    fat = "非常肥胖"

print("你的当前状况属于:",fat)
```

程序的一种运行结果如下。

```
请输入姓名:Yang
请输入体重(以千克为单位):60
请输入身高(以米为单位):1.72
Yang 的 BMI 值为:20.28
你的当前状况属于: 正常
```

3.2.3　if 语句的多分支结构

图 3.5 中虚线框内的部分为 if 语句的多分支语法结构。在分支结构之前和之后均可以有零行或多行不属于该分支结构的其他语句。

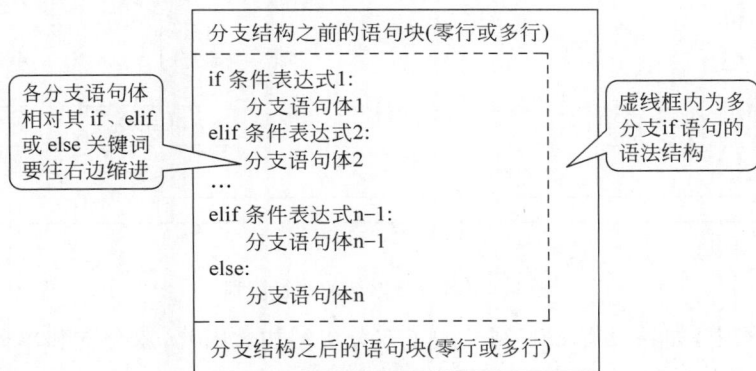

图 3.5　程序中的多分支 if 语句

在图 3.5 虚线框内描述的多分支结构中,elif 是 else if 的缩写。在该结构中,if、elif 或 else 关键词所在语句行的末尾均为英文冒号,表示其下一行开始将开启往右缩进的分支语句体。各分支的语句体可以包含一条或多条语句。如果没有语句,可以用 pass 表示这个分支的空操作。

在多分支结构中,先计算条件表达式 1 的值。如果条件表达式 1 的值为 True(或非零、非空),则执行分支语句体 1,然后退出整个分支结构。如果条件表达式 1 的值为 False(或者零、空、None),则分支语句体 1 不会被执行,转而继续计算条件表达式 2 的值。如果条件表达式 2 的值为 True(或者非零、非空),则执行分支语句体 2,然后退出整个分支结构。如果条件表达式 2 的值也为 False(或者零、空、None),则分支语句体 2 也不会被执行,转而继续计算条件表达式 3 的值……整个分支结构从上到下依次计算条件表达式，找到第一个为 True（或非零、非空）的条件表达式，就执行该条件表达式下的分支语句体，不再计算剩余的条件表达式，直接结束整个分支结构。如果所有条件表达式的值均为 False（或者零、空、None），并且最后有 else 语句部分，则执行 else 后面的分支语句体；如果此时没有 else 语句部分，则不执行任何操作。任何一个分支的语句体执行完后，直接结束该分支结构。

多分支结构的执行流程可以用图 3.6 表示。

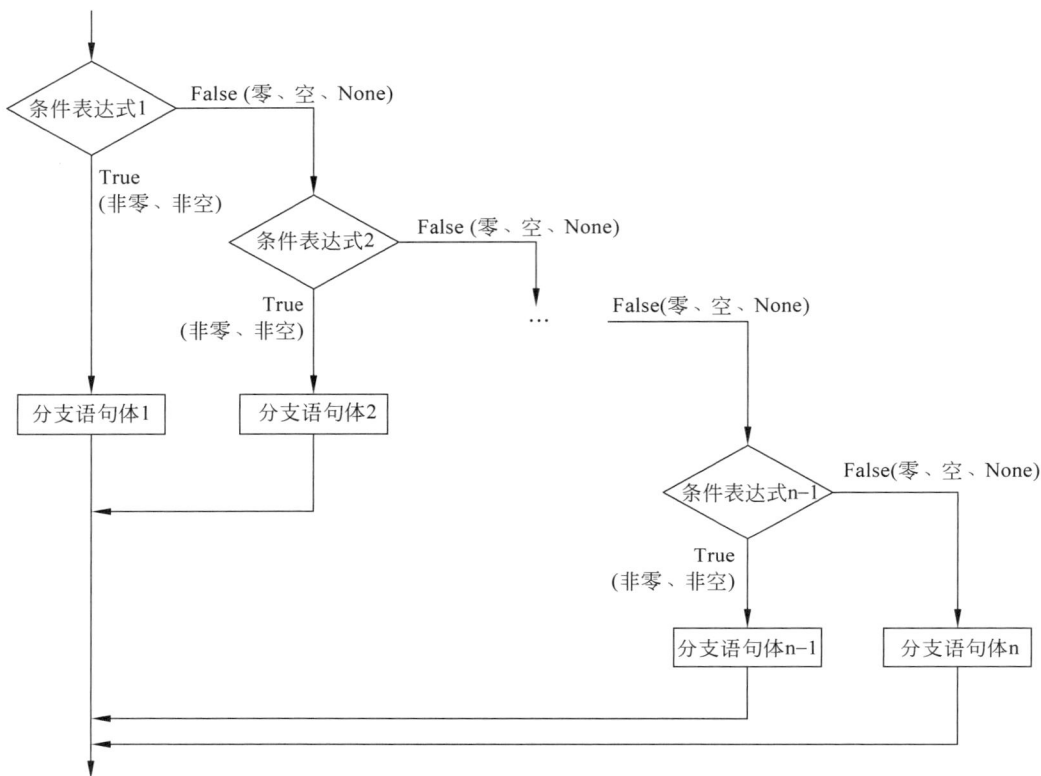

图 3.6　多分支结构的执行流程

多分支结构中，如果没有 elif，则变成了双分支结构。因此，双分支和单分支都是多分支结构的特殊情况。

有了多分支结构，引例 3-1 的一种实现见本章配套的程序源代码文件"引例 3_1_多分支结构实现.py"，程序清单如下。

```
#coding = utf - 8
#引例 3_1_多分支结构实现.py
name = input("请输入姓名:")
weight = input("请输入体重(以千克为单位):")
height = input("请输入身高(以米为单位):")

weight = float(weight)
height = float(height)

BMI = weight / (height ** 2)
print(name, "的 BMI 值为:", round(BMI,2), sep = "")
```

```
if BMI < 18.5:
    fat = "过轻"
elif BMI < 25.0:
    fat = "正常"
elif BMI < 28.0:
    fat = "过重"
elif BMI < 32.0:
    fat = "肥胖"
else:
    fat = "非常肥胖"

print("你的当前状况属于:",fat)
```

程序"引例 3_1_多分支结构实现.py"的某一次运行结果如下。

```
请输入姓名:Yang
请输入体重(以千克为单位):60
请输入身高(以米为单位):1.72
Yang 的 BMI 值为:20.28
你的当前状况属于: 正常
```

请多次运行程序,自行设计输入数据,测试每一个分支的运行情况。分析程序"引例 3_1_多分支结构实现.py",思考为什么第一个 elif 后面的条件表达式不是 18.5≤BMI<25.0。

3.2.4 分支结构的嵌套

在分支结构的某一个分支的语句体中,又嵌套新的分支结构,这种情况称为分支结构的嵌套(又称选择结构的嵌套)。在外层分支中,将内层的整个分支结构看成一个语句。分支结构的嵌套形式需要根据实际情况来分析。本节以案例的形式向读者介绍分支结构的嵌套使用方式。

3.2.2 节中介绍的引例 3-1 的双分支结构实现程序"引例 3_1_双分支结构实现.py"使用了分支结构的嵌套,在一个分支的语句体中另外再嵌套了完整的分支结构。

【例 3-2】 西瓜太小或太大都将影响销售量。因此,水果店会按照西瓜的大小确定不同的价格。大于 5 千克且小于或等于 10 千克的按标准价格销售。小于或等于 5 千克的按标准价格的 8 折销售。大于 10 千克且小于或等于 15 千克的按标准价格的 9 折出售。大于 15 千克的西瓜,还需要输入客户类型:0 表示新客户、1 表示老客户,对新客户 8.5 折出售,对老客户按 8 折销售。请编写程序,输入当前的西瓜标准价格,并输入购买的单个西瓜重量,计算输出购买该西瓜的应付款金额(保留 2 位小数),并输出是平价销售还是折价销售。

程序源代码如下。

```
# example3_2.py
# coding = utf - 8
price = float(input('请输入当前西瓜标准价格(元/千克):'))
quantity = float(input("请输入单个西瓜的重量(千克): "))

if quantity <= 5:
    rate = 0.8
    info = "8 折销售"
elif quantity <= 10:
```

```
            rate = 1
            info = "平价销售"
    elif quantity <= 15:
            rate = 0.9
            info = "9 折销售"
    else:                          # 重量大于 15 千克时,还需要输入客户类型
            client = input("请输入是新客户(0)还是老客户(1):")
            if client == "0":        # 如果是新客户
                rate = 0.85
                info = "大于 15 千克,且为新客户,按 8.5 折销售"
            else:                    # 如果是老客户
                rate = 0.8
                info = "大于 15 千克,且为老客户,按 8 折销售"


print(info)
account = quantity * price * rate
print("购买该西瓜的应付款为:",round(account,2))
```

程序测试:请读者多次运行程序 example3_2.py,每次输入不同的测试数据,遍历各个分支,查看执行结果。下面是程序 example3_2.py 的某两次运行结果。

程序第一次运行结果:

```
请输入当前西瓜标准价格(元/千克):5
请输入单个西瓜的重量(千克): 18
请输入是新客户(0)还是老客户(1):0
大于 15 千克,且为新客户,按 8.5 折销售
购买该西瓜的应付款为: 76.5
```

程序第二次运行结果:

```
请输入当前西瓜标准价格(元/千克):5
请输入单个西瓜的重量(千克): 18
请输入是新客户(0)还是老客户(1):1
大于 15 千克,且为老客户,按 8 折销售
购买该西瓜的应付款为: 72.0
```

3.3　分支结构的三元运算

观看视频

分支结构的三元运算表达式为

变量 = 值 1 if 条件表达式 else 值 2

当条件表达式为 True(或者非零、非空),则变量取"值 1";否则变量取"值 2"。

对于简单的 if/else 双分支结构,可以使用三元运算表达式来实现。例如:

```
>>> BMI = 20.28
>>> if 18.5 <= BMI < 25.0:
...     result = "正常"
... else:
...     result = "不正常"
...
>>> result
'正常'
>>>
```

可以用三元运算改写为

```
>>> BMI = 20.28
>>> result = "正常" if 18.5 <= BMI < 25.0 else "不正常"
>>> result
'正常'
>>>
```

*3.4 match-case 分支结构

观看视频

Python 3.10 开始引入了基于模式匹配的 match-case 分支结构。该结构与 if 语句的分支结构功能类似,但更加灵活。match-case 分支的结构如下。

```
match 匹配对象:
    case 匹配表达式 1:
        分支语句块 1
    case 匹配表达式 2:
        分支语句块 2
    …
    case _:
        分支语句块 n
```

执行该结构时,match 后面的匹配对象依次对 case 后面的表达式进行匹配。当找到第一个匹配的 case 子句后,执行该子句所在分支的语句块,就不再去判断匹配对象与剩余的 case 后面表达式是否匹配,然后结束整个 match-case 结构。如果没有一个 case 后面的表达式与 match 后面的对象相匹配,则执行"case _"分支(默认分支)后面的表达式;此时如果没有默认分支,则不执行任何分支。

默认分支中 case 后面的下画线是一个普通变量。这里可以使用任何变量名,不一定用下画线。

3.4.1 匹配简单对象

在 match-case 结构中,case 后面的表达式可以是数值等简单对象或由这些对象构成的条件表达式。例如:

```
x = 5
match x:
    case 3:
        print("x = 3")
    case 5|6:           # 运算符"|"表示或
        print("x = 5 或 x = 6")
    case _:             # 默认分支,当上述分支均不匹配时执行该分支
        print("x 不是 3、5 或 6 中的任何一个")
```

执行结果为

```
x = 5 或 x = 6
```

match-case 结构也可以没有默认分支,就像 if 语句没有 else 分支一样。还可以在 case 后面使用变量,用该变量接收 match 后面的表达式值,并可以用 if 语句添加判断条件。

```
x = 10
```

```
match x:
    case 3:
        print("x = 3")
    case 5|6:
        print("x = 5 或 x = 6")
    case y if y > 8: #用 if 语句添加判断条件
        print("x 大于 8")
print("y = ", y, sep = "")
```

输出结果为

```
x 大于 8
y = 10
```

上述程序中,前两个 case 后面的表达式都不能与 match 后面的表达式匹配。轮到第 3 个 case 时,先将 x 的值赋给 y。这样 y 得到 x 的值 10,并且条件表达式 y>8 的计算结果为 True,因此执行该分支下的语句块。

3.4.2　匹配序列对象

在 match-case 结构中,case 后面的表达式可以是列表或元组等序列对象。此时,需要序列的长度和元素都能匹配才表示匹配成功。例如:

```
x = [1,2]
match x:
    case [1]:
        print("匹配单个元素为 1 的序列")
    case [1,y]:
        print("匹配长度为 2 的序列,且第一个元素为 1,并将第 2 个元素赋值给 y")
```

执行结果:

匹配长度为 2 的序列,且第一个元素为 1,并将第 2 个元素赋值给 y

在程序执行时,第一个 case 后面的列表长度与 match 后面的列表对象 x 长度不匹配。第二个 case 后面的列表对象[1,y]与 x 在长度和元素值上都能匹配。

序列内部元素的匹配中,也可以使用或运算符(|),例如:

```
x = [1,2,"test"]
match x:
    case [1, (2|5), y]:
        print("匹配 3 个元素,第 2 个为 2 或 5,第 3 个元素不限")
    case _:
        print("都不匹配")
```

执行结果:

匹配 3 个元素,第 2 个为 2 或 5,第 3 个元素不限

可以为序列中元素值的匹配添加条件。例如,以下程序中对序列的第三个元素匹配添加了长度大于 0 的条件。

```
x = [1,2,"test"]
match x:
    case [1, (2|5) as s, y] if len(y) > 0:
        print("一共 3 个元素,为第 2 个元素赋予别名 s," +
```

"并将匹配时的第 2 个元素值赋给 s,同时要求第 3 个元素 y 的长度大于 0")
```
    case _:
        print("都不匹配")
```

执行结果:

一共 3 个元素,为第 2 个元素赋予别名 s,并将匹配时的第 2 个元素值赋给 s,同时要求第 3 个元素 y 的长度大于 0

执行程序后可以查看 s 的值为 2,y 的值为'test'。

在序列匹配的表达式中,也可以采用变量名前添加星号(∗)的方式来表示序列中剩余的元素。例如,以下例子中,用 ∗ rest 来匹配元组 x 中除第一个元素(这里值为 1)后的所有剩余元素(这里是 2 和"test")。

```
x = (1,2,"test")
match x:
    case [1|2 as y, * rest]:
        print("匹配第一项为 1 或 2 的序列")
        print(rest)
    case _:
        print("没有找到匹配项")
```

执行结果:

匹配第一项为 1 或 2 的序列
[2, 'test']

执行该程序后,y 被赋予 1;其余项构成列表[2,'test'],赋予变量 rest。变量名前面加 ∗ 的含义将在第 6 章中介绍。

3.4.3 匹配字典对象

在 match-case 结构中,case 后面也可以是字典。此时,只要 case 表达式中的字典的各元素在 match 对象中存在匹配的项,即表示匹配成功,不要求 case 表达式中的字典和 match 后面的字典元素个数相同。例如:

```
d = {"number":1024,"name":"liu"}
match d:
    case {"name" : "li"}:
        print("匹配 key 为 name,且 value 为 li 的项")
    case {"name" : _}:
        print("匹配存在 key 为 name 的字典")
    case _:
        print("没有匹配项")
```

执行结果:

匹配存在 key 为 name 的字典

在对字典的元素进行匹配时,可以要求字典中的值匹配特定的类型。在以下程序中,除了需要匹配字典中的两个键,还要求键 number 对应的值必须是整数类型。

```
d = {"number":1024,"name":"liu"}
match d:
    case {"name":n,"number":int(x)}:
        print("匹配 number 对应的值为整数,且存在 key 为 name 和 number 的字典")
```

```
        print("x = ",x,sep = "")
        print("n = ",n,sep = "")
    case _:
        print("没有匹配项")
```

运行结果：

```
匹配 number 对应的值为整数,且存在 key 为 name 和 number 的字典
x = 1024
n = liu
```

在字典匹配表达式中,可以采用变量名前面加两个星号(∗∗)的方式来表示字典中剩余的元素。例如,以下程序中用 ∗∗ rest 来匹配字典 d 中除键 age 所对应元素外的所有剩余元素。

```
d = {"number":1024,"name":"liu","age":18}
match d:
    case {"age":int(a), ∗∗ rest}:
        print("匹配有 key 为 age 且其对应值为整数的字典")
        print("a = ",a,sep = "")
        print("rest = ",rest,sep = "")
    case _:
        print("没有匹配项")
```

运行结果：

```
匹配有 key 为 age 且其对应值为整数的字典
a = 18
rest = {'number': 1024, 'name': 'liu'}
```

字典 d 中,键"age"的值为 18,与 case 子句的字典中"age":int(a)相匹配。字典其余的键及相应的值与 ∗∗ rest 相匹配,并构成一个新的字典,赋值给变量 rest。因此,变量 a 被赋予了整数 18,变量 rest 被赋予了字典{'number':1024,'name':'liu'}。变量名前面加 ∗∗ 的含义将在第 6 章中介绍。

当 match 后面的对象是普通类的对象时,匹配的规则与字典类似。只要对象类型和对象中的属性满足 case 后面的条件,就能匹配。关键词 match 后面对象中的属性个数可以超过 case 后面提到的属性个数。

3.5　循环结构

【引例 3-2】　为了测量一个人的肥胖程度,从键盘输入姓名、体重(单位为千克)和身高(单位为米),分别赋值给变量 name、weight 和 height。计算此人的 BMI(保留两位小数),计算公式为 BMI＝weight÷height^2。在屏幕上打印输出姓名和 BMI 的值。根据表 2.1,判断并在屏幕上打印输出肥胖程度。计算并输出一个人的信息后,程序询问是否继续输入并计算另一个人的 BMI,直到输入 n 或 N 结束程序。

要实现多人的 BMI 计算,部分代码需要反复多次执行,直到用户选择结束程序。这需要使用循环结构来实现。

Python 语言提供了 while 和 for 两种循环结构。while 循环结构是在给定的条件表达式值为 True(或者非零、非空)时,重复执行某些操作;条件表达式值为 False(或者零、空、

None)时,结束循环或不进入循环。for 循环结构是当被遍历的可迭代对象中还有新的值可取时,重复执行某些操作;当被遍历的可迭代对象中没有新的值可取了,结束循环或不进入循环。

在 Python 中,无论是 while 循环还是 for 循环均可以在后面带有 else 结构。但这种结构的附带功能可以通过在程序中增加分支结构来实现。为了降低程序设计入门的复杂度,本书不讨论带 else 的循环结构。这里将循环体中没有 break 或 continue 中断语句且不带 else 结构的两种循环分别称为简单 while 循环和简单 for 循环。

本节先介绍以上两种循环的简单结构,接着介绍 break 和 continue 两种循环中断语句。最后介绍循环的嵌套结构和嵌套结构中的 break 与 continue 中断语句。

3.5.1 简单 while 循环结构

图 3.7 中的虚线框内描述了简单 while 循环的语法结构。循环结构之前和之后均可以有其他语句块,这些语句块不属于此循环结构。

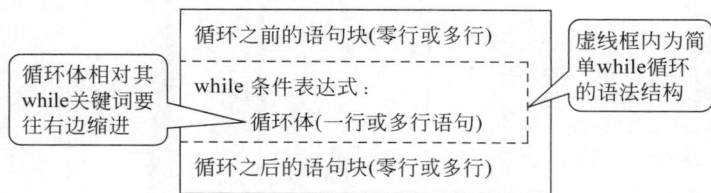

观看视频

图 3.7 程序中的简单 while 循环结构

在 while 循环的语法结构中,关键词 while 后面是条件表达式,条件表达式后面有一个英文冒号。循环体由一行或多行语句构成,整体向右边缩进。循环体中不能没有语句,但可以用 pass 语句表示空操作,不执行任何功能。

循环开始之前,如果 while 关键词后面的条件表达式的值为 False(或者零、空、None),则不会进入循环体,直接跳过循环部分。如果一开始 while 关键词后面的条件表达式的值为 True(或者非零、非空),则执行循环体;每执行完一次循环体,重新计算 while 关键词后面的条件表达式的值,若为 True(或者非零、非空),则继续执行循环体;循环体执行结束后重新计算 while 关键词后面的条件表达式的值;直到该条件表达式的值为 False(或者零、空、None),不再执行循环体,结束整个循环结构。

简单 while 循环结构的执行流程可以用图 3.8 表示。

在 while 循环结构中,条件表达式中的变量取值决定条件表达式的值,该变量称为循环控制变量。

在使用 while 循环时,要注意以下几点。

(1)循环开始之前要为循环控制变量赋初值,使得 while 后面的条件表达式有初始的 True 或 False 值。

(2)如果一开始 while 后面的条件表达式为 False(或者零、空、None),则不会进入循环;否则就进入循环,开始执行循环体。

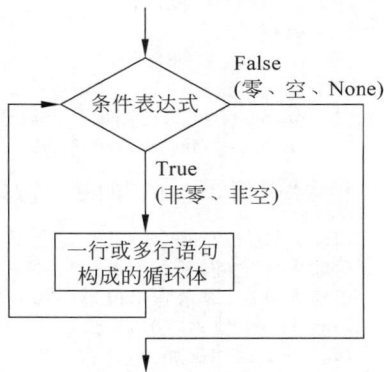

图 3.8 简单 while 循环结构的执行流程

（3）循环体中要有语句改变循环控制变量的值，使得 while 后面的条件表达式因为该变量值的改变而可能出现结果为 False（或者零、空、None），从而能够导致循环终止，否则会造成无限循环。

（4）如果 while 后面的条件表达式永远为 True（如 True 本身），则可以没有循环控制变量。这将导致无限循环。此时可以通过 3.5.3 节介绍的 break 语句来中断循环。

无限循环又称为死循环。在编写程序时一般要避免无限循环，但在有些情况下又需要利用无限循环。

注意：分支结构执行完某个分支的语句体后，马上退出该分支结构。while 循环结构执行完循环语句体后，立刻又返回到 while 关键词后面的条件表达式进行重新计算，只要该条件表达式的值为 True，则继续执行循环体，并一直重复这一过程，直到条件表达式的值为False 才结束循环。

引例 3-2 的实现代码见本章配套源程序文件"引例 3_2.py"，程序清单如下。

```
# coding = utf - 8
# 引例 3_2.py
compute_next = "Y"
while compute_next!= "N" and compute_next!= "n":
    name = input("请输入姓名:")
    weight = input("请输入体重(以千克为单位):")
    height = input("请输入身高(以米为单位):")

    weight = float(weight)
    height = float(height)

    BMI = weight / (height ** 2)
    print(name, "的 BMI 值为:", round(BMI,2), sep = "")

    if BMI < 18.5:
        fat = "过轻"
    elif BMI < 25.0:
        fat = "正常"
    elif BMI < 28.0:
        fat = "过重"
    elif BMI < 32.0:
        fat = "肥胖"
    else:
        fat = "非常肥胖"

    print(name, "的当前状况属于:", fat, sep = "")
    compute_next = input("继续下一位的 BMI 计算吗?输入 N 或 n 结束,输入其他继续:")
```

程序"引例 3_2.py"的某一次执行结果如下。

```
请输入姓名:Yang
请输入体重(以千克为单位):60
请输入身高(以米为单位):1.70
Yang 的 BMI 值为:20.76
Yang 的当前状况属于:正常
继续下一位的 BMI 计算吗?输入 N 或 n 结束,输入其他继续:y
请输入姓名:Wang
请输入体重(以千克为单位):75
```

请输入身高(以米为单位):1.71
Wang 的 BMI 值为:25.65
Wang 的当前状况属于:过重
继续下一位的 BMI 计算吗?输入 N 或 n 结束,输入其他继续:n

程序"引例 3_2.py"中,compute_next 是循环控制变量,初始值为"Y",循环开始时,while 后面的条件表达式 compute_next！="N" and compute_next！="n"为 True,开始执行循环体。循环体中的最后一行通过 input()函数从键盘读入数据赋值给循环控制变量 compute_next,改变循环控制变量的值。当用户输入 y 时,条件表达式 compute_next！="N" and compute_next！="n"的值依然为 True,继续执行循环体。直到因用户输入 n 导致循环控制变量的值变为"n",从而进一步导致条件表达式 compute_next！="N" and compute_next！="n"的值变为 False,循环才终止。

3.5.2 简单 for 循环结构

图 3.9 中的虚线框内给出了简单 for 循环的语法结构。循环结构之前和之后均可以有其他语句块,这些语句块不属于此循环结构。

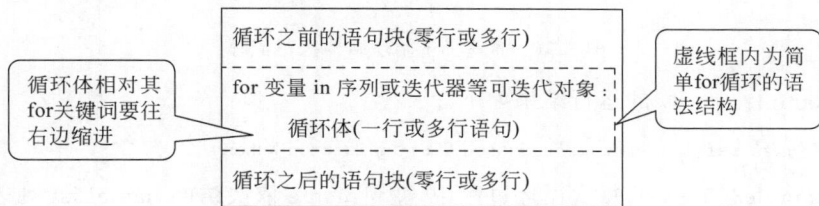

观看视频

图 3.9 程序中的简单 for 循环结构

图 3.9 中虚线框内的 for 循环结构中,关键词 for 后面依次为变量、in、可迭代对象(序列、迭代器等)和英文冒号。该冒号表示下一行开始将开启往右缩进的循环体。循环体可以是一行或多行语句。如果尚未确定循环体中的语句,可以先用表示空操作的 pass 语句来占位。可迭代对象和迭代器的概念将在 4.8 节介绍。

在图 3.9 中虚线框内的简单 for 循环结构中,执行时依次遍历序列(如字符串、列表、元组、range)或迭代器等可迭代对象中的每个元素。每次从可迭代对象中取到一个元素后将该元素赋值给 for 后面的变量,并执行一次循环体。直到可迭代对象中没有剩余的元素可取了,则终止循环。如果一开始可迭代对象中就没有元素可取,则循环体一次都不会执行。

简单 for 循环结构的执行流程可以用图 3.10 表示。

【例 3-3】 用列表存储若干城市的名称,利用 for 循环逐一输出城市名称。

程序源代码如下。

```
# example3_3.py
# coding = utf - 8
nameList = ['Beijing','Shanghai','Hangzhou','Nanjing','Taizhou','Wuhan']

print('城市名称列表:',end = " ")

for name in nameList:
    print(name,end = ' ')
```

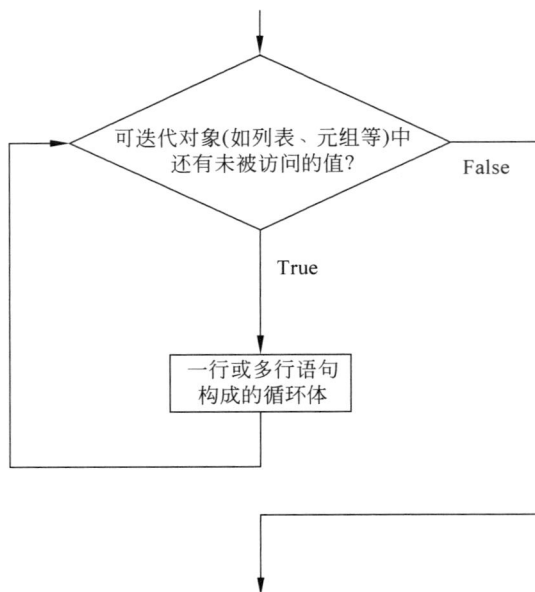

图 3.10　简单 for 循环结构执行流程

程序 example3_3.py 的运行结果如下。

城市名称列表：Beijing Shanghai Hangzhou Nanjing Taizhou Wuhan

程序 example3_3.py 的每次循环过程中，变量 name 依次访问 nameList 列表中的一个字符串元素，然后执行循环体中的 print 语句，打印当前 name 变量值。print()函数输出结束时不换行，而是添加一个空格。

可以用 for 循环直接遍历 range 整数序列对象中的元素。例如：

```
>>> for i in range(0,10):
        print(i,end = ' ')
```

执行结果：

```
0 1 2 3 4 5 6 7 8 9
>>> for i in range(10):
        print(i,end = ' ')
```

执行结果：

```
0 1 2 3 4 5 6 7 8 9
```

range 对象经常被用到 for 循环结构中，用于遍历序列的索引值。例 3-3 也可以使用以下方法实现。

```
# example3_3_2.py
# coding = utf - 8
nameList = ['Beijing','Shanghai','Hangzhou','Nanjing','Taizhou','Wuhan']
print('城市名称列表:',end = " ")
for i in range(len(nameList)):
    print(nameList[i],end = ' ')
```

程序运行结果：

城市名称列表：Beijing Shanghai Hangzhou Nanjing Taizhou Wuhan

语句 range(len(nameList))先求 len(nameList)的值为 6；然后执行 range(6)，生成元素为 0、1、2、3、4、5 的可迭代对象。在 for 循环中，i 依次取可迭代对象中的值。将这个值作为访问列表 nameList 中元素的索引（即元素在列表中所处的位置）。通过 nameList[i]语句获取索引 i 对应的列表中的元素。

3.5.3　用于终止循环的 break 语句

观看视频

break 语句可以在 while 和 for 循环中用于提前终止循环。在循环进行过程中，如果执行了 break 语句，则循环体中该 break 语句之后的部分不再执行并终止循环。循环体中 break 语句是否执行，通常通过分支结构中的条件表达式来判断。

图 3.11 给出了循环体中含 break 语句的 while 循环结构执行流程。图 3.12 给出了循环体中含 break 语句的 for 循环结构执行流程。其中，循环体 1、break 语句和循环体 2 三部分共同构成循环体。

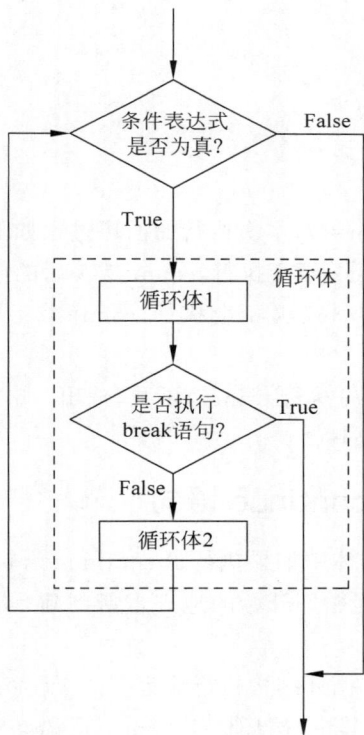

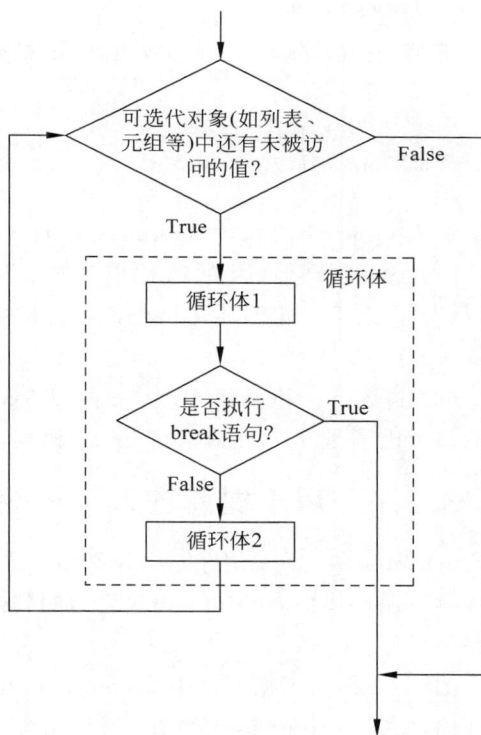

图 3.11　含 break 语句的 while 循环结构执行流程　　图 3.12　含 break 语句的 for 循环结构执行流程

【例 3-4】　从键盘输入一个大于 1 的自然数，求这个自然数除了自身以外的最大约数（因子）。

分析：为了寻找一个自然数 num 除自身以外的最大因子，可以使用循环结构，让循环控制变量 count 的初值为 num−1，只要 count 的值大于 0，就可以进行循环；在循环体中判断 num 除以 count 的余数是否为 0，找到第一个能够整除 num 的 count（也就是 num ％

count 的计算结果为 0），则 count 即为 num 除自身外的最大因子，用 break 语句立即提前终止循环；如果本轮循环中，count 无法整除 num，则让 count 减 1，重新进入下一轮循环。由于一个大于 1 的自然数 num 除自身以外的最大因子不会超过其自身的一半，因此循环控制变量 count 可以从初始值 num//2 开始，以减少循环次数。

程序源代码如下。

```
# example3_4.py
# coding = utf - 8
num = int(input('请输入一个大于 1 的自然数:'))
# count = num - 1          # 方式 1
count = num//2          # 方式 2
while count > 0:
    if num % count == 0:
        print(num,"除自身外的最大因子是",count,sep = "",end = ".")
        break

    count = count - 1
```

程序 example3_4.py 的一次运行结果如下。

```
>>>
请输入一个大于 1 的自然数:15
15 除自身外的最大因子是 5.
>>>
```

输入 num＝15 后，计算 count＝num//2 得到 count＝7，本次执行的循环过程如下。

（1）进入循环体，因为 15 除以 7 的余数不为 0，break 不会执行，count 减 1 后的值为 6。

（2）进入下一轮循环，因为 15 除以 6 的余数不为 0，break 不会执行，count 减 1 后的值为 5。

（3）进入下一轮循环，因为 15 除以 5 的余数为 0，先执行 print()函数，输出"15 除自身外的最大因子是 5。"，然后执行 break 语句，提前终止循环。

3.5.4 用于提前进入下一轮循环的 continue 语句

continue 语句可以用在 while 和 for 循环中。循环体中如果执行了 continue 语句，本轮循环跳过循环体中 continue 语句之后的剩余语句，回到循环开始的地方重新判断是否进入下一轮循环。

图 3.13 给出了循环体中含 continue 语句的 while 循环结构执行流程。图 3.14 给出了循环体中含 continue 语句的 for 循环结构执行流程。其中，循环体 1、continue 语句和循环体 2 三部分共同构成循环体。

break 语句与 continue 语句的主要区别如下。

（1）break 语句一旦被执行，循环体中 break 语句之后的部分不再被执行，且终止该 break 所在层的循环。

（2）continue 语句的执行不会终止整个当前循环，只是提前结束本轮循环，本轮循环跳过循环体中 continue 语句之后的剩余语句，提前回到循环开始的地方，重新判断是否进入下一轮循环。

观看视频

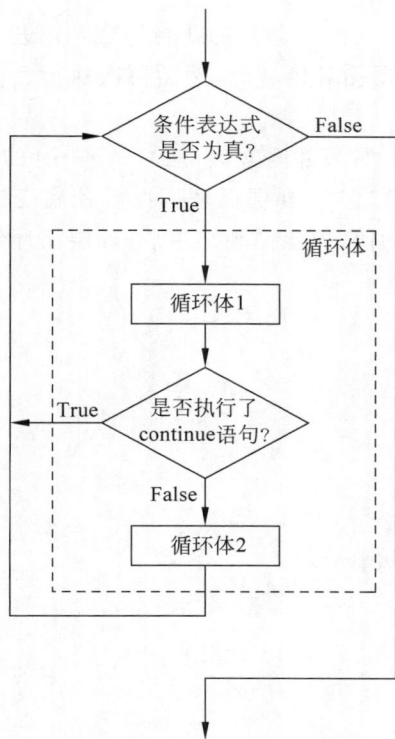

图 3.13　含 continue 语句的 while 循环
结构执行流程

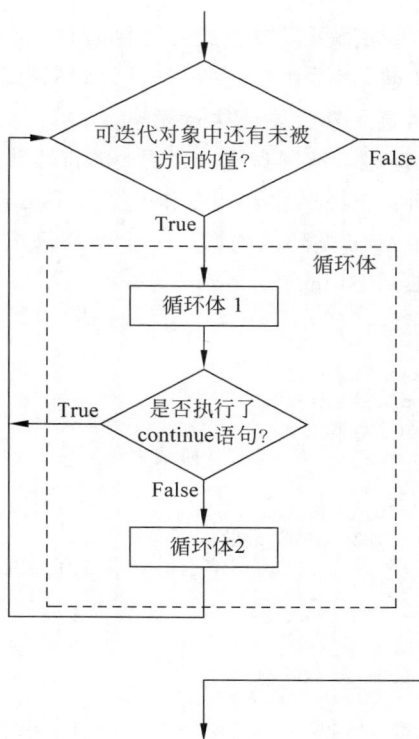

图 3.14　含 continue 语句的 for 循环
结构执行流程

【例 3-5】　列表 scores 中存储了某门课程的成绩,通过在循环体中使用 continue 语句,
筛选出 90 分及以上的成绩。

程序源代码如下。

```
#example3_5.py
scores = [85,93,76,88,95,90,68,78,80,71]
print("90 及以上的成绩如下:",end = "")
for s in scores:
    if s < 90:
        continue

    print(s,end = ",")
```

程序 example3_5.py 的运行结果如下。

```
90 及以上的成绩如下:93,95,90,
```

在 example3_5.py 的循环体中,当 if 分支结构的条件表达式为 True(即成绩小于 90
分)则执行 continue 语句,本轮循环跳过循环体中 continue 语句之后的 print 语句部分,提
前进入下一轮循环(即从列表中取得下一个成绩的值),因此输出所有大于或等于 90 分的成
绩,而 90 分以下的成绩没有输出。

3.5.5　嵌套循环

嵌套循环是指在一个循环中又包含另外一个完整的循环,即循环体中又包含循环结构。

观看视频

这时，内层循环可以被看成外层循环体中的一个语句。嵌套循环的执行过程：先进入外层循环第 1 轮，然后执行完所有内层循环，接着进入外层循环第 2 轮，然后再次执行完内层循环，……，直到外层循环执行完毕。

【例 3-6】 从键盘输入大于 2 的自然数赋值给 n。计算并输出 1！＋2！＋…＋n！的值。

分析：先将累计阶乘之和的变量 fsum 初始值设为 0。外层循环用循环控制变量 k 依次遍历 1 到 n，循环体内嵌套一个循环每次计算 k！的值，内层循环结束后，外层循环体内将该值添加到 fsum 中。

程序源代码如下。

```
# example3_6.py
# coding = utf - 8
n = int(input("n = "))
fsum = 0          # 累计阶乘之和

for k in range(1,n + 1):
    # 计算 k 的阶乘的值
    f = 1          # 计算新的阶乘之前,初值重新设置为 1
    for i in range(1,k + 1):
        f = f * i

    fsum = fsum + f

print("1!+ 2!+ ... + ",n,"!= ",fsum,sep = "")
```

程序 example3_6.py 的一次运行结果如下。

```
n = 5
1!+ 2!+ ... + 5!= 153
```

思考题 3-2：如何改写程序，去除内层循环，提高程序执行效率？

分析：利用 k！＊(k＋1) ＝＝ (k＋1)！这个等式，循环第 k 轮结束时变量 f 保存了 k！的值，下一轮循环计算(k＋1)！时，只须计算 f＝f＊(k＋1)即可。

程序源代码如下。

```
# question3_2.py
# coding = utf - 8
n = int(input("n = "))
fsum = 0                    # 累计阶乘之和
f = 1                       # 计算阶乘之前,初值设置为 1
for k in range(1,n + 1):
    f = f * k               # 计算 k 的阶乘的值
    fsum = fsum + f

print("1!+ 2!+ ... + ",n,"!= ",fsum,sep = "")
```

3.5.6 嵌套循环中的 break 和 continue 语句

前面介绍的 break 语句只在一重循环中使用。如果 break 语句用在具有两层循环嵌套的内层循环中，则只终止内层循环，然后进入外层循环的下一条语句继续执行。

【例 3-7】 编写程序，寻找并打印输出 500～600 的所有素数。

分析：利用嵌套循环，外层循环从 500 到 600 进行遍历。对于外层循环遍历的每个值

i,内层循环先假设 i 为素数(用变量 flag=1 来表示),然后建立内层循环,循环控制变量 j 从 2 到 i−1 进行遍历,如果中间有一个 j 的值可以整除 i,则可以确定 i 不是素数,改变 flag=0 (标记为非素数),并用 break 提前终止内层循环(因为已经确定 i 不是素数)。内层循环结束后,在外层循环体中,通过 flag 的当前值来确定 i 是否为素数:如果 flag==0,说明 i 能被某个整数整除,从而在内层循环中发生过 flag=0 的赋值,i 不是素数;如果 flag==1,说明内层循环中没有发生过 flag=0 的赋值,因此从 2 到 i−1 中没有找到可以整除 i 的整数,因此 i 为素数。

程序源代码如下。

```
#example3_7.py
#coding = utf - 8
print("500 到 600 内的所有素数如下:",end = "")
for i in range(500,601):
    j = 2
    flag = 1
    while j < i:
        if i % j == 0:
            flag = 0
            break              #终止内层循环

        j += 1

    if flag == 1:
        print(i,end = " ")
```

程序 example3_7.py 的运行结果如下。

500 到 600 内的所有素数如下:503 509 521 523 541 547 557 563 569 571 577 587 593 599

不管有多少层的循环嵌套,循环体中一个 break 语句的执行,只是终止该 break 语句所在的循环体,并且从 break 语句往外层搜索离该 break 语句最近的 while 或 for 循环,然后终止该循环。

在多层嵌套循环中,continue 语句的作用范围与 break 语句类似。不管有多少层的循环嵌套,一个 continue 语句的执行,只是跳过 continue 语句所在本层循环中循环体的剩余语句。也就是说,不管有多少层的循环嵌套,循环体中一个 continue 语句的执行,将跳过其所在层循环体中该 continue 语句之后的循环体部分,并且从该 continue 语句往外层搜索最近的 while 或 for 循环,提前进入该循环的下一轮循环。

【例 3-8】 对列表["#12345","12_345","123","123_45"]中的字符串元素,除字符串"123"外,依次打印输出每个字符串的组成字符,如果遇到字符下画线"_",则不输出。

程序源代码如下。

```
#example3_8.py
#coding = utf - 8
number = ["#12345","12_345", "123","123_45"]

for s in number:
    if s == "123":
        continue                #作用于外层循环

    for c in s:
        if c == "_":
```

```
            continue              #作用于内层循环
        print(c,end = ' ')

    print()
```

程序 example3_8.py 的运行结果如下。

```
>>>
# 1 2 3 4 5
1 2 3 4 5
1 2 3 4 5
>>>
```

习题

1. 为了更好地淡化排名、引导兴趣，某学校从 2024 级开始在开设的某课程中采用等级制的成绩评定方法：85～100 分为优秀，75～84.9 分为良好，65～74.9 分为合格，60～64.9 分为基本合格，60 分以下不及格。成绩数值部分保留一位小数。请编写程序，根据输入的成绩数值，输出成绩等级。程序保存为 exercise3_1.py。

2. 在第 1 题的基础上，要求允许用户多次输入并输出相应的成绩等级，直到输入"quit"终止程序的执行。程序保存为 exercise3_2.py。

3. 寻找并输出 1000 以内的素数以及这些素数之和。素数是指除了 1 和该数本身之外，不能被其他任何整数整除的大于或等于 2 的整数。程序保存为 exercise3_3.py。

4. 编写程序，按公式 s＝1!＋2!＋3!＋…＋n! 求累加和 s 小于 1000 的最大项数 n，程序运行结果如下。

```
>>>
n  s
1  1
2  3
3  9
4  33
5  153
6  873
7  5913
累计和不超过 1000 的最大项数 n = 6
>>>
```

程序保存为 exercise3_4.py。

5. 从键盘输入表示年份的数字赋值给变量 y，如果年份 y 能被 400 整除则为闰年，或者能被 4 整除但不能被 100 整除也是闰年；否则就不是闰年。如果是闰年，则打印输出"y 年是闰年"，否则打印输出"y 年不是闰年"。在输出的字符串中，y 用输入的年份值代替。程序保存为 exercise3_5.py。

6. 从键盘输入一个大于 2 的自然数，打印输出该自然数的所有因子。程序保存为 exercise3_6.py。

7. 编程反复要求用户根据提示从键盘输入句子。输入完一个句子后，输出该句子及该句子中的字符个数。当输入的内容为"quit"时，终止循环，退出程序。程序保存为 exercise3_7.py。

第 4 章

常用组合数据类型

Python 中序列(如列表、元组、等差整数序列、字符串、字节串、字节数组等)、映射(如字典)以及集合是三类常用的组合数据类型。这些类型的对象按照一定的规则容纳其他数据对象,因此也被称为容器。

本章先介绍列表、元组、等差整数序列、字典和集合的概念与用法。接着介绍可迭代对象与迭代器对象。然后再介绍列表推导式、字典推导式和集合推导式的基本用法。最后介绍序列解包和 collections 模块中的 Counter 容器。

【引例 4-1】 为了测量一个人的肥胖程度,从键盘输入姓名、体重(单位为 kg)和身高(单位为 m),分别赋值给变量 name、weight 和 height。计算此人的 BMI(保留两位小数),计算公式为 BMI=weight÷height^2。根据表 2.1,判断肥胖程度,并将肥胖程度描述字符串保存在变量 fat 中。将一个人的姓名、体重、身高和 BMI 值保存在一个列表中。程序接着询问是否继续输入并计算另一个人的 BMI,直到输入 n 或 N 结束程序。将每个人的信息列表各自作为一个元素保存在一个大的列表中,构成一个二维列表。在屏幕上以"姓名♯体重♯身高♯BMI♯肥胖程度"为格式输出个人信息,每人一行。

引例 4-1 涉及列表的创建、列表元素的添加、多维列表、列表的遍历等知识。

4.1 常用序列类型及其对象的创建

在 Python 中,把按照位置顺序排列而形成的数据集称为序列。序列中每个元素的位置都有序号(称为索引或下标),可以通过序号对序列中的元素进行相应的操作。2.4 节已经简要介绍过各种序列类型。本节对列表(list)、元组(tuple)和等差整数序列(range)做进一步介绍。第 5 章将对字符串(str)这种序列类型做进一步的介绍。

4.1.1 列表及其对象的创建

列表(list)是一种序列,它将若干个以逗号分隔的数据元素按照一定的位置顺序放置在一对方括号内。列表元素可以为任意类型的数据。同一列表中各元素的类型可以各不相同。列表中的元素允许重复。Python 中,列表是可以修改的,可以在列表对象中添加元素、删除元素以及对某个位置上的元素进行修改。也就是说,列表对象是可变的对象。

1. 用方括号构建列表对象

根据列表的定义,使用一对方括号将以逗号分隔的若干元素(数据、表达式的值、函数、lambda 表达式等)括起来即可创建一个列表,例如:

```
>>> x = [1,5,8]                    #元素为同一类型
>>> person = ["Wang", 75, 1.72]    #元素为不同类型
>>> y = []                         #创建空列表
```

列表中的元素也可以是列表，例如：

```
>>> persons = [["Wang", 75, 1.72],
...            ["Yang", 60, 1.71]]
>>> persons
[['Wang', 75, 1.72], ['Yang', 60, 1.71]]
>>> z = [['JD', 'Lenovo'],"abc",8]
```

2. 用 list 类来创建列表对象

可以通过 list 类创建列表对象，例如：

```
>>> x = list()          #没有初始化参数，创建空列表
>>> x
[]
>>> list("abc")         #根据初始化参数创建列表
['a', 'b', 'c']
>>>
```

list、tuple、range、str、dict、set 等都是用于生成对象的类。截至目前，还没有学习面向对象的内容，读者还不熟悉类的概念。对初学者来说，可以将类名后面加圆括号，如 list()，看成函数的调用。从本质上来说，类名后面加圆括号，是利用圆括号前面的类来创建一个对象。例如，list()是利用 list 类的定义创建一个 list 类型的对象。如果 list()中没有参数，则创建空列表；如果有合适的参数，则根据参数对象来创建列表。

4.1.2 元组及其对象的创建

元组（tuple）是一种序列，它将若干个以逗号分隔的数据元素按照一定的位置顺序放置在一对圆括号内。同一个元组可以包含多种不同类型数据的元素（如字符串、数字、元组、列表等）。元组是一种不可变序列，一旦创建好后，不能添加、删除或修改元素。元组的上述特点使其在处理数据时效率较高，而且可以防止被修改。

1. 使用圆括号创建元组对象

根据元组的定义，使用一对圆括号将以逗号分隔的若干元素（数据、表达式的值、函数、lambda 表达式等）括起来即可创建一个元组。当元组只有一个元素时，该元素后面的逗号不能省略。例如：

```
>>> t1 = ("abc",True,10,1.23)
>>> t1
('abc', True, 10, 1.23)
>>> t2 = (5,)            #创建单一元素的元组，逗号不能省略
>>> t2
(5,)
>>> t3 = ()             #创建空元组
>>> t3
()
```

2. 使用 tuple 类来创建元组对象

可以使用 tuple()类来创建元组，例如：

```
>>> t4 = tuple()            # 创建空元组
>>> t4
()
>>> tuple("abc")            # 根据其他对象创建元组
('a', 'b', 'c')
```

4.1.3 列表与元组之间的相互生成

为了方便初学者理解,很多资料将这部分内容称为列表与元组之间的转换。严格意义上说,从 Python 的一种数据类型生成另一种数据类型的过程不能称为类型转换。因为在这个过程中,原始数据保持不变,而是根据原有数据生成一个指定类型的新数据对象。

1. 从列表生成元组

Python 中的 tuple 类可以接收一个列表参数,生成一个包含同样元素的元组。例如:

```
>>> x = ["abc", 1, True]
>>> tuple(x)
('abc', 1, True)
```

在学习面向对象之前,读者对类的概念不了解,可以把创建元组对象的 tuple()写法看作一个函数的调用,方便理解。

2. 从元组生成列表

Python 中的 list 类可以接收一个元组参数,生成一个包含同样元素的列表。例如:

```
>>> x = ("abc", 1, True)
>>> list(x)
['abc', 1, True]
```

在学习面向对象之前,读者对类的概念不了解,可以把创建列表对象的 list()写法看作一个函数的调用,方便理解。

4.1.4 等差整数序列及其对象的创建

range 是一种不可变的由一系列等差整数构成的序列类型,称为等差整数序列。有以下两种创建等差整数序列 range 对象的格式:range(start,stop[,step])和 range(stop)。其中,参数 start、stop 和 step 均为整数。它创建一个从 start 开始(包括 start)、到 stop 结束(不包括 stop)且两个相邻元素之间间隔为 step 的等差整数序列构成的 range 对象。

其中,start 表示序列中元素的开始值,默认值为 0;stop 表示序列中元素的结束值,但不包括 stop。例如:

```
>>> x = range(0,5)          # 创建 range 对象
>>> x                       # 无法直观查看其中的元素
range(0, 5)
>>> type(x)                 # 查看对象 x 的类型
<class 'range'>
```

用 range()产生的是一个 range 类型的对象,为了方便查看 range 对象中的元素,以 range 对象为基础,可以生成列表或元组,例如:

```
>>> list(x)           # 根据 range 对象 x 生成列表,方便查看元素
[0, 1, 2, 3, 4]
```

观看视频

参数 step 为步长，表示所产生的等差整数序列对象中元素之间的间隔，默认为 1。
例如：

```
>>> range(0,5) == range(0,5,1)
True
```

从上述结果可以看出，range(0,5)、range(0,5,1)两个对象包含的元素相同。其中，
range(0,5)省略了步长 1。

当开始值 start 为 0 且步长 step 为 1 时，可以同时省略开始值和步长。例如：

```
>>> y = range(5)          # 省略 start 参数(默认为 0)，省略 step 参数(默认为 1)
>>> list(y)               # 根据 range 对象 y 生成列表，方便查看元素
[0, 1, 2, 3, 4]
```

从上面的结果可以看出，range(0,5,1)、range(0,5)或 range(5)均产生包含元素为 0,1,
2,3,4 的 range 对象，但不包含 stop 的值 5。

当步长 step 不为 1 时，该参数的值不能省略。例如：

```
>>> list(range(3,10,2))           # 这里指定步长为 2
[3, 5, 7, 9]
>>> list(range(10,4,2))
[]
>>>
```

步长也可以是负数，这时开始值一般大于结束值，否则将产生一个元素个数为 0 的空的
等差整数序列对象。例如：

```
>>> tuple(range(10,4, -2))
(10, 8, 6)
>>> tuple(range(4,10, -2))
()
>>>
```

4.2 序列对象的通用操作

无论是列表、元组、等差整数序列还是字符串等对象，作为序列，它们都有共同的特性和
操作。本节简要介绍序列对象中通用的操作。

4.2.1 序列元素的访问

序列中每个元素的位置用一个整数表示，称为索引或下标。索引值可以从前往后（正向
访问）依次增长，第一个位置的索引值为 0，第二个位置的索引值为 1，每个元素的索引值依
次加 1，逐渐变大。索引值也可以从后往前（逆向访问）依次减小，倒数第一个元素的索引值
为-1，倒数第 2 个位置的索引值为-2，每个元素的索引值依次减 1，逐渐变小。

序列元素的访问，就是根据序列索引值，返回该索引位置上的元素。所有序列类型的对
象均可以通过"对象名[索引值]"的方式访问索引值所在位置上的元素。图 4.1 给出了序列
元素访问方式的案例，如 x[0]表示取序列 x 中的第一个位置（序号为 0 的位置）的元素 90。

若一个序列有 n 个元素，其从前往后的索引值为 0~n-1，其从后往前的索引值为
-1~-n。因此，序列中合法的索引值范围是-n~n-1。当序号 i 为负数时，表示从后往

正向访问	x[0]	x[1]	x[2]	x[3]	x[4]	x[5]	x[6]	x[7]
序列X	90	'Hi'	True	85	'ok'	75	None	'ok'
逆向访问	x[−8]	x[−7]	x[−6]	x[−5]	x[−4]	x[−3]	x[−2]	x[−1]

图4.1 序列中元素的访问

前计数,其访问的元素对应的从前往后的索引值为 n+i。如果索引值超出了有效范围,则会导致出错。

1. 序列元素的访问

通过"对象名[索引值]"的方式即可返回对象中索引值所在位置的元素,例如:

```
>>> x = [5,True,("a","b","c"),"ok"]
>>> x[0]                #访问索引值为 0 的元素
5
>>> x[2]                #访问索引值为 2 的元素
('a', 'b', 'c')
>>> x[3]
'ok'
>>> x[4]                #索引范围越界引起错误
Traceback (most recent call last):
File "<console>", line 1, in <module>
IndexError: list index out of range
>>> x[−1]               #索引值为负值
'ok'
>>> x[−4]
5
>>> y = ("a","b","c")   #元组中元素的访问
>>> y[1]
'b'
>>> y[−2]
'b'
>>> z = range(3,10)     #等差整数序列中元素的访问
>>> z[0], z[−1]
(3, 9)
>>> x = "abcd"
>>> x[2], x[3]          #字符串中元素的访问
('c', 'd')
```

2. 子序列元素的访问

如果一个序列中某个元素也是序列,称该元素为子序列。子序列内部的元素也可以是序列。多层嵌套序列元素的访问可以通过对象名后面跟多个方括号来实现。以两层嵌套的序列为例,可以使用"对象名[第一层索引值]"访问第一层内嵌的子序列或其他对象元素;如果"对象名[第一层索引值]"对应的是一个子序列,可以使用"对象名[第一层索引值][第二层索引值]"访问第二层子序列中的元素。例如:

```
>>> x = [5,("a","b","c"),"ok"]
>>> x[1]
('a', 'b', 'c')
>>> x[−2]
('a', 'b', 'c')
>>> x[1][−1]
'c'
```

```
>>> x[-2][2]
'c'
>>> x[-1]
'ok'
>>> x[-1][0]
'o'
>>>
```

上述代码中，x[1]或 x[-2]均表示 x 中的元组('a','b','c')，则 x[1][-1]表示元组('a','b','c')中的最后一个元素'c'，x[-2][2]表示元组('a','b','c')中的索引值 2 对应的元素'c'。

4.2.2　序列的切片

切片选取序列对象中指定位置上的元素组成新的同类型的序列对象，原对象保持不变。例如，列表的切片生成新的列表，元组的切片生成新的元组。

序列切片的格式为：序列对象名称[start:end:step]。它从原序列对象中选取位置索引位于[start,end)区间内的元素组成新的、与原序列对象同类型的序列对象。原序列对象保持不变。选取的第一个元素是索引值为 start 的位置对应的元素，后续依次取索引值加 step 的位置所对应的元素，直到索引值达到或超过 end 值所对应的位置。开始值 start 索引位置上的元素包含在切片结果的对象内，结束值 end 索引位置上的元素则不包括在切片结果的对象内。step 参数表示步长，默认为 1。如果步长为 1，可以省略 step 参数。如果省略了 step 参数，则其之前的冒号也可以一起省略。当步长不为 1 时，step 参数不可省略。步长 step 大于 0 表示正向切片，小于 0 表示反向切片。例如：

```
>>> x = [2,3,4,5,6,7,8,9]
>>> x[2:6:1]          #从索引为 2 的位置开始，不包含索引为 6 的位置
[4, 5, 6, 7]
>>> x[2:6]            #步长为 1，可以省略
[4, 5, 6, 7]
>>> x[2:6:2]          #索引增长的步长为 2
[4, 6]
>>> x[-7:-3]
[3, 4, 5, 6]
>>> x[-7:-3:1]
[3, 4, 5, 6]
>>> x[-7:-3:-2]
[]
>>> x                 #原列表始终保持不变
[2, 3, 4, 5, 6, 7, 8, 9]
```

如果 step 大于 0，则当 start 为 0 时，可省略 start 参数值；当 end 大于或等于序列长度时，可以省略 end 参数值。如果 step 小于 0，则当 start 为-1 时，可以省略 start 参数值；当 end 小于"-(序列长度)"时，可以省略 end 参数值。但 start 与 end 之间的冒号(:)始终不能省略。例如：

```
>>> x = [2,3,4,5,6,7,8,9]
>>> x[:3]             #省略开始位置值，表示从第 0 个位置开始
[2, 3, 4]
>>> x[3:]             #省略结束位置值，表示从开始位置以后的所有位置
[5, 6, 7, 8, 9]
>>> x[:-6]
```

```
[2, 3]
>>> x[-3:]
[7, 8, 9]
>>> x[3::2]          #省略结束位置
[5, 7, 9]
>>> x[:-3:2]         #省略开始位置
[2, 4, 6]
>>> x[::2]           #开始和结束位置两个都省略
[2, 4, 6, 8]
>>> x[8::-2]         #省略结束位置
[9, 7, 5, 3]
>>> y = x[:3:-2]     #省略开始位置
>>> y
[9, 7]
>>> x                #原列表始终保持不变
[2, 3, 4, 5, 6, 7, 8, 9]
```

切片时可以同时省略开始位置值与结束位置值。如果此时步长 step 大于 0,表示在整个原序列范围内正向切片,切片索引从第 0 个位置开始,每次增长 step,直到超过原序列的索引范围。如果此时步长 step 小于 0,表示在整个原序列范围内反向切片,切片索引从第 -1 个位置开始,每次加上 step(注意此时小于 0),直到超过原序列的索引范围。例如:

```
>>> x[::]           #正向,从索引为 0 的位置开始切片
[2, 3, 4, 5, 6, 7, 8, 9]
>>> x[::1]          #正向,从索引为 0 的位置开始切片
[2, 3, 4, 5, 6, 7, 8, 9]
>>> x[::2]          #正向,从索引为 0 的位置开始切片
[2, 4, 6, 8]
>>> x[::-1]         #反向,从索引为 -1 的位置开始切片
[9, 8, 7, 6, 5, 4, 3, 2]
>>> x[::-2]         #反向,从索引为 -1 的位置开始切片
[9, 7, 5, 3]
>>>
```

如果序列切片步长为 1,并且在整个序列范围内切片,则可以得到与原序列内容相同的切片对象。但要注意,切片对象是一个新生成的对象,与原对象是两个不同的对象。例如:

```
>>> y = x[::1]                  #或者写为 x[::]
>>> y
[2, 3, 4, 5, 6, 7, 8, 9]
>>> id(x), id(y), id(x) == id(y)  #不同地址上的两个不同对象
(2798675542272, 2798681537088, False)
```

通过设置步长为 -1,在整个序列上切片,可以得到元素位置逆序的新序列。例如:

```
>>> x[::-1]
[9, 8, 7, 6, 5, 4, 3, 2]
>>>
```

上述这些切片场景虽然是以列表为例,但切片方式同样适用于其他序列。

元组的切片生成一个新的元组,例如:

```
>>> x = (2,3,4,5,6,7,8,9)
>>> y = x[3:6]
>>> y
(5, 6, 7)
```

等差整数序列的切片与其他序列的切片方式相同。等差整数序列的切片为从原等差整数序列中选取相应位置上的元素生成新的等差整数序列，原对象保持不变。例如：

```
>>> x = range(3,20,3)          ＃创建等差整数序列
>>> x
range(3, 20, 3)
>>> list(x)                    ＃由等差整数序列构造列表，查看其中的元素
[3, 6, 9, 12, 15, 18]
>>> y = x[1:5:2]               ＃生成等差整数序列的一个切片
>>> y                          ＃注意新 range 对象 y 的表示方式(开始值、结束值、步长)
range(6, 18, 6)
```

可以利用 len()函数来查看 range 对象中的元素个数；也可以根据 range 对象构建列表或元组，从而方便查看 range 对象中的元素。例如：

```
>>> len(y)
2
>>> list(y)                    ＃从 range 对象生成列表
[6, 12]
>>>
```

字符串的切片生成一个新的字符串，例如：

```
>>> x = "abcdefghijk"
>>> x[1:9:2]
'bdfh'
>>> x[::-1]
'kjihgfedcba'
```

4.2.3　序列中的加法与乘法运算

列表、元组、字节串等序列均支持两个同类型对象之间的加法及这类对象与整数的乘法运算。等差整数序列 range 对象不支持这两种运算。这里的加法和乘法运算可以使用符号"＋"和"＊"，也可以使用相应的复合运算符＋＝和 ＊＝。

1. 序列相加

两个同类型序列对象的相加生成新的同类型序列对象，原序列对象保持不变。新序列对象由加法运算符左侧序列中的元素再接上右侧序列中的元素构成。例如：

```
>>> s1 = ["张三","李四","王五"]
>>> s2 = ["钱六","刘七"]
>>> s = s1 + s2            ＃列表相加
>>> s
['张三', '李四', '王五', '钱六', '刘七']
>>> s1                     ＃原列表保持不变
['张三', '李四', '王五']
>>> s2                     ＃原列表保持不变
['钱六', '刘七']
>>> s1 = ("张三","李四","王五")
>>> s2 = ("钱六","刘七")
>>> s1 + s2               ＃元组相加
('张三', '李四', '王五', '钱六', '刘七')
>>> s1 = "abc"
>>> s2 = "12"
```

```
>>> s1 + s2            #字符串相加
'abc12'
```

2．序列与整数相乘

用数字 n 乘以一个序列，会生成一个同类型的序列，原序列保持不变。在新序列中原来序列的元素将被重复 n 次。例如：

```
>>> s = ["张三","李四","王五"]
>>> s2 = s * 2         #列表与整数相乘
>>> s2
['张三', '李四', '王五', '张三', '李四', '王五']
>>> s                  #原序列保持不变
['张三', '李四', '王五']
>>> s = ("张三","李四","王五")
>>> s * 2              #元组与整数相乘
('张三', '李四', '王五', '张三', '李四', '王五')
>>> s = "张三"
>>> s * 3              #字符串与整数相乘
'张三张三张三'
```

4.2.4 序列中特定元素出现次数的统计

序列对象的 count() 方法用于统计某个元素在该序列中出现的次数。例如：

```
>>> name = [5, '张三', 8, '张三', '李四', '王五', '张三', '王五']
>>> name.count("张三")        #列表中元素的统计
3
>>> name.count("李五")
0
>>> name = (5, '张三', 8, '张三', '李四', '王五', '张三', '王五')
>>> name.count("张三")        #元组中元素的统计
3
>>> s = "beautiful"
>>> s.count("u")              #字符串中统计某子串出现的次数
2
>>> s.count("fu")             #字符串中统计某子串出现的次数
1
>>> r = range(1,9,2)
>>> r.count(5)                #统计等差整数序列中某元素出现的次数
1
>>>
```

统计元素出现次数时，True 和 1 等价，False 和 0 等价。例如：

```
>>> x = [True,False,'like',1,0, - 1,[],1,0]
>>> x.count(True), x.count(1)
(3, 3)
>>> x.count(False), x.count(0)
(3, 3)
```

4.2.5 序列中查找元素的位置索引

序列对象的 index() 方法可以被用于查找特定元素在序列中的位置。它的调用格式为

```
index(value[,start = 0[,stop]])
```

该方法用于从序列中找出与 value 值匹配的第一个元素的索引位置。如果没有指定参数 start 的值，则从索引为 0 的位置开始查找，否则从索引为 start 的位置开始查找。如果没有指定结束索引位置 stop 的值，可以查找到列表最后的元素，否则在大于或等于 start 且小于 stop 的索引区间内查找。例如：

```
>>> x = (1,"ab",5,"abc",8,"ab",9)
>>> x.index("ab")            ♯ 默认在整个序列范围内查找"ab"第一次出现的位置
1
>>> x.index("ab",3)          ♯ 从索引号为 3 开始查找"ab"第一次出现的位置
5
```

如果在指定索引范围内不存在待查找的元素，则会引发异常。例如：

```
>>> x.index("ab",2,5)             ♯ 在索引号 2、3、4 的位置上查找"ab"第一次出现的位置
Traceback (most recent call last):
File "< console >", line 1, in < module >
ValueError: tuple.index(x): x not in tuple
```

在编写程序时，可以先使用 in 运算符测试某个元素是否在该序列中，避免用 index()查找索引位置时由于找不到指定元素而导致的错误。例如：

```
>>> if "a" in x:
...     print("a 在序列 x 中的位置是",x.index("a"))
... else:
...     print("a 不在序列 x 中")
...
...
a 不在序列 x 中
>>>
```

上述程序以元组为例，演示了序列中的 index()用法。列表、字符串、等差整数序列对象的 index()使用方法类似，例如：

```
>>> x = [1,"ab",5,"abc",8,"ab",9]
>>> x.index("ab")
1
>>> x = "Fine_fine_fine"
>>> x.index("in",2,18)
6
>>> x = range(5,9)
>>> x.index(8)
3
>>>
```

4.2.6　适用于序列的常用函数

本节简单介绍几个适用于序列的常用函数。这些函数有些还适用于其他可迭代对象。从表面上看，能用 for 循环遍历的对象是一个可迭代对象。列表、元组、字符串、等差整数序列、字典、集合等均为可迭代对象。可迭代对象的详细概念和用法将在 4.8 节介绍。

1. len()函数

len()函数返回一个容器所包含的元素个数。可用于计算序列、字典和集合等对象的元素个数，例如：

```
>>> language = ["Python","Java","C++","Julia","Perl"]
>>> len(language)
5
>>>
```

2. max()与min()函数

max()和min()函数可分别用于计算序列、字典、集合等可迭代对象中元素的最大值和最小值。如果可迭代对象中的元素是字符串,则按照字符串的比较大小方法返回最大值。例如:

```
>>> language = ["Python","Java","C++","Julia","Perl"]
>>> max(language), min(language)
('Python', 'C++')
```

只有可迭代对象中的元素可以相互比较,才能使用 max()、min()等比较函数来获取相应的值,否则将出错。如果元素类型不同而无法比较大小,可以利用 max()和 min()中的 key 参数指定函数,将可迭代对象中的元素都转换为可比较的对象,然后再进行 max()或min()运算。具体用法可查阅 max()和 min()函数的帮助文档。

3. sum()函数

sum(iterable,start=0)函数以 start 值为初始值,逐步累加可迭代对象 iterable 中的元素值。参数 start 默认值为 0。可用于列表、元组、等差整数序列等可迭代对象。

```
>>> x = [1,8,9]
>>> sum(x)
18
>>> sum(x,start = 10)
28
>>>
```

4. sorted()函数

sorted(iterable,key=None,reverse=False)函数对可迭代对象 iterable 进行排序并返回一个新的列表,原来的可迭代对象保持不变。参数 key 表示排序的依据,参数 reverse 默认为 False 表示按照升序排列,如果 reverse=True 表示按照降序排列。

sorted()函数可用于列表、元组、等差整数序列和字符串等可迭代对象。这里要注意的是,4.3.4 节中介绍的列表的 sort()方法是对原列表的修改,不会生成新的列表。而 sorted()函数对可迭代对象中的元素排序,将排序后的元素放在新的列表中,原来的可迭代对象保持不变。例如:

```
>>> num = (5, 12, 3.1415, - 3, 9, 8)
>>> x = sorted(num)
>>> x
[ - 3, 3.1415, 5, 8, 9, 12]
>>> num
(5, 12, 3.1415, - 3, 9, 8)
>>> y = sorted(num,reverse = True)          # 降序排列
>>> y
[12, 9, 8, 5, 3.1415, - 3]
>>>
```

如果参数 key 不为 None,则根据 key 指定的函数或类型,将可迭代对象中的元素依次传递给 key 指定的函数或类型后产生中间对象。然后将此中间对象作为比较排序的依据。

但在 sorted( )函数返回的结果列表中,各元素类型保持不变。例如:

```
>>> s = ("15", 3, 16, "8", 9)
>>> sorted(s)            ♯s 中的元素之间无法比较大小,引发异常
Traceback (most recent call last):
  File "< interactive input >", line 1, in < module >
TypeError: '<' not supported between instances of 'int' and 'str'
>>> sorted(s, key = str)   ♯将各元素转换为字符串进行比较
['15', 16, 3, '8', 9]
>>> sorted(s, key = str, reverse = True)
[9, '8', 3, 16, '15']
>>> sorted(s, key = int)    ♯将各元素转换为整数进行比较
[3, '8', 9, '15', 16]
>>> sorted(s, key = int, reverse = True)
[16, '15', 9, '8', 3]
>>>
```

4.2.7 实现序列位置翻转的 reversed 类

reversed 是一个类。截至目前,还没有学习面向对象的内容,读者还不熟悉类的概念和用法,这里暂时可以当作函数来看待。

reversed(sequence)将参数中序列对象 sequence 的元素位置反向来构造可迭代的 reversed 对象。本质上是以 sequence 为参数,创建 reversed 类的一个对象,该对象中的元素按照 sequence 参数中元素位置的反向顺序排列。例如:

```
>>> num = [5, 12, 3.1415, -3, 9, 8]
>>> x = reversed(num)
>>> x
< reversed object at 0x0000020445B9D1E0 >
>>> type(x)
< class 'reversed'>
```

可以利用 list 或 tuple 从 reversed 对象生成列表或元组等对象,以方便查看包含的元素。例如:

```
>>> list(x)            ♯为了查看 reversed 对象 x 中的元素,构造列表
[8, 9, -3, 3.1415, 12, 5]
>>> num                ♯原对象保持不变
[5, 12, 3.1415, -3, 9, 8]
>>>
```

4.3.4 节中介绍的列表的 reverse( )方法是直接改变列表中的元素顺序。而 reversed 类生成新的对象,参数中的序列对象保持不变。

4.2.8 序列元素的遍历

可以通过 for 或者 while 循环遍历序列中的所有元素,有如下 3 种常用的遍历方式。
(1) 用 for 循环直接遍历序列中的元素,例如:

```
>>> name = ["张三","李四","王五"]
>>> for s in name:
...     print(s,end = " ")
```

输出结果为

张三 李四 王五

（2）用 for 循环遍历索引编号，从而获取相应位置上的元素，例如：

```
>>> for i in range(len(name)):
...     print(name[i], end = " ")
```

输出结果为

张三 李四 王五

（3）使用 while 循环遍历索引编号，从而获取相应位置上的元素，例如：

```
>>> name = "Yang"
>>> i = 0
>>> while i < len(name):
...     print(name[i],end = " ")
...     i += 1
...
Y a n g
>>>
```

以上 3 种遍历方法适用于所有类型的序列。第 1 种方法还适用于其他可迭代对象。

4.2.9　随机排列与随机采样

标准模块 random 中的 shuffle() 方法可以对列表中的元素随机打乱位置，进行重新排列。该方法直接修改原列表中元素的顺序。由于 random 不是内置模块，需要先用 import 导入，然后才能使用模块中的对象。例如：

```
>>> language = ["Python","Java","C++","Julia","Perl"]
>>> import random
>>> random.shuffle(language)
>>> language
['Java', 'C++', 'Julia', 'Python', 'Perl']
>>> random.shuffle(language)
>>> language
['C++', 'Java', 'Julia', 'Perl', 'Python']
>>>
```

模块 random 中的 sample() 方法可以从序列中随机抽取指定个数的元素，返回用抽取的元素构成的新列表。例如：

```
>>> random.sample(language,2)
['Perl', 'Julia']
>>> random.sample(language,2)
['C++', 'Python']
>>> random.sample(("Python","Java","C++","Julia","Perl"),3)
['Julia', 'C++', 'Perl']
>>> random.sample(range(50),5)
[18, 2, 26, 23, 37]
>>>
```

4.3　列表的常用操作

列表是可变的对象，可以对其进行元素的添加、修改或删除等操作。

4.3.1　列表元素的修改

可以通过索引来更改某个位置上的元素值。例如：

```
>>> name = ["张三", "李四", "王五", "赵六", "孙大圣"]
>>> name[1] = "李明"              ♯更改索引号为1位置上的元素
>>> name[-2] = "赵小明"           ♯更改索引号为-2位置上的元素
>>> name
['张三', '李明', '王五', '赵小明', '孙大圣']
>>>
```

更改列表特定位置上的元素值时，如果索引号超出有效范围，将返回错误。

另外，通过对可变序列对象切片还可以更改原序列的元素值。例如：

```
>>> x = [2,3,4,5,6,7,8,9]
>>> x[2:5] = [11,12,13]          ♯将2、3、4三个索引位置上的元素分别更新
>>> x
[2, 3, 11, 12, 13, 7, 8, 9]
>>> x[-6::3] = [21,22]           ♯将-6、-3两个索引位置上的元素分别更新
>>> x
[2, 3, 21, 12, 13, 22, 8, 9]
>>> x[2:5] = [30]                ♯将2、3、4三个索引位置上的元素用一个元素替换
>>> x
[2, 3, 30, 22, 8, 9]
>>>
```

4.3.2　列表元素的插入与扩展

4.2.3节介绍了可以通过两个序列的"＋"或"＋＝"运算来生成合并了两个序列中元素的新序列，也可以通过序列与一个整数的"＊"或"＊＝"运算来生成一个新序列达到扩展序列元素的目的。对列表来说，其对象还可以使用append()、extend()和insert()方法在原列表中扩展元素，不需要生成新列表，直接改变原列表。

1. append()

列表的append()方法用于追加单个元素到列表的尾部。其参数只接收一个元素。作为参数的元素可以是任何数据类型的对象。被追加的元素在列表中保持着原结构类型。例如：

```
>>> name = ["张三","李四","王五"]
>>> name.append("钱六")          ♯添加一个字符串元素
>>> name
['张三', '李四', '王五', '钱六']
>>> name.append(8)               ♯添加一个整数元素
>>> name
['张三', '李四', '王五', '钱六', 8]
>>> name.append(["刘七",9])      ♯添加一个列表元素
>>> name
['张三', '李四', '王五', '钱六', 8, ['刘七', 9]]
>>> name.append("刘七",9)        ♯不能添加多个元素
Traceback (most recent call last):
File "<console>", line 1, in <module>
TypeError: list.append() takes exactly one argument (2 given)
>>>
```

至此,引例 4-1 可以用"引例 4_1.py"中的程序来实现,源代码如下。

```
# coding = utf - 8
# 引例 4_1.py
persons = []
compute_next = "Y"
while compute_next!= "N" and compute_next!= "n":
    name = input("请输入姓名:")
    weight = input("请输入体重(以 kg 为单位):")
    height = input("请输入身高(以 m 为单位):")

    weight = float(weight)
    height = float(height)
    BMI = weight / (height ** 2)

    if BMI < 18.5:
        fat = "过轻"
    elif BMI < 25.0:
        fat = "正常"
    elif BMI < 28.0:
        fat = "过重"
    elif BMI < 32.0:
        fat = "肥胖"
    else:
        fat = "非常肥胖"

    person = [name,weight,height,BMI,fat]          # 创建个人信息列表
    persons.append(person)                          # 将个人信息列表添加到总列表中
    compute_next = input("继续下一位的 BMI 计算吗?输入 N 或 n 结束,输入其他继续:")

# 打印输出每个人的信息
print("姓名 # 体重 # 身高 # BMI # 肥胖程度")          # 打印表头
for person in persons:
    print(person[0],person[1],person[2],
            person[3],person[4],sep = " # ")
```

程序"引例 4_1.py"的某一次执行结果如下。

```
>>>
请输入姓名:Yang
请输入体重(以 kg 为单位):60
请输入身高(以 m 为单位):1.71
继续下一位的 BMI 计算吗?输入 N 或 n 结束,输入其他继续:y
请输入姓名:Wang
请输入体重(以 kg 为单位):75
请输入身高(以 m 为单位):1.72
继续下一位的 BMI 计算吗?输入 N 或 n 结束,输入其他继续:n
姓名 # 体重 # 身高 # BMI # 肥胖程度
Yang # 60.0 # 1.71 # 20.519134092541297 # 正常
Wang # 75.0 # 1.72 # 25.351541373715524 # 过重
>>>
```

2. extend()

列表的 extend()方法在列表的末尾一次性追加作为参数的可迭代对象(如列表、元组、字符串、字典、集合等)中的所有元素,扩展原列表的元素。例如:

```
>>> x = [1, 2, 3, 4]
>>> x.extend(["age",8])          #扩展的元素放在一个可迭代对象中
>>> x
[1, 2, 3, 4, 'age', 8]
>>> x.extend([10])                #扩展的元素放在一个可迭代对象中
>>> x
[1, 2, 3, 4, 'age', 8, 10]
>>> x.extend(11,12)               #扩展的元素没有放在一个可迭代对象中,出错
Traceback (most recent call last):
File "<console>", line 1, in <module>
TypeError: list.extend() takes exactly one argument (2 given)
>>>
```

利用 extend()方法也可以将元组、字典、集合、字符串等可迭代对象中的元素添加到调用该方法的列表末尾。如果参数为字典,则添加字典中的所有键(key)到调用 extend()方法的列表末尾。例如:

```
>>> x = [1, 2, 3, 4]
>>> x.extend({1:'a','x':5})
>>> x
[1, 2, 3, 4, 1, 'x']
>>> x.extend({'y',8})
>>> x
[1, 2, 3, 4, 1, 'x', 8, 'y']
>>> x.extend("ab")       #依次将可迭代对象"ab"中的元素取出加入列表 x 中
>>> x
[1, 2, 3, 4, 1, 'x', 8, 'y', 'a', 'b']
>>>
```

3. insert()

列表的 insert()方法,将一个元素插入列表中的指定位置。它有两个参数,第一个参数表示插入的位置,第二个参数是插入的元素。例如:

```
>>> name = ["张三","李四","王五"]
>>> name.insert(0, "钱六")
>>> name
['钱六', '张三', '李四', '王五']
>>> name.insert(-2,"刘七")
>>> name
['钱六', '张三', '刘七', '李四', '王五']
>>>
```

4.3.3　列表元素的删除

用列表的 remove()、pop()或 clear()三个方法可以删除列表中的元素。

1. remove()方法移除参数中指定的元素

列表的 remove()方法用于从列表中移除第一次出现的特定元素,这个特定元素在 remove()方法的参数中指定。例如:

```
>>> x = [1,8,5,8,9]
>>> x.remove(8)           #移除第一次出现的元素 8
>>> x
[1, 5, 8, 9]
```

```
>>> x.remove(8)          #移除第一次出现的元素 8
>>> x
[1, 5, 9]
>>>
```

如果列表中不存在该元素,remove()方法将会引发异常,返回错误。

2. pop()方法删除并返回指定位置上的元素

列表的 pop()方法用于移除列表中的指定位置上的元素(默认为最后一个元素),并且返回该元素的值。例如:

```
>>> name = ["张三","李四","王五","钱六"]
>>> name.pop()           #pop()方法中没有参数,默认移除并返回最后一个元素
'钱六'
>>> name
['张三', '李四', '王五']
>>> name.pop(1)          #移除并返回索引为 1 的元素
'李四'
>>> name
['张三', '王五']
>>> name.pop(-2)         #移除并返回索引为 -2 的元素
'张三'
>>> name
['王五']
>>>
```

当参数中指定的索引位置不在索引范围内或者在空列表中使用 pop()方法均会触发异常。

3. clear()方法清除列表中的所有元素

列表的 clear()方法用于删除列表中的所有元素,但保留列表对象,成为空列表。例如:

```
>>> name = ["张三","李四","王五","钱六"]
>>> name.clear()
>>> name                 #列表 name 中的元素全部被删除,变成空列表
[]
>>>
```

4.3.4 列表元素位置的翻转与元素的排序

列表是一个可变对象,因此可以对其元素做位置翻转、根据元素值的大小进行排序。

1. 用 reverse()方法翻转列表中元素的位置

列表对象的 reverse()方法用于将列表中的元素位置反向存放。因为 reverse()方法不进行元素值的比较,只是将位置翻转,所以列表中可以有不同类型的元素。注意,reverse()方法是对原列表的更改,不生成新的列表。例如:

```
>>> x = [1,"ab",5,"abc",True,8]
>>> x.reverse()
>>> x
[8, True, 'abc', 5, 'ab', 1]
>>>
```

2. 用 sort()方法对列表中元素进行排序

列表的 sort()方法用于对元素按照特定规则进行排序。列表的 sort()方法直接更改原

列表中的元素位置，不生成新的列表。

列表的 sort()方法默认按升序排列。例如：

```
>>> num = [5, 12, 3.1415, - 3, 9, 8]
>>> num.sort()        ♯默认按升序排列
>>> num
[ - 3, 3.1415, 5, 8, 9, 12]
>>>
```

可以使用 reverse 参数来指明是否降序排列，若其值等于 True 表示降序排序；默认为 False，表示按升序排列。例如：

```
>>> num = [5, 12, 3.1415, - 3, 9, 8]
>>> num.sort(reverse = True)        ♯reverse = True,按降序排列
>>> num
[12, 9, 8, 5, 3.1415, - 3]
>>>
```

如果列表中的元素是字符串，则按字符串比较大小的规则排序。2.6.1 节中已经阐述过字符串的比较规则：通过从左到右依次比较各字符串相同位置上每个字符的编号的大小来得到字符串的大小，直到找到第一个不同的字符为止，这个位置上不同字符的编号大小就决定了字符串的大小。可以通过 ord()函数查看字符的编号。例如：

```
>>> language = ["Python","Java","C++","Julia","Perl"]
>>> language.sort()        ♯按字符串从升序排列
>>> language
['C++', 'Java', 'Julia', 'Perl', 'Python']
>>>
```

列表的 sort()方法还可以使用 key 参数来指明排序规则。例如：

```
>>> language = ["Python","Java","C++","Julia","Perl"]
>>> language.sort(key = len, reverse = True)            ♯按字符串长度的降序排列
>>> language
['Python', 'Julia', 'Java', 'Perl', 'C++']
>>> num = [5, 12, 3.1415, - 3, 9, 8]
>>> num.sort(key = str, reverse = True)                ♯key = str,以字符串方式进行比较
>>> num
[9, 8, 5, 3.1415, 12, - 3]
>>>
```

注意，使用列表的 sort()方法排序时，要确保列表的元素之间是可以比较大小的，否则将引起错误。如果列表中的元素属于多种类型，若使用 key 参数，系统自动将每个元素转换为同一类型的中间对象进行比较，则可以进行排序，排序结果中各元素的类型保持不变。

4.4　序列的应用实例

【例 4-1】　列表 score＝[85,68,59,97,50,90,59,73,82,97,91]中保存的是某门课程的成绩。编写程序统计总人数、60 分以下的人数、最高分和最低分，删除最高成绩并输出删除后的列表，将成绩列表从高分到低分排序并输出排序后的列表。

程序源代码如下。

```
♯example4_1.py
```

```
score = [85,68,59,97,50,90,59,73,82,97,91]
print("总人数:",len(score))
#统计60分以下的人数
n = 0
for s in score:
    if s < 60:
        n += 1
print("60分以下有",n,"人",sep = "")

score_max = max(score)
score_min = min(score)
print("最高分与最低分分别为:",score_max,"和",score_min,sep = "")

#删除所有最高分
while score_max in score:
    score.remove(score_max)

print("删除最高分后的成绩:",score)
score.sort(reverse = True)      #成绩降序排列
print("从高到低排序后的成绩:",score)
```

程序 example4_1.py 的运行结果如下。

```
>>>
总人数: 11
60分以下有3人
最高分与最低分分别为:97和50
删除最高分后的成绩: [85, 68, 59, 50, 90, 59, 73, 82, 91]
从高到低排序后的成绩: [91, 90, 85, 82, 73, 68, 59, 59, 50]
>>>
```

4.5 字典

字典在 Python 中用 dict 类表示,是映射类型,表示从键到值的映射。一个字典对象用一对花括号"{"和"}"作为边界,将以逗号分隔的元素括起来;每个元素是一对用冒号分隔的键(key)和值(value),冒号之前为键,冒号之后为值,表示从键到值的映射。在一个字典中,键是唯一、不重复的,可通过键来引用相应的值。

从 Python 3.6 开始,字典元素按照存入的顺序进行存放,读取的顺序与存入的顺序相同,在位置上是有序的。但字典中的元素没有表示位置的索引号,因此不能像序列那样通过位置索引来引用成员数据。

【引例 4-2】 为了测量一个人的肥胖程度,从键盘输入姓名、体重(单位为 kg)和身高(单位为 m),分别赋值给变量 name、weight 和 height。计算此人的 BMI(保留 2 位小数),计算公式为 $BMI = weight \div height^2$。根据表 2.1,判断肥胖程度,并将肥胖程度描述字符串保存在变量 fat 中。程序接着询问是否继续输入并计算另一个人的 BMI,直到输入 n 或 N 结束程序。用字典保存个人信息,字典的键为个人的姓名,值为以体重、身高、BMI 值和描述肥胖程度字符串构成的列表。在屏幕上以"姓名#体重#身高#BMI#肥胖程度"的格式输出个人信息,每人一行。

引例 4-2 涉及字典的创建、字典元素的添加、字典的遍历等知识。

4.5.1　字典的创建

字典可以通过以下几种方式来创建。

1. 直接使用花括号构造字典对象

可以直接使用花括号将以逗号分隔的元素括起来，每个元素是以冒号分隔的键-值对，冒号之前为键，冒号之后为值。例如：

```
>>> stu = {"name":"Yang", "age":18, "major":"CS"}
>>> stu
{'name': 'Yang', 'age': 18, 'major': 'CS'}
```

如果花括号中没有元素，则表示创建一个空字典。例如：

```
>>> d = {}        ♯创建空字典
>>> d
{}
>>> type(d)
<class 'dict'>
>>>
```

2. 调用 dict 类来构造字典对象

通过 dict 类来构造字典对象有如下几种方法。

（1）dict()：创建空字典。例如：

```
>>> e = dict()        ♯创建空字典
>>> e
{}
>>>
```

（2）dict(mapping)：从(key,value)元素组成的对象创建字典。例如：

```
>>> d = dict([["a",1],["b",2],["c",3]])              ♯根据列表、元组等对象来构建字典
>>> d
{'a': 1, 'b': 2, 'c': 3}
>>>
```

另外，4.8.3 节将介绍如何根据 zip 对象来创建字典对象。

（3）dict(＊＊kwargs)：以 name＝value 参数传递方式创建字典。例如：

```
>>> stu = dict(name = "Yang",age = 18)
>>> stu
{'name': 'Yang', 'age': 18}
>>>
```

注意，在语句 stu＝dict(name＝"Yang",age＝18)中，name 和 age 是参数名称，两边不能加引号。

在字典中，键可以是任何不可修改类型的数据（不可变对象），如数值、字符串等。列表是可变的，不能作为字典的键。元组中如果没有可变对象的元素，该元组可以作为字典的键。如果元组含有列表等可变对象的元素，则该元组不能作为字典的键。字典的键对应的值可以是任何类型的数据。字典对象和后面要学到的集合 set 对象是可变的对象，不能作为字典的键。

4.5.2　修改与扩充字典元素

1．通过键-值映射关系修改字典中的数据

在字典中,某个键相关联的值可以通过赋值语句来修改,如果指定的键不存在,则向字典中添加新的键值对。例如:

```
>>> stu = {1:["Yang",18], 5:["Chen",16]}
>>> stu[3] = ("Huang",18)      #插入元素
>>> stu
{1: ['Yang', 18], 5: ['Chen', 16], 3: ('Huang', 18)}
>>> stu[5] = ("Luo",17)        #修改元素的值
>>> stu
{1: ['Yang', 18], 5: ('Luo', 17), 3: ('Huang', 18)}
```

2．用 setdefault()方法获取指定键对应的值或插入相应元素并返回对应的值

使用字典的 setdefault(key,default＝None,/)方法时,如果字典中包含参数 key 对应的键,则返回该键对应的值;否则以参数 key 的值为键,以参数 default 的值为该键对应的值,在字典中插入键-值对元素,并返回该元素的值部分。例如:

```
>>> stu = {1:["Yang",18], 5:["Chen",16]}
>>> stu.setdefault(5)                 #获取键为 5 对应的值
['Chen', 16]
>>> stu.setdefault(5, ("Wang",17))    #获取键为 5 对应的值
['Chen', 16]
>>> stu                               #字典 stu 保持不变
{1: ['Yang', 18], 5: ['Chen', 16]}
>>> stu.setdefault(3,("Wang",17))     #获取键为 3 对应的值
('Wang', 17)
>>> stu
{1: ['Yang', 18], 5: ['Chen', 16], 3: ('Wang', 17)}
```

执行语句 stu.setdefault(3,("Wang",17))时,由于字典中没有键为 3 的元素,所以在字典中插入键为 3,值为("Wang",17)的元素。参数 default 如果没有指定,则取默认值 None。

3．字典的更新

字典的 D.update(E)方法将参数中字典 E 的所有键-值对一次性地添加到左侧字典 D 中。如果两个字典中存在相同的键,则以参数字典 E 中相应键的值更新左侧字典 D。

```
>>> stu1 = {1:["Yang",18], 5:["Chen",16]}
>>> stu2 = {3:("Wang",17), 5:("Li", 18)}
>>> stu1.update(stu2)
>>> stu1
{1: ['Yang', 18], 5: ('Li', 18), 3: ('Wang', 17)}
```

Python 3.9 开始引入了更新运算符(|＝),能够产生与 update()方法同样的效果。例如:

```
>>> stu1 = {1:["Yang",18], 5:["Chen",16]}
>>> stu1 | = stu2
>>> stu1
{1: ['Yang', 18], 5: ('Li', 18), 3: ('Wang', 17)}
>>> stu2
```

```
{3: ('Wang', 17), 5: ('Li', 18)}
```

无论使用 update()方法,还是使用更新运算符|=,运算结束后,表达式左侧的字典直接发生了变化,右侧的字典保持不变。

4. 字典的合并

对字典 d1 和 d2,可以采用{ ** d1, ** d2}的方式合并两个字典,生成新的字典,原字典均保持不变。如果 d1 和 d2 中有相同的键,则合并后的字典中采用右侧 d2 中的相应字典项。运算符两侧的其他项均包含在新字典中。例如:

```
>>> stu1 = {1:["Yang",18], 5:["Chen",16]}
>>> stu2 = {3:("Wang",17), 5:("Li", 18)}
>>> x = { ** stu1, ** stu2}
>>> x
{1: ['Yang', 18], 5: ('Li', 18), 3: ('Wang', 17)}
```

Python 3.9 开始引入了字典的合并运算符(|),能够产生与{ ** d1,** d2}相同的效果。例如:

```
>>> y = stu1 | stu2
>>> y
{1: ['Yang', 18], 5: ('Li', 18), 3: ('Wang', 17)}
```

4.5.3　字典元素相关计算

1. 字典中"键-值"对数量的统计

len()可以返回字典中项(键-值对)的数量。例如:

```
>>> stu = {"name":"Yang", "age":18, "major":"CS"}
>>> len(stu)
3
```

2. 检查字典中是否含有某项值的键

in 运算可以用来检查某项值是否为字典中的键。如果该值为当前字典中的一个键,则返回布尔值 True,否则返回布尔值 False。例如:

```
>>> stu = {"name":"Yang", "age":18, "major":"CS"}
>>> "name" in stu
True
>>> "Name" in stu
False
```

4.5.4　根据字典的键查找对应的值

1. 通过键-值对的映射关系查找与特定键相关联的值

查找与特定键相关联的值,其返回值就是字典中与给定的键相关联的值。例如:

```
>>> stu = {"name":"Yang", "age":18, "major":"CS"}
>>> stu["age"]
18
>>>
```

使用这种方法时,如果指定的键在字典中不存在,则报错(KeyError)。为了避免程序中出现此类错误,可以在使用此方法之前先用 in 运算符测试字典中是否存在相应的键,如

果存在,则可以使用此方法。例如:

```
>>> if "birthday" in stu:
...     print(stu["birthday"])
... else:
...     print("字典中不存在这样的键")
...
字典中不存在这样的键
>>>
```

2．使用 get()方法

字典的 get(key,default＝None,/)方法返回以参数 key 作为键所对应的值;如果参数 key 不是字典中的键,则返回参数 default 指定的值。参数 default 的默认值为 None。例如:

```
>>> stu = {"name":"Yang", "age":18, "major":"CS"}
>>> stu.get("name")
'Yang'
>>> stu.get("birthday","字典中不存在这样的键")
'字典中不存在这样的键'
>>> x = stu.get("birthday")
>>> print(x)                          # 通过 print()函数打印出 None 值
None
>>>
```

3．用 setdefault()方法获取指定键对应的值或插入相应元素并返回对应的值

4.5.2 节已经详细讲解了字典的 setdefault(key,default＝None)用法,这里不再赘述。

4.5.5 删除字典中的元素

1．pop()方法

字典的 pop(k[,d])方法删除字典中指定键 k 对应的键值对,并返回相应的值。如果字典中不存在键为 k 的项,且指定了参数 d,则返回 d;否则将抛出 KeyError 异常。例如:

```
>>> stu = {"name":"Yang", "age":18, "major":"CS"}
>>> stu.pop("age")
18
>>> stu      # 查看执行 pop()后的结果
{'name': 'Yang', 'major': 'CS'}
>>> stu.pop("birthday","字典中没有这样的键")
'字典中没有这样的键'
```

2．popitem()方法

字典的 popitem()方法以后进先出的次序删除字典中的一个元素,并将该元素中的键和值构成一个元组返回,如果字典为空则触发异常。例如:

```
>>> stu = {'name': 'Yang', 'major': 'CS'}
>>> stu.popitem()
('major', 'CS')
>>> stu
{'name': 'Yang'}
>>> stu.popitem()
('name', 'Yang')
>>> stu
{}
>>>
```

3. clear()方法

字典中的 clear()方法删除字典的所有元素,使其变成空字典。例如:

```
>>> stu = {"name":"Yang", "age":18, "major":"CS"}
>>> stu.clear()
>>> stu
{}
>>>
```

另外,del 命令既可以用来删除字典中指定键对应的元素,也可以用来从内存中清除字典对象。而字典的 clear()方法只是清空了字典中的元素,使其成为空字典,在内存中保留字典对象。

4.5.6　获取字典元素对象

1. keys()与 values()方法

字典的 keys()方法返回以字典中的键为元素构成的可迭代的 dict_keys 对象。字典的 values()方法返回以字典中的值为元素构成的可迭代的 dict_values 对象。可迭代对象的概念和判断方法将在 4.8 节中详细介绍。可迭代对象中的元素可以用 for 循环进行遍历。以下给出了 keys()和 values()的几个简单案例。

```
>>> stu = {"name":"Yang", "age":18, "major":"CS"}
>>> x = stu.keys()
>>> x
dict_keys(['name', 'age', 'major'])
>>> list(x)          # 可以根据 dict_keys 对象构建列表
['name', 'age', 'major']
>>> tuple(x)         # 可以根据 dict_keys 对象构建元组
('name', 'age', 'major')
>>> y = stu.values()
>>> y
dict_values(['Yang', 18, 'CS'])
>>> list(y)          # 可以根据 dict_values 对象构建列表
['Yang', 18, 'CS']
>>> tuple(y)         # 可以根据 dict_values 对象构建元组
('Yang', 18, 'CS')
```

2. items()方法

字典的 items()方法返回以字典中的所有成对的键和值构成的元组为元素的可迭代的 dict_items 对象。每个键值对分别组成一个元组作为 dict_items 对象中的一个元素。例如:

```
>>> stu = {"name":"Yang", "age":18, "major":"CS"}
>>> x = stu.items()
>>> x
dict_items([('name', 'Yang'), ('age', 18), ('major', 'CS')])
>>> list(x)          # 可以根据 dict_items 对象构建列表
[('name', 'Yang'), ('age', 18), ('major', 'CS')]
>>> tuple(x)         # 可以根据 dict_items 对象构建元组
(('name', 'Yang'), ('age', 18), ('major', 'CS'))
```

4.5.7　遍历字典

1. 遍历字典的键

```
>>> stu = {'name': 'Yang', 'major': 'CS'}
```

```
>>> for x in stu:          #默认遍历字典中的键
...     print(x, stu[x])
...
name Yang
major CS
>>> for x in stu.keys():   #指定遍历字典中的键
...     print(x, stu[x])
...
name Yang
major CS
>>>
```

2. 遍历字典的值

```
>>> for x in stu.values():
...     print(x)
...
Yang
CS
>>>
```

3. 遍历字典的键值对

```
>>> for x in stu.items():
...     print(x)
...
('name', 'Yang')
('major', 'CS')
>>> for x,y in stu.items():
...     print(x,y,sep = " -- ")
...
name -- Yang
major—CS
>>>
```

至此,引例 4-2 可以用本章配套源代码文件"引例 4_2. py"来实现,程序清单如下。

```
#coding = utf - 8
#引例 4_2.py
d = { }
compute_next =  "Y"
while compute_next!= "N" and compute_next!= "n":
    name =  input("请输入姓名:")
    weight =  input("请输入体重(以千克为单位):")
    height =  input("请输入身高(以米为单位):")

    weight =  float(weight)
    height =  float(height)
    BMI =  weight / (height ** 2)

    if BMI < 18.5:
        fat = "过轻"
    elif BMI < 25.0:
        fat = "正常"
    elif BMI < 28.0:
        fat = "过重"
    elif BMI < 32.0:
```

```
        fat = "肥胖"
    else:
        fat = "非常肥胖"

    d[name] = [weight,height,BMI,fat]
    compute_next = input("继续下一位的 BMI 计算吗?输入 N 或 n 结束,输入其他继续:")
```

```
#打印输出每个人的信息
print("姓名♯体重♯身高♯BMI♯肥胖程度")        #打印表头
for name in d:
    info = d[name]                          #获取 name 对应的列表
    print(name,info[0],info[1],info[2],info[3],sep = "♯")
```

程序"引例 4_2.py"的一次运行结果如下。

```
>>>
请输入姓名:Yang
请输入体重(以千克为单位):60
请输入身高(以米为单位):1.71
继续下一位的 BMI 计算吗?输入 N 或 n 结束,输入其他继续:y
请输入姓名:Wang
请输入体重(以千克为单位):75
请输入身高(以米为单位):1.72
继续下一位的 BMI 计算吗?输入 N 或 n 结束,输入其他继续:n
姓名♯体重♯身高♯BMI♯肥胖程度
Yang♯60.0♯1.71♯20.519134092541297♯正常
Wang♯75.0♯1.72♯25.351541373715524♯过重
>>>
```

4.5.8 字典的应用实例

【例 4-2】 现有若干同学的学号、姓名和成绩存放在字典 stu 中,其中,学号为字典的键,对应的姓名和成绩组成一个列表作为该键的值。由该字典保存的初始信息为 stu＝{1:["王琳",98],2:["黄平",70],3:["张三",56],4:["李四",69]}。请编程完成如下任务。

（1）打印显示字典中学生的初始信息。

（2）如果划定大于或等于 60 分为及格,请用字典统计"及格"与"不及格"人数。

（3）学号为 2 的学生转学,删除该学生的信息,并打印删除后的学生信息。

（4）显示学号为 1、2、3 的学生信息,如果没有相关学生,则显示"没有此学号的信息"。

（5）将 3 号学生的信息更新为:["张三",60],并打印更新后字典中的学生信息。

（6）从键盘输入一个同学的学号,显示该同学的姓名、成绩,如果字典中无此同学,则显示"没找到该同学"。

程序源代码如下。

```
# example4_2.py
# coding = utf - 8
stu = {1:["王琳", 98], 2:["黄平",70], 3:["张三",56], 4:["李四",69]}
print("初始学生信息:",stu)
#统计及格与不及格学生人数
pass_dict = {}
for stu_no in stu:
    score = stu[stu_no][1]      # stu[stu_no]获取学号对应的学生姓名和成绩列表
```

```
    if score >= 60:
        pass_dict["及格"] = pass_dict.get("及格",0) + 1
    else:
        pass_dict["不及格"] = pass_dict.get("不及格",0) + 1
print(pass_dict)

stu.pop(2)                        #因转学,删除学号为2的学生信息
print("删除一位学生后的学生信息:",stu)
stu_no_list = [1,2,3]
for stu_no in stu_no_list:        #打印指定学号的学生信息
    print("学号:",stu_no,sep = "",end = ",")
    print("学生信息:",stu.get(stu_no,"没有此学号的学生。"),sep = "")

stu.update({3:["张三",60]})
print("更新学生信息后的字典:",stu)
stu_no = int(input('请输入待查询的学生学号:'))
if stu_no in stu:
    print('该同学的信息为:',stu[stu_no])
else:
    print("没找到该同学")
```

程序 example4_2.py 的某次运行结果如下。

```
>>>
初始学生信息: {1: ['王琳', 98], 2: ['黄平', 70], 3: ['张三', 56], 4: ['李四', 69]}
{'及格': 3, '不及格': 1}
删除一位学生后的学生信息: {1: ['王琳', 98], 3: ['张三', 56], 4: ['李四', 69]}
学号:1,学生信息:['王琳', 98]
学号:2,学生信息:没有此学号的学生。
学号:3,学生信息:['张三', 56]
更新学生信息后的字典: {1: ['王琳', 98], 3: ['张三', 60], 4: ['李四', 69]}
请输入待查询的学生学号:3
该同学的信息为: ['张三', 60]
>>>
```

思考:从键盘输入一个同学的学号,如果该学号存在则输出对应的姓名和成绩后又可以再次输入学号并输出对应的姓名和成绩,直到字典中没有该学号对应的元素时程序运行结束。请编写实现该功能的程序。

程序源代码如下。

```
#question4_1.py
#coding = utf-8
stu = {1:["王琳", 98], 2:["黄平",70], 3:["张三",56], 4:["李四",69]}
print("初始学生信息:",stu)
#统计及格与不及格学生人数
pass_dict = {}
for stu_no in stu:
    score = stu[stu_no][1]      #stu[stu_no]获取学号对应的学生姓名和成绩列表
    if score >= 60:
        pass_dict["及格"] = pass_dict.get("及格",0) + 1
    else:
        pass_dict["不及格"] = pass_dict.get("不及格",0) + 1
print(pass_dict)

stu.pop(2)                        #因转学,删除学号为2的学生信息
```

```
print("删除一位学生后的学生信息:",stu)
stu_no_list = [1,2,3]
for stu_no in stu_no_list:        #打印指定学号的学生信息
    print("学号:",stu_no,sep = "",end = ",")
    print("学生信息:",stu.get(stu_no,"没有此学号的学生。"),sep = "")

stu.update({3:["张三",60]})
print("更新学生信息后的字典:",stu)

stu_no = int(input('请输入待查询学生学号:'))
while stu_no in stu:
    print('该同学的信息为:',stu[stu_no])
    stu_no = int(input('请输入待查询学生学号:'))
print("没找到该同学")
```

程序 question4_1.py 的某次运行结果如下。

```
>>>
初始学生信息:{1:['王琳', 98], 2:['黄平', 70], 3:['张三', 56], 4:['李四', 69]}
{'及格': 3, '不及格': 1}
删除一位学生后的学生信息:{1:['王琳', 98], 3:['张三', 56], 4:['李四', 69]}
学号:1,学生信息:['王琳', 98]
学号:2,学生信息:没有此学号的学生。
学号:3,学生信息:['张三', 56]
更新学生信息后的字典:{1:['王琳', 98], 3:['张三', 60], 4:['李四', 69]}
请输入待查询学生学号:3
该同学的信息为:['张三', 60]
请输入待查询学生学号:1
该同学的信息为:['王琳', 98]
请输入待查询学生学号:2
没找到该同学
>>>
```

4.6　由字典生成列表与元组

（1）使用 list()和 tuple()可以根据字典的键分别生成列表和元组。例如：

```
>>> stu = {'name': 'Yang', 'major': 'CS'}
>>> list(stu)
['name', 'major']
>>> tuple(stu)
('name', 'major')
```

（2）使用 list()和 tuple()可以根据 dict_keys 对象分别生成列表和元组。例如：

```
>>> list(stu.keys())
['name', 'major']
>>> tuple(stu.keys())
('name', 'major')
```

（3）使用 list()和 tuple()可以根据 dict_values 对象分别生成列表和元组。例如：

```
>>> list(stu.values())
['Yang', 'CS']
>>> tuple(stu.values())
```

```
('Yang', 'CS')
```

（4）使用 list()和 tuple()可以根据 dict_items 对象分别生成列表和元组。例如：

```
>>> list(stu.items())
[('name', 'Yang'), ('major', 'CS')]
>>> tuple(stu.items())
(('name', 'Yang'), ('major', 'CS'))
```

4.7 集合

集合对象表示由不重复元素组成的无序、有限数据集，集合中的元素是不可变对象。Python 中的内置集合包括可变的 set 和不可变的 frozenset 两种类型。本节主要介绍可变的 set 类型的集合，若没有特别指明，以下集合是指 set 类型的集合。

集合用一对花括号（"{"和"}"）将一组无序、不重复的元素括起来，元素之间用逗号分隔。元素可以是各种类型的不可变对象。

4.7.1 集合的创建

创建集合对象的一种方式是用一对花括号将多个元素括起来，元素之间用逗号分隔。例如：

```
>>> s = {1,"Yang",98}
>>> s
{1, 98, 'Yang'}
>>> type(s)     #查看对象类型
<class 'set'>
```

创建集合对象的另一种方式是用 set(obj)根据字符串、列表、元组等类型的 obj 来创建。例如：

```
>>> s = set([1,"Yang",98,"Yang",98,'CS'])
>>> s
{'CS', 1, 98, 'Yang'}
```

注意，集合中没有相同的元素，因此 Python 在创建集合的时候会自动删除重复的元素。

如果 set()中没有参数，则创建空集合。例如：

```
>>> a = set()
>>> a
set()
>>> type(a)
<class 'set'>
```

注意，空集合只能用 set()来创建，而不能用花括号{}表示，因为 Python 将{}用于表示空字典。

4.7.2 集合的运算

1. 并集运算

集合的并集运算创建一个新的集合，该新集合包含两个集合中的所有元素。集合对象的 union()方法实现并集运算，与运算符"|"的功能相同。例如：

```
>>> s1 = {"Yang","Zhang","Wang"}
>>> s2 = {"Wang","Li","Zhang"}
>>> s1.union(s2)              ＃并集运算
{'Yang', 'Li', 'Zhang', 'Wang'}
>>> s1 | s2                  ＃并集运算
{'Yang', 'Li', 'Zhang', 'Wang'}
>>> s1                       ＃原集合保持不变
{'Zhang', 'Yang', 'Wang'}
>>> s2                       ＃原集合保持不变
{'Li', 'Zhang', 'Wang'}
```

2. 交集运算

集合的交集运算创建一个新的集合，该新集合由两个集合中的公共部分组成。集合对象的 intersection() 方法实现交集运算，与运算符"&"的功能相同。例如：

```
>>> s1.intersection(s2)          ＃交集运算
{'Zhang', 'Wang'}
>>> s1 & s2                      ＃交集运算
{'Zhang', 'Wang'}
>>> s1                           ＃原集合保持不变
{'Zhang', 'Yang', 'Wang'}
>>> s2                           ＃原集合保持不变
{'Li', 'Zhang', 'Wang'}
```

3. 集合元素的更新

s1.update(s2) 方法实现将集合 s2 中的元素添加、更新到 s1 中，s1 集合中的元素发生了变化，s2 保持不变。运算符 |= 实现了与 update() 方法相同的功能，例如：

```
>>> s1.update(s2)                ＃用集合 s2 更新集合 s1
>>> s1                           ＃集合 s1 被更新
{'Yang', 'Li', 'Zhang', 'Wang'}
>>> s2                           ＃集合 s2 保持不变
{'Li', 'Zhang', 'Wang'}
>>> s1 = {"Yang","Zhang","Wang"}  ＃重新定义集合 s1
>>> s1 |= s2                     ＃用集合 s2 更新集合 s1
>>> s1                           ＃集合 s1 被更新
{'Yang', 'Li', 'Zhang', 'Wang'}
>>> s2                           ＃集合 s2 保持不变
{'Li', 'Zhang', 'Wang'}
```

4. 差集运算

A−B 表示集合 A 与 B 的差集，返回由出现在集合 A 中但不出现在集合 B 中的元素所构成的集合。difference() 方法和运算符"−"均可实现差集运算。例如：

```
>>> s1 = {"Yang","Zhang","Wang"}
>>> s2 = {"Wang","Li","Zhang"}
>>> s1.difference(s2)
{'Yang'}
>>> s1 − s2
{'Yang'}
```

5. 对称差运算

对称差运算的结果是由两个集合中那些不重叠的元素所构成的新集合。集合运算符"^"和 symmetric_difference() 方法均可实现对称差运算。例如：

```
>>> s1.symmetric_difference(s2)
```

```
{'Li', 'Yang'}
>>> s1 ^ s2
{'Li', 'Yang'}
```

6. 子集和超集的判断

如果集合 A 的每个元素都是集合 B 中的元素,则集合 A 是集合 B 的子集。如果集合 A 是集合 B 的一个子集,那么集合 B 是集合 A 的一个超集。

(1) A<=B,检测 A 是否是 B 的子集。

(2) A<B,检测 A 是否是 B 的真子集。

(3) A>=B,检测 A 是否是 B 的超集。

(4) A>B,检测 A 是否是 B 的真超集。

有如下两个集合:

```
>>> s1 = {"Yang","Zhang","Wang"}
>>> s2 = {"Yang","Wang"}
```

可以用 s2.issubset(s1)或 s2<s1 判断 s2 是否为 s1 的子集。例如:

```
>>> s2.issubset(s1)
True
>>> s2 < s1, s2 <= s1
(True, True)
```

可以用 s1.issuperset(s2)或 s1>s2 来判断 s1 是否为 s2 的超集。例如:

```
>>> s1.issuperset(s2)
True
>>> s1 > s2, s1 >= s2
(True, True)
```

除了上述常用的函数、方法和运算符,还可以使用 len()函数计算集合对象中的元素个数;可以使用 in 运算符判断集合中是否存在某个元素;可以使用 clear()方法清空集合中的元素,使其成为空集合;可以使用 pop()方法删除集合中的某个元素,并返回该元素;可以通过 add()方法向集合中添加指定的元素;可以通过 remove()方法和 discard()方法删除指定的元素。例如:

```
>>> s = {"Yang","Zhang","Wang"}
>>> s.add("Li")
>>> s
{'Li', 'Zhang', 'Yang', 'Wang'}
>>> s.remove("Li")
>>> s
{'Zhang', 'Yang', 'Wang'}
>>> s.discard("Wang")
>>> s
{'Zhang', 'Yang'}
>>>
```

4.8　可迭代对象与迭代器对象

4.8.1　可迭代对象

从表面上看,一个对象只要可以用 for 循环进行遍历,就是可迭代(iterable)对象。列

表、元组、字符串、字典都是可迭代对象。从本质上看,如果一个对象所对应的类实现了
__iter__()方法,那么这个对象就是可迭代对象。例如,通过 help(list)查看 list 类中有
__iter__()方法,那么 list 类别的对象就是可迭代对象。

可以通过调用 Python 内置函数 isinstance()来判断一个对象是否属于可迭代(Iterable
类)的对象。其中,Iterable 类位于模块 collections.abc 中。例如:

```
>>> from collections.abc import Iterable
>>> isinstance({1:'one',2:'two'}, Iterable)
True
>>> isinstance('abcd', Iterable)
True
>>> isinstance(range(10), Iterable)
True
>>> isinstance(10, Iterable)        #数字不是可迭代对象
False
```

4.8.2　迭代器对象

如果一个类实现了__iter__()方法和__next__()方法,则该类的对象称为迭代器
(Iterator)对象(简称迭代器)。从定义来看,迭代器对象也是一种可迭代对象。迭代器可以
通过其__next__()方法不断返回下一个值,也可以通过内置函数 next()访问迭代器的下一
个元素。

列表、元组、字符串、字典、集合实现了__iter__()方法,但并未实现__next__()方法,这
些对象均不能称为迭代器。

可以通过调用 Python 内置函数 isinstance()来判断一个对象是否属于迭代器(Iterator
类)的对象。例如:

```
>>> from collections.abc import Iterator
>>> isinstance([1,2], Iterator)        #判断列表[1,2]是否为迭代器对象
False
```

可以通过 iter()函数根据可迭代对象来生成迭代器对象。例如。

```
>>> from collections.abc import Iterator
>>> stu = ["Yang","Li"]        #列表是可迭代对象,但不是迭代器对象
>>> s = iter(stu)              #根据可迭代对象生成迭代器对象
>>> isinstance(s, Iterator)    #判断是否为迭代器对象
True
>>> next(s)                    #返回迭代器对象的下一个值
'Yang'
>>> s.__next__()               #返回迭代器对象的下一个值
'Li'
>>> s.__next__()               #没有下一个元素了,触发迭代停止 StopIteration 异常
Traceback (most recent call last):
File "<console>", line 1, in <module>
StopIteration
```

4.8.3　创建常用的迭代器对象

可以根据可迭代对象创建 enumerate、zip、map 或 filter 类型的迭代器对象。

enumerate、zip、map 和 filter 都是类名。在类名后面添加圆括号表示创建该类的一个对象。目前还没有学到自定义类及对象创建的方法,这里暂且可以把 enumerate()、zip()、map() 和 filter() 看作函数来使用。

1. enumerate()

通过 enumerate(iterable,start=0)构建 enumerate 类型的迭代器对象,该对象中的每个元素为一个元组,每个元组包含两个元素,前一个元素为索引(下标)值,后一个元素为参数中可迭代对象 iterable 中的相应元素。第 1 个参数 iterable 是一个可迭代对象,第 2 个参数 start 表示索引(下标)编号的开始值,默认从 0 开始编号。

enumerate 类实现了__iter__()和__next__()方法,因此,enumerate 对象是一个迭代器对象。迭代器对象也是一种可迭代对象。

以下给出了部分 enumerate 迭代器对象的构建及由该迭代器对象生成列表或元组的例子。

```
>>> stu = ["Yang","Li"]
>>> e = enumerate(stu)          ＃生成 enumerate 对象
>>> e                           ＃enumerate 不能直接显示
< enumerate object at 0x000001FB3EFC93F0 >
>>> list(e)                     ＃构造 list 或 tuple 方便查看 enumerate 对象内容
[(0, 'Yang'), (1, 'Li')]
>>> tuple(e)                    ＃这次得到空元组,因为上一步骤用 list 时已经遍历完 e 了
()
>>> e = enumerate(stu, start = 1) ＃重新创建 enumerate 对象,开始索引为 1
>>> tuple(e)                     ＃根据 enumerate 对象构造元组
((1, 'Yang'), (2, 'Li'))
>>> e = enumerate(stu)          ＃上一步已经遍历完 e,重新创建 enumerate 对象

>>> next(e)                     ＃取下一个元素
(0, 'Yang')
>>> e.__next__()                ＃取下一个元素
(1, 'Li')
>>> next(e)                     ＃已经遍历完了,没有下一个元素了
Traceback (most recent call last):
File "< console >", line 1, in < module >
StopIteration
```

可以使用循环来遍历 enumerate 迭代器对象中的元素。例如:

```
>>> for x in enumerate(stu, start = 1):      ＃重新创建 enumerate 对象
... print(x,end = "")
...
(1, 'Yang')(2, 'Li')
>>> for i,x in enumerate(stu, start = 1):      ＃重新创建 enumerate 对象
... print(i,x, sep = ",",end = " ＃ ")
...
1,Yang  ＃2,Li  ＃
>>>
```

根据字典生成 enumerate 对象时,默认取字典中的键来生成对象。也可以通过 keys()、values()和 items()方法分别指定根据字典中的键、值还是键-值对来生成 enumerate 对象。

2. zip()

通过 zip(* iterables,strict=False)生成一个 zip 对象。参数 * iterables 表示可以接收

多个可迭代对象的实际参数,这种参数的调用方式将在第 6 章中详细介绍。生成的 zip 对象中,每个元素为一个元组;如果参数中有 n 个可迭代对象,则该元组有 n 个元素;第 i 个元组的元素依次来自每个可迭代对象的第 i 个元素;如果 strict 为 False,当参数中各个可迭代对象的元素个数不同时,遍历完元素个数最小的可迭代对象后就结束;如果 strict 为 True,当参数中各个可迭代对象的元素个数不完全相同时,当遍历完元素个数最小的可迭代对象后,将产生 ValueError 异常。

下述代码列举了 zip 对象的构建及其常用场景。

```
>>> x = zip("158",["Yang","Li","Zhang","Wang"])
>>> x                     ♯无法直接显示
< zip object at 0x0000021AEB169680 >
>>> list(x)               ♯构造列表、元组等查看 zip 对象内部元素,元素均为元组
[('1', 'Yang'), ('5', 'Li'), ('8', 'Zhang')]
>>> list(x)               ♯上一步骤已经遍历完 zip 中的元素
[]
>>> x = zip("158",["Yang","Li","Zhang","Wang"])     ♯重新创建 zip 对象
>>> ('5', 'Li') in x
True
```

上述例子中,两个可迭代对象"158"和["Yang","Li","Zhang","Wang"]的长度不同,strict 默认为 False,匹配完短的可迭代对象就结束。

当可迭代对象的长度不同且 strict 参数值为 True 时,在遍历该 zip 对象时将产生 ValueError 异常。注意,生成 zip 对象时不会产生异常;只有在遍历元素时,当一个短的可迭代对象遍历完后才会产生异常。如果参数中只有一个可迭代对象,生成的 zip 对象中的每个元素为只有一个元素的元组。

由于 zip 对象是迭代器对象,可以用循环来遍历 zip 对象,也可以用 next() 函数或 zip 对象的 __next__() 方法来遍历元素。例如:

```
>>> for x in zip("158",["Yang","Li","Zhang","Wang"]):
... print(x)
...
('1', 'Yang')
('5', 'Li')
('8', 'Zhang')
>>> for x,y in zip("158",["Yang","Li","Zhang","Wang"]):
... print(x,y,sep = " -- ")
...
1 -- Yang
5 -- Li
8 -- Zhang
>>> x = zip("158",["Yang","Li","Zhang","Wang"])
>>> next(x)
('1', 'Yang')
>>> x.__next__()
('5', 'Li')
>>>
```

可以根据 zip 对象来创建字典对象。例如:

```
>>> keys = ["name", "age", "major"]
>>> values = ("Yang", 18, "CS")
```

```
>>> stu = dict(zip(keys,values))        #由序列构建 zip 对象,由 zip 对象创建字典
>>> stu
{'name': 'Yang', 'age': 18, 'major': 'CS'}
>>>
```

3. map()

通过 map(func,＊iterables)把一个函数或类 func 依次作用到可迭代对象的每个元素上,返回一个迭代器 map 对象。参数中的 func 表示一个函数、lambda 表达式或类名。参数＊iterables 前的＊表示参数 iterables 接收不定个数的可迭代对象,其个数由 func 中的参数个数决定。例如:

```
>>> x = [1, 4.0, 9.0]
>>> import math
>>> y = map(math.sqrt, x)            #将 sqrt()依次作用到 x 中的每个元素
>>> y                                #无法直接查看 map 对象中的内容
< map object at 0x0000021AEB1724A0 >
>>> list(y)                          #构造列表来查看 map 对象 y 中的元素
[1.0, 2.0, 3.0]
>>> z = map(int, [1, 4.1, 9.9])      #int 为类名,对每个元素取整
>>> list(z)
[1, 4, 9]
>>>
>>> x = map(pow,(2,3),(5,6))          #分别计算 2 的 5 次方、3 的 6 次方
>>> list(x)
[32, 729]
```

参数 func 也可以是自定义的函数、lambda 表达式或类。

由于 map 对象是迭代器对象,可以用循环来遍历 map 对象,也可以用 next()函数或 map 对象的__next__()方法来遍历元素。

4. filter()

通过 filter(function or None,iterable)把带有一个参数的函数器、lambda 表达式或类 function 作用到一个可迭代对象 iterable 上,返回一个迭代器 filter 对象。返回的 filter 对象中的元素由可迭代对象 iterable 中使得 function 返回值为 True(或相当于 True 的非零、非空对象)的那些元素组成;如果指定 function 的值为 None,则返回可迭代对象 iterable 中等价于 True 的元素。例如:

```
>>> x = [1.2, 0.8, 2.1, 0.1]
>>> y = filter(int, x)       #用类 int 取整数,0.8 与 0.1 取整后均为 0
>>> y
< filter object at 0x0000021AEB1719F0 >
>>> list(y)
[1.2, 2.1]
>>> x = (1.2, False, 0, 1, True)
>>> y = filter(None,x)       #指定函数为 None
>>> list(y)
[1.2, 1, True]
>>>
```

参数 function 也可以是自定义的函数、lambda 表达式或类。由于 filter 对象是迭代器对象,可以用循环来遍历 filter 对象,也可以用 next()函数或 filter 对象的__next__()方法来遍历元素。

4.9　推导式

推导式又称生成式或解析式。利用推导式可以从一个数据对象构建另一个新的数据对象。本节简要介绍列表推导式、字典推导式和集合推导式。

4.9.1　列表推导式

列表推导式表示对可迭代对象的元素进行遍历、过滤或再次计算，生成满足条件的新列表。列表推导式的语法形式如下。

```
[元素计算表达式 for value1 in 可迭代对象 1 if 条件表达式 1
                for value2 in 可迭代对象 2 if 条件表达式 2
                …
                for valuen in 可迭代对象 n if 条件表达式 n]
```

列表推导式的结构是在一对方括号里包含一个元素计算表达式，接着是一个 for 语句（遍历），然后是 0 个或多个 for(遍历)。每个 for 语句后面均可以有一个 if 语句表示过滤条件。for 循环每遍历一次，如果其后面的 if 语句中的条件表达式为 True，则执行元素计算表达式来生成一个列表元素。元素计算表达式的所有计算结果依次作为列表的元素。元素计算表达式中可以包含函数、lambda 表达式等。

1. 利用 for 循环遍历元素

通过循环遍历列表元素的过程可以用列表推导式来实现。列表推导式在实现时更加简洁、高效。

以下例子中，给定一个由整数构成的元组 x，通过 for 循环，对 x 中的元素依次取绝对值（用 abs 函数）后再加 10 作为新列表 y 的元素。程序代码如下。

```
>>> x = (2, -6,5,8,12, -9,11)
>>> y = []
>>> for i in x:
... y.append(abs(i) + 10)
...
>>> y
[12, 16, 15, 18, 22, 19, 21]
```

也可以通过列表推导式来实现，程序代码如下。

```
>>> z = [abs(i) + 10 for i in x]
>>> z
[12, 16, 15, 18, 22, 19, 21]
```

另外，列表推导式中也可以有嵌套的 for 循环。

2. 利用条件语句筛选元素

在列表推导式中，for 语句后面的 if 条件语句实现对可迭代对象中的元素进行筛选，不满足 if 后面条件的元素将被忽略。

以下例子中，取序列 x 中大于 0 的数加 10 后作为新列表的元素：

```
>>> x = (2, -6,5,8,12, -9,11)
>>> y = [i + 10 for i in x if i > 0]
```

```
>>> y
[12, 15, 18, 22, 21]
```

3. 元素计算表达式中可以没有原可迭代对象中的值

循环语句 for 后面的元素可以不用于生成列表的元素计算中。例如,元组 x 中有 5 个编号,为每个编号依次生成一个大于或等于 0 且小于或等于 100 的随机数构成列表 y。程序源代码如下。

```
>>> import random
>>> x = (1,2,3,4,5)
>>> y = [random.randint(0,100) for i in x]
>>> y
[80, 93, 9, 88, 3]
>>>
```

上述程序中,元素计算表达式中使用了 random 模块的 randint() 函数,没有使用 for 后面遍历到的 i 值。

4. 列表推导式应用案例

【例 4-3】 元组 x＝(29,30,34,33,34,31,30,32,31,30,31,31,33,34,34)依次存放的是某地 2023 年 8 月份前 15 天中各天的最高温,元组 y＝(24,25,26,26,25,24,23,24,23,24,24,23,23,24,24)存放的是对应日期的最低温。温度的单位均为摄氏度。找出这些天中的最高温度,并用列表推导式找出最高温出现的日期及当天对应的最高温和最低温。

程序源代码如下。

```
#example4_3.py
x = (29,30,34,33,34,31,30,32,31,30,31,31,33,34,34)
y = (24,25,26,26,25,24,23,24,23,24,24,23,23,24,24)

max_high_temp = max(x)
print("最高温为:",max_high_temp)

z = [(i + 1,h,y[i]) for i, h in enumerate(x)
                    if h == max_high_temp]

print("列表生成式生成的列表如下:")
print(z)

print("出现最高温的日期及当天温度范围如下:")
for i, h, l in z:
    print("8 月",i,"日,最高温:",h,",最低温:",l,sep = "")
```

程序 example4_3.py 的运行结果如下。

```
>>>
最高温为: 34
列表生成式生成的列表如下:
[(3, 34, 26), (5, 34, 25), (14, 34, 24), (15, 34, 24)]
出现最高温的日期及当天温度范围如下:
8 月 3 日,最高温:34,最低温:26
8 月 5 日,最高温:34,最低温:25
8 月 14 日,最高温:34,最低温:24
```

8 月 15 日,最高温:34,最低温:24
```
>>>
```

程序 example4_3.py 中,列表生成式生成的列表中的每个元素均为元组。

4.9.2　字典推导式

字典推导式的语法形式如下。

```
{key 表达式 : value 表达式 for v1 in 可迭代对象 1 if 条件表达式 1
                   for v2 in 可迭代对象 2 if 条件表达式 2
                   …
                   for vn in 可迭代对象 n if 条件表达式 n}
```

字典推导式放在一对花括号中,通过 for 循环遍历可迭代对象中的元素,如果该元素使得 if 后面的条件表达式为 True,则分别计算 key 表达式和 value 表达式的值,分别作为字典新元素的键和对应的值,键和值中间用冒号隔开。这些元素最后生成一个新字典。

以下例子中,元组 H=(29,30,34,33,34,31,30)中存储的是某月 1~7 日的最高气温,用字典生成式生成日期与温度对应关系作为元素的字典。程序代码如下。

```
>>> H = (29,30,34,33,34,31,30)
>>> temp = {d:h for d,h in enumerate(H,start = 1)}
>>> temp
{1: 29, 2: 30, 3: 34, 4: 33, 5: 34, 6: 31, 7: 30}
```

上述代码中使用了 enumerate()来生成可迭代对象。以下代码改用 zip()来生成可迭代对象,并且只保留最高温度大于 30 的项。程序代码如下。

```
>>> temp = {d:h for d,h in zip(range(1,8),H) if h > 30}
>>> temp
{3: 34, 4: 33, 5: 34, 6: 31}
```

4.9.3　集合推导式

集合推导式的语法与列表推导式类似,但两端边界符是花括号,最后生成的是集合。其语法形式如下。

```
{元素计算表达式 for value1 in 可迭代对象 1 if 条件表达式 1
             for value2 in 可迭代对象 2 if 条件表达式 2
             …
             for valuen in 可迭代对象 n if 条件表达式 n }
```

集合推导式的结果中自动去掉重复的元素,例如:

```
>>> x = (5,8,9,20,3,16,18)
>>> y = {i//5 for i in x}
>>> y
{0, 1, 3, 4}
```

另外,需要说明的是元组没有推导式。如果把列表推导式两端的方括号换成圆括号,就成为生成器推导式,结果为生成器对象。生成器对象中的元素可以用循环遍历,也可以用 next()函数或该对象的__next__()方法遍历。生成器对象中的元素只有在遍历时才生成并返回,可以节省内存。

4.10　序列解包

序列解包（Sequence Unpacking）是 Python 语言赋值语句的一种技巧和方法，在 Python 中经常用到。

1. 一个对象中的元素赋值给多个变量

一个类似于序列结构的对象可以根据其元素的数量，一次同时为多个变量赋值。其中，变量个数必须与序列中的元素个数相同。

可以对列表、元组、字符串、等差整数序列等对象解包，例如：

```
>>> x,y,z = [1,2,3]
>>> print(x,y,z,sep = ":")
1:2:3
>>> x,y,z = "abc"
>>> print(x,y,z,sep = " - ")
a - b - c
>>>
```

这种方法常用于对 dict_items、zip、enumerate 等对象中的元素解包。例如，字典的 items()方法返回由元组构成的 dict_items 对象，每个元组有两个元素。以下代码遍历 dict_items 对象的每个元素。

```
>>> stu = {1:"Yang", 2:"Li", 3:"Zhang"}
>>> for item in stu.items():
...     print(item)
...
...
(1, 'Yang')
(2, 'Li')
(3, 'Zhang')
>>>
```

上述代码中，item 从 dict_items 对象中每次取出一个元组。由于这个元组总共是两个元素，因此可以用下列序列解包的方法直接将元组中的两个元素分别赋值给两个变量。

```
>>> for num,name in stu.items():
...     print(num,name,sep = " - ")
...
...
1 - Yang
2 - Li
3 - Zhang
>>>
```

对 zip 对象中的元素遍历时，也可以采用序列解包的方法。例如：

```
>>> num = [1,2,3]
>>> name = ["Yang","Li","Zhang"]
>>> for item in zip(num,name):      #不采用序列解包
...     print(item)
...
...
(1, 'Yang')
```

```
(2, 'Li')
(3, 'Zhang')
>>> for i,n in zip(num,name):        #采用序列解包
...     print(i,n,sep = " - ")
...
...
1 - Yang
2 - Li
3 - Zhang
>>>
```

对 enumerate 对象中的元素遍历时，也可以采用序列解包的方法。例如：

```
>>> name = ["Yang","Li","Zhang"]
>>> for item in enumerate(name,start = 1):        #不采用序列解包
...     print(item)
...
...
(1, 'Yang')
(2, 'Li')
(3, 'Zhang')
>>> for i,n in enumerate(name,start = 1):        #采用序列解包
...     print(i,n,sep = " - ")
...
...
1 - Yang
2 - Li
3 - Zhang
```

2．多变量同时赋值

以下代码同时为 x、y、z 分别赋予 1、2 和 3。

```
>>> x,y,z = 1,2,3
>>> print(x,y,z,sep = ":")
1:2:3
>>>
```

注意，像上述这样的赋值表达式中，赋值号左边变量与右边对象个数必须相同。上述语句 x,y,z＝1,2,3 中，赋值号右侧省略了一对圆括号（元组两端的圆括号可以省略），本质上是将元组(1,2,3)中的三个元素依次赋值给 x、y 和 z。

例如，以下语句中省略了元组两端的圆括号，将一个元组赋值给变量 x。

```
>>> x = 1,2,3
>>> x
(1, 2, 3)
>>>
```

3．交换多个变量的值

可以用以下方法交换多个变量的值：

```
>>> x,y,z = 1,2,3
>>> x, y, z = z, x, y
>>> print(x,y,z,sep = " - ")
3 - 1 - 2
>>>
```

上述代码中，语句 x,y,z＝z,x,y 中的赋值号右侧部分省略了元组的边界符圆括号，可

以完整地表示为 x,y,z＝(z,x,y)。这样,赋值号右侧构成了一个元组(3,1,2),然后通过语句 x,y,z＝(3,1,2)对序列解包,x、y、z 分别被赋予 3、1、2。

4.11　collections 模块中的 Counter 容器

标准模块 collections 提供了一些专门化的容器,对 Python 通用的内建容器 list、tuple、set 和 dict 进行功能上的补充。其中,Counter 是 dict 的子类,是用于计数的容器,将元素存储为字典的键,将对应的计数存储为字典的值。计数可以是任何整数,包括正整数、零和负整数。与字典的不同之处是:如果查询的键不在 Counter 对象中,则返回一个 0,而不引发 KeyError。

1. 创建 Counter 容器对象

以下通过例子的方式给出 Counter 对象的常见创建方法。

```
>>> from collections import Counter      ♯非内置模块,先导入
>>> c = Counter()
>>> c
Counter()
>>> c = Counter("collection")
>>> c
Counter({'c': 2, 'o': 2, 'l': 2, 'e': 1, 't': 1, 'i': 1, 'n': 1})
>>> c = Counter({"Yang":60, "Wang":75})
>>> c
Counter({'Wang': 75, 'Yang': 60})
>>> c = Counter(Yang = 60, Wang = 75)
>>> c
Counter({'Wang': 75, 'Yang': 60})
>>> c["Yang"]
60
>>> c["Li"]
0
>>>
```

2. 常用方法

Counter 对象除了具有字典 dict 中的方法外,还有 elements()、most_common()、subtract()、total()等额外的方法。另外,在 Counter 中没有实现 fromkeys()类方法。update()方法在 Counter 中的实现与 dict 中的实现并不相同。

most_common([n])方法返回一个列表,该列表包含 n 个按照出现频率从高到低排序的元素及其出现次数所构成的元组。例如:

```
>>> c = Counter(['red', 'blue', 'green', 'red', 'blue', 'blue'])
>>> c
Counter({'blue': 3, 'red': 2, 'green': 1})
>>> c.most_common(2)
[('blue', 3), ('red', 2)]
>>>
```

elements()方法返回一个由出现的元素构成的迭代器。每个元素在迭代器中将重复出现计数值所指定的次数。元素会按首次出现的顺序返回。例如:

```
>>> for item in c.elements():
```

```
...      print(item, end = " ")
...
red red blue blue blue green
>>>
```

通过构造 set 对象，可以获得没有重复值的元素集合。例如：

```
>>> set(c.elements())
{'green', 'blue', 'red'}
>>>
```

可以通过构造集合对象来去除重复元素，然后遍历无重复的元素出现次数。例如：

```
>>> for item in set(c.elements()):
...      print(item,":",c[item])
...
red : 2
green : 1
blue : 3
>>>
```

习题

1. 反复从键盘输入正整数添加到列表的末尾，直到输入 0 就不往列表中添加该元素，并结束输入。在屏幕上打印输出此列表，计算并输出列表中所有奇数之和，计算并输出列表中的最大值及其出现的所有位置索引。程序保存为 exercise4_1.py。

2. 从键盘输入 10 个学生的成绩（大于或等于 0 且小于或等于 100），作为元素依次添加到列表的末尾。根据等级标准，大于或等于 80 分为"优秀"，小于 80 分且大于或等于 60 分为"及格"，小于 60 分为"须努力"。分别统计三个等级的人数。要求将人数保存在字典中，以"优秀""及格"和"须努力"为键，值为对应的人数。程序保存为 exercise4_2.py。

3. 生成 10 个不超过 100 的不重复的随机正奇数保存在列表中，再生成 10 个不超过 100 的不重复的随机正偶数保存在集合中。在屏幕上打印输出生成的列表和集合以及各自的平均值。程序保存为 exercise4_3.py。

4. 生成至少包含 10 个大于或等于 0 且小于或等于 100 的随机整数，作为成绩保存在列表中。用列表生成式的方法挑选出大于或等于 60 的元素构成新列表。在屏幕上打印输出这两个列表。程序保存为 exercise4_4.py。

5. 从键盘输入一个句子，用 collections 模块中的 Counter 容器统计各字符出现的次数，在屏幕上打印输出。在屏幕上进一步输出最常出现的三个字符。程序保存为 exercise4_5.py。

第5章

字符串与字符编码

　　字符串(str)是由字符序列构成的对象,以一对英文的引号(单引号、双引号或三引号)为边界符(定界符)。引号之间的字符序列是字符串的内容。作为一种序列,字符串支持序列的一系列通用操作,如按索引访问元素、切片、成员测试、计算长度等。字符串是一种不可变的可迭代对象,一旦创建完成,该对象就不可修改。

　　字符串的部分内容已经在第 2 章和第 4 章中有所介绍。本章先补充介绍字符串的构造方法,接着介绍字符集与字符编码,然后介绍字符串的格式化方法,最后介绍字符串的一些常用方法。

5.1　字符串构造

　　在 Python 中,字符串的构造主要通过两种方法来实现,一种是使用 str 类来构造字符串对象;另一种是以成对的单引号、双引号或三引号为边界符,直接将字符序列括起来。利用英文引号作为定界符构造字符串的方法在 2.1 节中已经介绍过了,本章不再赘述。

1. 用 str 类来构造字符串

　　可以用 str(object='')或 str(bytes_or_buffer[,encoding[,errors]])两种格式来构造字符串。第一种格式是从一个对象 object 来构造字符串;第二种格式是将一字节串解码为一个字符串。这种格式将在 5.2 节字符编码中阐述。

　　用 str(object='')生成字符串时,参数 object 的默认值为空字符串,如果没有传递参数,默认得到一个空字符串。例如:

```
>>> x = str()          # 生成一个空字符串
>>> x
''
>>> len(x)             # 字符串 x 中的元素个数
0
```

　　如果给 str(object='')中的参数 object 传递一个对象,则分为以下两种情况。

　　(1) 如果该 object 对象所属的类中定义了__str__()方法,则按照该对象的__str__()方法返回结果(本书不阐述该内容)。

　　(2) 如果该 object 对象所属的类没有定义__str__()方法,则在该对象两侧添加字符串边界符来生成字符串对象。例如:

```
>>> str(10)
'10'
>>> y = str([1,2,3])
```

```
>>> y
'[1, 2, 3]'
>>> len(y)              ♯列表中每个逗号后面自动添加了一个空格,所以长度为 9
9
```

2. 单、双引号构造字符串的注意事项

如果字符串序列中的元素包含单引号,且不用转义字符,那么整个字符串要用双引号或三引号作为边界符来构造,否则就会出错。例如:

```
>>> "I'm a student."
"I'm a student."
>>> print("I'm a student.")      ♯print()函数输出字符串时,不显示引号边界符
I'm a student.
>>> '''I'm a student.'''
"I'm a student."
>>> """I'm a student."""
"I'm a student."
>>> 'I'm a student.'              ♯出错
File "<console>", line 1
'I'm a student.'
                ^
SyntaxError: unterminated string literal (detected at line 1)
>>>
```

如果字符串序列的元素包含双引号,且不用转义字符,那么整个字符串要用单引号或三引号作为边界符来构造,否则就会出错。例如:

```
>>> '"I am a student", he said.'
'"I am a student", he said.'
>>> '''"I am a student", he said.'''
'"I am a student", he said.'
>>> """"I am a student", he said."""
'"I am a student", he said.'
>>> ""I am a student", he said."      ♯出错
File "<console>", line 1
""I am a student", he said."
  ^
SyntaxError: invalid syntax
>>>
```

上述案例中,当字符串中出现了与字符串边界符相同的字符时,该字符会被 Python 解释器误认为是字符串边界符,从而导致语法错误。为了告诉系统,该字符只是普通字符而不是字符串边界符,需要在该字符前面添加反斜线("\")。例如:

```
>>> 'I\'m a student.'
"I'm a student."
>>> "\"I am a student\", he said."
'"I am a student", he said.'
>>>
```

3. 转义字符

在单引号或双引号前面加反斜线("\")是对反斜线后面的引号进行转义,表示该引号不是字符串的边界符。计算机中的一些不可见字符通常需要使用转义来表达。转义字符以"\"开头,后接某些特定的字符或数字。Python 中常用的转义字符如表 5.1 所示。

表 5.1　Python 中常用转义字符

转 义 字 符	含　义	转 义 字 符	含　义	转 义 字 符	含　义
\\（位于行尾）	续行符	\"	双引号(")	\t	横向(水平)制表符
\\\\	一条反斜线(\\)	\n	换行符	\v	纵向(垂直)制表符
\\'	单引号(')	\r	回车	\f	换页符

以下例子给出了换行符和制表符的转义表示。

```
>>> s = "我们一起学习 Python。\nPython 语言功能强大。"    # \n 表示换行
>>> s
'我们一起学习 Python。\nPython 语言功能强大。'
>>> print(s)                                    # 打印时,\n 产生了换行的效果
我们一起学习 Python。
Python 语言功能强大。
>>> print("我们一起学习 Python.\t\tPython 语言功能强大。")
我们一起学习 Python.        Python 语言功能强大。
>>>
```

字符串中,一个横向制表符(\t)相当于按一次 Tab 键。

4. 原始字符串

在字符串中,反斜线("\")和后面字符的组合通常表示一个特殊的转义字符。如果想让反斜线自身表示一个普通的单独字符,避免其与后面的字符组合为转义字符,则需要在字符串左侧边界符前面添加字符 r。

在 Windows 下,文件路径通常用反斜线分隔,如果反斜线后面是 t 或 n 等字符,默认就会构成制表符、换行符等特殊转义字符,在程序中无法表示正确的文件路径。这时可以在表示路径的字符串左侧边界符前面添加字符 r,避免反斜线与后面的字符构成转义字符。例如:

```
>>> print("c:\next\test")          # 不能正确表示路径
c:
ext est
>>> print(r"c:\next\test")         # 可以正确表示路径
c:\next\test
>>>
```

5. 三引号构造字符串的进一步说明

三引号构造的字符串可以跨越多行,并保留换行符、引号、制表符等信息。在一对三引号之间可以自由地使用单引号和双引号,这些单引号或双引号都是字符串序列中的元素。例如:

```
>>> s = '''英文缩写"AI"表示人工智能.
... 人工智能可以帮助人们提高生产效率'''
>>> s             # 查看字符串 s,换行符用\n 表示了
'英文缩写"AI"表示人工智能.\n 人工智能可以帮助人们提高生产效率'
>>> print(s)  # 打印时,字符串换行了
英文缩写"AI"表示人工智能。
人工智能可以帮助人们提高生产效率
>>>
```

编写 Python 程序时,可以使用三引号来构造跨越多行的注释语句块。

5.2　字符集与字符编码

5.2.1　字符集与编码方法

任何字符在计算机中都是以特定的编码来表示、存储和传输的。为了方便相互之间的信息交换和识别，在计算机领域先后制定了多种编码方式。

1. ASCII 字符集与编码

ASCII（American Standard Code for Information Interchange，美国信息交换标准代码）是基于拉丁字母的一套计算机编码系统，主要用于表示现代英语和其他西欧语言。ASCII字符集包括英文字母、数字、英文标点符号等常用的字符，如表 5.2 所示。其中，数字 0~127 称为字符的码点值（编号）。在计算机中要用特定的二进制编码方式来表示这个码点值，才能进行存储、转发、识别。标准 ASCII（基础 ASCII）将码点值用 7 位二进制数来表示。由于计算机中通常以字节（8 位）为单位来表示信息，因此 ASCII 规定这个字节中剩下的最高位为二进制 0。标准 ASCII 的码点值（编号）与字符的对照关系如表 5.2 所示。

表 5.2　标准 ASCII 与字符的对照关系

编号	字符	编号	字符	编号	字符	编号	字符	编号	字符	编号	字符
0	NUL	22	SYN	44	,	66	B	88	X	110	n
1	SOH	23	ETB	45	—	67	C	89	Y	111	o
2	STX	24	CAN	46	.	68	D	90	Z	112	p
3	ETX	25	EM	47	/	69	E	91	[	113	q
4	EOT	26	SUB	48	0	70	F	92	\	114	r
5	ENQ	27	ESC	49	1	71	G	93	]	115	s
6	ACK	28	FS	50	2	72	H	94	^	116	t
7	BEL	29	GS	51	3	73	I	95	_	117	u
8	BS	30	RS	52	4	74	J	96	`	118	v
9	HT	31	US	53	5	75	K	97	a	119	w
10	LF	32	(space)	54	6	76	L	98	b	120	x
11	VT	33	!	55	7	77	M	99	c	121	y
12	FF	34	"	56	8	78	N	100	d	122	z
13	CR	35	#	57	9	79	O	101	e	123	{
14	SO	36	$	58	:	80	P	102	f	124	|
15	SI	37	%	59	;	81	Q	103	g	125	}
16	DLE	38	&	60	<	82	R	104	h	126	~
17	DC1	39	'	61	=	83	S	105	i	127	DEL
18	DC2	40	(	62	>	84	T	106	j		
19	DC3	41	)	63	?	85	U	107	k		
20	DC4	42	*	64	@	86	V	108	l		
21	NAK	43	+	65	A	87	W	109	m		

2. GBK 字符集与编码

当计算机的应用逐步推广时，各种语言的文字字符都需要进行编码，以方便计算机的存储和信息的传输与交换。

GB2312 是我国制定的简体中文编码规则,GBK 是对 GB2312 的扩充。GBK 编码在 Windows 内部对应其代码页为 cp936。GBK 字符集中包含常用中文字符和 ASCII 字符。GBK 字符集也用码点值表示相应的编号,其中,ASCII 字符保持其码点值不变。为了兼容 ASCII,ASCII 字符集中的字符采用一字节的二进制对码点值(编号)进行编码,该字节的最高位为 0。使用 2 字节的二进制编码表示一个中文字符的码点值,其中,高字节的最高位为 1。

在 GBK 字符集中,"我"的码点值(编号)为 20178,转换为二进制为 1001110 11010010。系统能够检测到需要使用 2 字节才能表示这个编码,因此认定为中文字符,将高字节的最高位设定为 1,得到该字符的 GBK 二进制编码为 11001110 11010010。

在 Python 中,可以使用字符串的 encode()方法查看字符在特定编码体系下的十六进制编码的字节串(bytes 类型)。例如:

```
>>> "我".encode('gbk')
b'\xce\xd2'
>>>
```

在 GBK 字符集中,当中文字符和 ASCII 字符编码混合出现时,如果第一字节中的最高位为 0,则取一字节去掉最高位后即为该字符的二进制码点值。如果第一字节最高位为 1,则取连续的两字节,去掉高字节的最高位 1,后 15 位即为相应中文字符的二进制码点值。根据码点值就可以确定对应的字符。

例如,十六进制显示的字节串 b'\xce\xd2',转换成二进制即为 11001110 11010010。转换方法如下。

```
>>> int('ced2', 16)      #先将十六进制 ced2 转换为十进制的整数 52946
52946
>>> bin(52946)           #再将十进制的整数 52946 转换为二进制数
'0b1100111011010010'
>>>
```

去掉高字节的最高位 1 后,后 15 位为 1001110 11010010。将此二进制数字转换为十进制方法如下。

```
>>> int("100111011010010",2)
20178
>>>
```

在 GBK 编码表中可以查到,编号为 20178 的字符是"我"。

3. Unicode 字符集与编码

不同国家有不同的语言,也就有不同的字符编码规则。不同的编码规则格式之间差别很大,不同编码的长度可能不同,并且同一编码在不同的编码体系中可能表示不同的字符。如果一篇文章既有英文,又有中文,还有日文,那无论采用上述哪种编码规则,都可能会出现乱码。

为了方便信息的交流,Unicode 字符集包括全世界所有语言的字符。不同的字符在 Unicode 字符集中有不同的码点值(编号)。可以使用 ord()函数来查询字符对应的 Unicode 码点值,可以利用 chr()函数查询 Unicode 码点值对应的字符。例如:

```
>>> ord("a")
97
```

```
>>> chr(97)
'a'
>>> ord("我")
25105
>>> chr(25105)
'我'
>>>
```

虽然有了统一的 Unicode 码点值，但还无法确定如何用二进制编码来表示、存储和传递码点值。因此，需要一套编码规则来表示码点值。

UTF-32 编码规则使用 4 字节（32 位）对 Unicode 字符集中的码点值（编号）进行编码，任何一个字符均需要 4 字节的编码表示一个字符的码点值（编号）。这种方式以 4 字节为一组表示一个字符的编号，实现简单。但对一些码点值比较小的字符来说，会造成大量的存储空间浪费和传输时网络资源的浪费。例如，对于英文字母、英文标点符号等字符的码点值（编号）最大不超过 127，只需要 1 字节就可以编码；如果也采用 4 字节的编码，那么每个字符前 3 字节的编码存储空间就会浪费掉。

为了解决 UTF-32 在编码 Unicode 字符集时的资源浪费问题，后来又陆续提出了目前比较常用的 UTF-16 和 UTF-8 编码。目前最常用的是 UTF-8 编码。

UTF-8 编码是"可变长编码"，使用 1～4 字节的编码表示 Unicode 字符集中的一个码点值（对应一个字符）。编码的长度根据不同的字符（不同的码点值）而有所变化。它以 1 字节对英文字符（兼容 ASCII）进行编码，以 3 字节或 4 字节对中文字符进行编码，还有一些语言的字符使用 2 字节、3 字节或 4 字节进行编码。

表 5.3 给出了 Unicode 字符的码点值与 UTF-8 编码格式的对应关系。1～127 的码点值兼容 ASCII，用 1 字节编码，其中最高位为 0，后 7 位是码点值对应的二进制编码。128～2047 的码点值用 2 字节编码，其中高字节的最高三位为 110，低字节的最高两位为 10。这两个字节中其他位上根据码点值的二进制位依次从低到高进行填充，不足部分填 0。2048～65 535 的码点值用 3 字节编码，其中高字节的最高四位为 1110，后面两字节的最高两位均为 10。这三个字节的其他位上根据码点值的二进制位依次从低到高进行填充，不足部分填 0。"我"这个字符的 Unicode 码点值为 25105。可以用 ord() 函数获得该字符的 Unicode 码点值（编号），例如：

表 5.3 Unicode 码点值与 UTF-8 编码格式对应关系

Unicode 字符码点值十六进制范围	Unicode 字符码点值十进制范围	UTF-8 的二进制编码格式
0x00～0x7F	0～127	0××××××××
0x80～0x7FF	128～2047	110××××× 10××××××
0x800～0xFFFF	2048～65 535	1110×××× 10×××××× 10××××××
0x10000～0x10FFFF	65 536～1 114 111	11110××× 10×××××× 10×××××× 10××××××

```
>>> ord("我")
25105
>>>
```

码点值 25105 转换为二进制值为 110001000010001。计算如下。

```
>>> bin(25105)
'0b110001000010001'
>>>
```

根据表 5.3 中的规则,UTF-8 对该 Unicode 码点值的编码规则为 1110×××× 10×× ×××× 10××××××,其中,×表示码点值中的二进制位对应的值。先把 25105 对应的二进制值 110001000010001 后 6 位填充到 UTF-8 编码的第三字节最后 6 位(010001),加上最后一字节的最高两位 10,得到最后一字节的编码为 10010001;然后将 25105 对应的二进制值 110001000010001 倒数第 7 位至倒数第 12 位(001000)填充到 UTF-8 编码的第二字节后 6 位,加上第二字节的最高两位为 10,得到第二字节的编码为 10001000;最后将 25105 对应的二进制值 110001000010001 中剩余的最高三位值(110)填充到 UTF-8 编码的第一字节最低三位,加上第一字节最高四位的 1110,第五位因为空余补 0,得到第一字节的编码为 11100110。所以中文字符"我"的 UTF-8 编码是 111001101000100010010001,对应的十六进制编码字节串为 b'\xe6\x88\x91'。可以用 encode()方法查看字符在特定编码体系下的十六进制编码字节串。例如:

```
>>> "我".encode("UTF-8")
b'\xe6\x88\x91'
>>>
```

在 Python 中,可以先把十六进制的字符串转换为十进制整数,再将十进制整数转换为二进制来查看二进制编码。例如:

```
>>> int('e68891',16)        # 这是 UTF-8 编码对应的数值,注意与 Unicode 编号的区别
15108241
>>> bin(15108241)
'0b111001101000100010010001'
>>>
```

码点值大于或等于 65 536 的 Unicode 字符采用 4 字节的 UTF-8 编码,最高字节的前 5 位为 11110,后面连续的 3 字节最高两位均为 10。这 4 字节其余位上的编码填充方式与 2 字节或 3 字节编码的填充方式类似,这里不再赘述。

根据 UTF-8 编码寻找对应字符时,如果第一字节中的最高位为 0,则取一字节去掉最高位后剩余的二进制值即为相应字符的二进制码点值。如果第一字节最高三位为 110,则取连续的两字节,去掉高字节的最高三位 110 和低字节的最高两位 10,剩余的二进制位即构成该字符的二进制码点值。如果第一字节最高四位为 1110,则取连续的三字节,去掉高字节的最高四位 1110 和后两字节的各自最高两位 10,剩余的二进制位即构成该字符的二进制码点值。4 字节编码的情况类似。根据码点值就可以确定对应的字符。

5.2.2 字符与编码的转换

Python 中一个或多个字符均用字符串表示,类型为 str。字符或字符串对应的 UTF-8、GBK 等编码用字节串表示,类型为 bytes。字符串 str 和字节串 bytes 均为不可变对象类型。

str 类型和 bytes 类型经常需要相互转换。例如,字符串需要转换为相应编码的字节串在网络上进行传输,对方接收到字节串后需要根据相同的编码体系规则转换为字符串呈现出来。

str 类里有一个 encode()方法,根据字符串生成由参数中 encoding 指定的编码方式编码的字节串。bytes 类有一个 decode()方法,将字节串使用参数 encoding 指定的编码方式解码成为字符串 str 类型的数据。例如:

```
>>> s = "学生"
>>> s1 = s.encode("gbk")          ♯用 GBK 编码
>>> s1
b'\xd1\xa7\xc9\xfa'
>>> s2 = s.encode("utf - 8")      ♯用 UTF - 8 编码
>>> s2
b'\xe5\xad\xa6\xe7\x94\x9f'
>>> s1.decode("gbk")              ♯用与编码相同的规则解码,否则会产生乱码
'学生'
>>> s2.decode("utf - 8")          ♯用与编码相同的规则解码,否则会产生乱码
'学生'
>>> s3 = s.encode("ascii")        ♯中文字符串不能以 ASCII 编码
Traceback (most recent call last):
File "< console >", line 1, in < module >
UnicodeEncodeError: 'ascii' codec can't encode characters in position 0 - 1: ordinal not in range
(128)
```

另外,可以使用 bytes(string,encoding[,errors])根据参数中 encoding 指定的编码规则来生成字符串 string 对应的编码,该编码为 bytes 类型的字节串。可以使用 str(bytes_or_buffer[,encoding[,errors]])根据参数中 encoding 指定的解码规则来生成字节串 bytes_or_buffer 对应的字符串。例如:

```
>>> s = "学生"
>>> b1 = bytes(s,encoding = "gbk")      ♯用 GBK 编码规则对字符串编码
>>> b1
b'\xd1\xa7\xc9\xfa'
>>> b2 = bytes(s,encoding = "utf - 8")  ♯用 UTF - 8 编码规则对字符串编码
>>> b2
b'\xe5\xad\xa6\xe7\x94\x9f'
>>> str(b1,encoding = "gbk")            ♯用与编码相同的规则解码,否则会产生乱码
'学生'
>>> str(b2,encoding = "utf - 8")        ♯用与编码相同的规则解码,否则会产生乱码
'学生'
```

Python 3 中采用 Unicode 字符,数字字符、英文字母、汉字等都按一个字符来对待和处理。例如:

```
>>> len("大学生")              ♯字符串中包含三个字符
3
>>> s = "我今年 18 岁.我叫 Mike Li"  ♯Mike 与 Li 之间有一个空格,其余无空格
>>> len(s)
16
>>>
```

5.3　字符串格式化

用加号拼接字符串可以生成满足某些格式要求的字符串,但通常需要复杂或大量的程序代码。例如,需要先将其他类型的对象转换为字符串对象。字符串格式化的方法使得程

序可以在字符串中嵌入变量并定义变量代入的格式。本节分别介绍利用％运算符、字符串的 format()方法、format_map()方法、f_string()字面量方法进行字符串格式化的过程。

5.3.1　用％格式化字符串

用％进行字符串格式化涉及两个概念：格式定义和格式化运算。字符串内部格式的定义以％开头。字符串后面的格式化运算符％表示用其后面的对象代替格式串中的格式，最终得到一个字符串。

字符串格式化的一般形式如图 5.1 所示。这里字符串中只给出了一个格式定义。字符串中，格式定义的两端均可以有普通字符或其他字符串格式的定义。

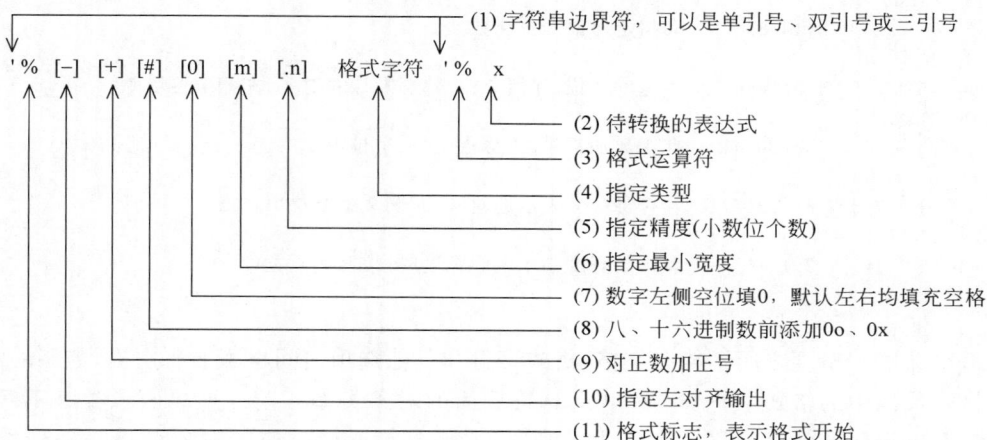

图 5.1　字符串格式化的一般形式

（1）字符串边界符，可以是单引号、双引号或三引号
（2）待转换的表达式
（3）格式运算符
（4）指定类型
（5）指定精度(小数位个数)
（6）指定最小宽度
（7）数字左侧空位填0，默认左右均填充空格
（8）八、十六进制数前添加0o、0x
（9）对正数加正号
（10）指定左对齐输出
（11）格式标志，表示格式开始

常用的格式字符含义如表 5.4 所示。

表 5.4　字符串的格式字符

格　　式	说　　　明
％c	格式化字符或编码
％s	格式化字符串等任何类型的对象
％d,％i	格式化整数
％u	格式化无符号整数
％％	百分号(%)
％o	格式化八进制数
％x	格式化十六进制数
％f	格式化浮点数，默认保留 6 位小数,可指定小数位数
％F	同％f；并且将 inf 和 nan 分别转换为 INF 和 NAN
％e、％E	分别用 e 和 E 表示科学记数法格式的浮点数,如 1.2e+03 表示 1.2×10^3
％g、％G	根据值的大小采用科学记数法或者浮点数形式；采用科学记数法时,分别用 e 和 E 表示；当数值中的数字个数大于 6 时,默认保留 6 个数字,可以自己指定保留的数字个数

在如图 5.1 所示的字符串格式定义中，方括号［］中的内容可以省略，最简单的格式是％后面加格式字符，如％f、％d、％c 等。例如：

```
>>> "%c" % 90      #字符 Z 的 Unicode 编号为 90
'Z'
```

```
>>> ord("Z")
90
>>>
```

最小宽度是格式化后的值所保留的最小字符个数。如果有小数位，则小数点占一位；如果实际宽度不足，则按照规则填补空格或0；如果实际宽度超过指定的位数，则按照实际宽度存储或显示。精度（对于数字来说）则是结果中应该包含的小数点后面的位数。例如：

```
>>> a = 3.1416
>>> '%6.2f' % a            #总宽度6位,保留2位小数,小数点占1位,不足部分左侧补2个空格
'  3.14'
>>> '%f' % 3.1416          #浮点数默认保留6位小数
'3.141600'
>>> '%.2f' % 3.1416        #指定保留2位小数
'3.14'
>>> '%07.2f' % 3.1416      #宽度7位,保留2位小数,默认右对齐,左侧空位填0
'0003.14'
>>> '%+07.2f' % 3.1416     #正数加正号,正号占1位,空位填0
'+003.14'
>>> '%-7.2f' % -3.1416     #符号"-"表示左对齐,右侧2个空位填空格
'-3.14  '
>>> '%2.1f' % 3.1416       #指定宽度小于实际宽度时,按照实际宽度
'3.1'
>>>
```

最小宽度和精度之间不能有空格，格式字符和其他选项之间也不能有空格，如%8.2f。

格式代码中的格式字符要与格式运算符后面的对象类型匹配。如果两者类型不匹配，一般会引发程序异常。当格式字符为s时，格式运算符后面对应的对象可以是任何类型。例如：

```
>>> '%s' % 5
'5'
>>> "%s" % 1.1
'1.1'
>>> "%s" % [1,2]
'[1, 2]'
>>>
```

可以一次格式化多个对象。此时需要将这些对象表示成一个元组的形式。这些对象在元组中的位置与格式化字符的位置要一一对应。例如：

```
>>> '%.2f#%4d,%s' % (3.456727,89,'Lily')
'3.46#  89,Lily'
>>>
```

上述代码中，%.2f表示3.456727的格式形式，%4d表示89的格式形式，%s表示'Lily'的格式形式，字符串里面的井号（#）和逗号（,）均按原样、原位置输出。

【例5-1】 利用字符串格式化方式输出如图5.2所示的"九九乘法表"。

程序源代码如下。

```
#example5_1.py
#coding = utf-8
for i in range(1,10):
    for j in range(1,i+1):
```

```
1*1=1
1*2=2    2*2=4
1*3=3    2*3=6    3*3=9
1*4=4    2*4=8    3*4=12   4*4=16
1*5=5    2*5=10   3*5=15   4*5=20   5*5=25
1*6=6    2*6=12   3*6=18   4*6=24   5*6=30   6*6=36
1*7=7    2*7=14   3*7=21   4*7=28   5*7=35   6*7=42   7*7=49
1*8=8    2*8=16   3*8=24   4*8=32   5*8=40   6*8=48   7*8=56   8*8=64
1*9=9    2*9=18   3*9=27   4*9=36   5*9=45   6*9=54   7*9=63   8*9=72   9*9=81
```

图 5.2　九九乘法表

```
        print("%d*%d=%-4d"%(j,i,i*j),end="")
    print()
```

在例 5-1 中,乘数和被乘数均占一个字符宽度输出;乘积占 4 个字符宽度输出且左对齐。

5.3.2　用 format()方法格式化字符串

字符串的 format()方法用花括号和冒号来代替传统的%方式表示字符串格式的定义,一般形式如图 5.3 所示。

'{[参数序号][: [align] [sign] [#] [0] [m] [数字分隔符] [.n][格式字符]]} '.format(逗号分隔的参数)

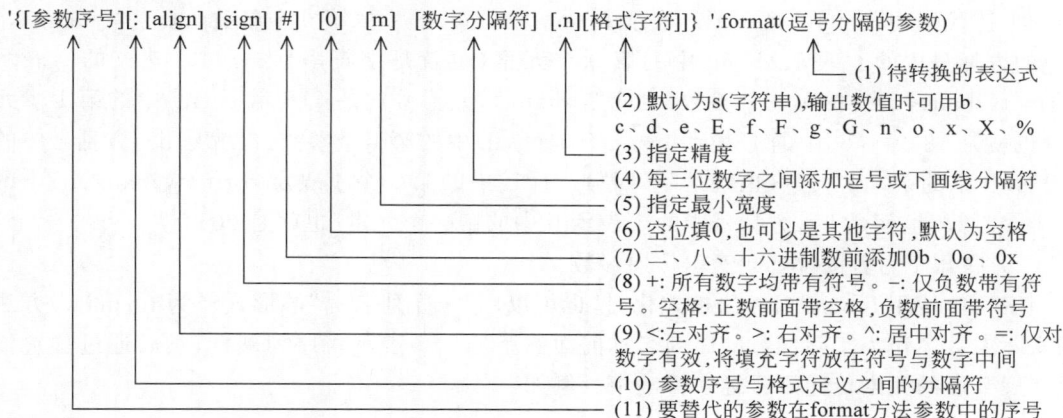

(1) 待转换的表达式
(2) 默认为s(字符串),输出数值时可用b、c、d、e、E、f、F、g、G、n、o、x、X、%
(3) 指定精度
(4) 每三位数字之间添加逗号或下画线分隔符
(5) 指定最小宽度
(6) 空位填0,也可以是其他字符,默认为空格
(7) 二、八、十六进制数前添加0b、0o、0x
(8) +: 所有数字均带有符号。-: 仅负数带有符号。空格: 正数前面带空格,负数前面带符号
(9) <:左对齐。>: 右对齐。^: 居中对齐。=: 仅对数字有效,将填充字符放在符号与数字中间
(10) 参数序号与格式定义之间的分隔符
(11) 要替代的参数在format方法参数中的序号

图 5.3　format()方法的一般形式

在一个字符串中可以有多个花括号{和}括起来的格式定义与占位符。format()方法中的大部分格式字符与传统的利用%进行格式化的格式字符相同。格式符 n 与 g 的功能相同,插入随区域而异的数字分隔符。格式符%表示将数字表示为百分数,也就是将参数值乘以 100,然后在后面加上百分号。

1. format()方法中的参数传递方式

1) 根据位置顺序传递参数

字符串使用 format()方法格式化时,可以根据位置顺序来传递参数。例如:

```
>>> "我叫{},今年{}岁;他叫{},今年{}岁".format("张三", 18, "李四", 20)
'我叫张三,今年 18 岁;他叫李四,今年 20 岁'
>>>
```

上述例子中,分别将 format()参数中的"张三"、18、"李四"和 20 这 4 个值按照位置顺序依次传递到字符串的 4 对花括号中。

2）根据位置索引值传递参数

字符串使用 format()方法格式化时，也可以通过索引值来引用 format()参数中对应位置上的值，只要 format()方法相应位置上有参数值即可，参数索引从 0 开始。例如：

```
>>> "我叫{0},今年{1}岁;他叫{2},今年{3}岁".format("张三", 18, "李四", 20)
'我叫张三,今年 18 岁;他叫李四,今年 20 岁'
>>> "我叫{2},今年{3}岁;他叫{0},今年{1}岁".format("张三", 18, "李四", 20)
'我叫李四,今年 20 岁;他叫张三,今年 18 岁'
>>>
```

上述例子中，花括号内的数字 0～3 分别表示 format()中相应位置上的参数。

3）根据位置引用序列

字符串 format()方法中的参数也可以是序列，通过参数的位置索引表示相应的序列，并用序列中的元素索引来引用相应的元素值。例如：

```
>>> zhang = ("张三", 18)
>>> li = ("李四", 20)
>>> "我叫{0[0]},今年{0[1]}岁;他叫{1[0]},今年{1[1]}岁".format(zhang,li)
'我叫张三,今年 18 岁;他叫李四,今年 20 岁'
>>>
```

上述代码中，0[0]的第一个 0 表示 format(zhang,li)中的第 0 个参数（也就是 zhang），0[0]的方括号内的 0 表示 zhang 中的第 0 个元素（也就是字符串'张三'）。0[1]的 0 表示 format(zhang,li)中的第 0 个参数（也就是 zhang），方括号内的 1 表示 zhang 中的第 1 个元素（也就是 18）。1[0]中的 1 表示 format(zhang,li)中的第 1 个参数（也就是 li），方括号中的 0 表示 li 中的第 0 个元素（也就是"李四"）。1[1]中的第一个 1 表示 format(zhang,li)中的第 1 个参数（也就是 li），方括号中的 1 表示 li 中的第一个元素（也就是 20）。

4）展开序列后按位置或索引传递参数

字符串使用 format()方法格式化时，也可以用"＊序列名称"的形式作为 format()方法的实际参数。作为实际参数的序列名称前面加星号（＊）表示将序列展开，然后通过位置依次将展开后的元素传递到目标字符串中。例如：

```
>>> zhang = ("张三", 18)
>>> li = ("李四", 20)
>>> "我叫{},今年{}岁;他叫{},今年{}岁".format( * zhang, * li)
'我叫张三,今年 18 岁;他叫李四,今年 20 岁'
>>>
```

上述例子从本质上来说，先把 format(* zhang, * li)中的 * zhang 和 * li 分别展开为"张三",18 和"李四",20，然后执行"我叫{},今年{}岁;他叫{},今年{}岁".format("张三",18,"李四",20)。该例子也可以改写如下。

```
>>> "我叫{0},今年{1}岁;他叫{2},今年{3}岁".format( * zhang, * li)
'我叫张三,今年 18 岁;他叫李四,今年 20 岁'
>>>
```

5）以关键参数形式传递参数

字符串使用 format()方法格式化时，也可以使用关键参数的形式（变量名＝值）为 format()方法传递实际参数。例如：

```
>>> "我叫{zname},今年{zage}岁".format(zname = "张三", zage = 18)
```

```
'我叫张三,今年 18 岁'
>>> zhang = ("张三", 18)
>>> "我叫{z[0]},今年{z[1]}岁".format(z = zhang)
'我叫张三,今年 18 岁'
>>> name = '张三'
>>> age = 18
>>> '我叫{n},今年{a}岁'.format(n = name,a = age)
'我叫张三,今年 18 岁'
>>>
```

但不可以采用以下方式。

```
>>> '我叫{name},今年{age}岁'.format(name,age)      ♯不能这样写
Traceback (most recent call last):
  File "< pyshell♯1>", line 1, in < module >
    '我叫{name},今年{age}岁'.format(name,age)
KeyError: 'name'
>>>
```

6) 展开字典中的元素按关键参数形式传递

字符串使用 format()方法格式化时,也可用"∗∗字典名"的形式为 format()方法传递实际参数。作为实际参数的字典名称前面加两个星号(∗∗)将字典中的元素依次展开为"键＝值"的关键参数形式。例如:

```
>>> zhang = {"name":"张三", "age":18}
>>> "我叫{name},今年{age}岁".format( ∗∗ zhang)
'我叫张三,今年 18 岁'
>>>
```

上述例子中,先将 format(∗∗ zhang)中的字典参数"∗∗ zhang"展开为:name＝"张三",age＝18,得到 format(name＝"张三",age＝18),然后按照关键参数分别将 name 和 age 的值传递到相应的位置上。

位置参数与关键参数传递方式、序列前面加一个星号的参数传递方式、字典前面加两个星号的参数传递方式将在第 6 章函数的设计部分详细介绍。

2. 格式的设置

用字符串 format()方法格式化字符串时,如果需要设置格式,则按照图 5.3 中的模式在冒号后面设置格式符。其中,冒号之前的部分表示 format()中的参数名称或位置索引,冒号之后的部分表示格式符。例如:

```
>>> "我的成绩为{0:> 3}分,超过了全班{1:.2％}的同学".format(95,2/3)
'我的成绩为 95 分,超过了全班 66.67％的同学'
>>>
```

上述案例中,{0：＞3}中的 0 表示 format()中的第 0 个参数,大于号表示右对齐,3 表示占 3 个字符的位置,不足部分左侧补空格;{1：.2％}表示取 format()中的第 1 个参数,以百分数形式呈现,保留 2 位小数。

如果数字较长,为了方便识别,可以在数字中每隔 3 位插入一个逗号或下画线作为分隔符。例如:

```
>>> "对数字每 3 位加一个逗号{:,}".format(1234567890)
'对数字每 3 位加一个逗号 1,234,567,890'
>>> "也可以用下画线分隔数字{0:_}".format(1234567890)
```

```
'也可以用下画线分隔数字 1_234_567_890'
>>>
```

3. 日期和时间的格式化

字符串的 format()方法还可以用来格式化日期和时间。例如：

```
>>> import datetime
>>> date_now = datetime.datetime.now()
>>> date_now
datetime.datetime(2023, 9, 20, 14, 28, 43, 235265)
>>> "当前日期为{:%Y-%m-%d}".format(date_now)
'当前日期为 2023-09-20'
>>> "当前时间为{:%Y-%m-%d %H:%M:%S}".format(date_now)
'当前时间为 2023-09-20 14:28:43'
>>>
```

5.3.3　用 format_map()方法格式化字符串

使用 format_map(mapping)方法格式化字符串与使用 format()方法格式化字符串的用法类似，都使用一对花括号来表示占位符的边界。不同之处在于 format_map(mapping)方法使用 mapping 对象对字符串进行格式化。该 mapping 参数对象是一个包含要替换的字符串中占位符键值对的字典对象。例如：

```
>>> zhang = {"name":"张三", "age":18}
>>> "我叫{name},今年{age}岁".format_map(zhang)
'我叫张三,今年 18 岁'
>>>
```

参数字典中，键值对的数量可以多于格式化占位符中需要的键值对数量。例如：

```
>>> zhang = {'age': 18, 'isStu': True, 'name': '张三'}
>>> "我叫{name},今年{age}岁".format_map(zhang)
'我叫张三,今年 18 岁'
>>>
```

一个类的对象通过__dict__属性可以获取以该对象中的实例属性和对应的值构成的键值对为元素的字典，然后利用字符串的 format_map()方法将该字典映射到字符串格式化的占位符上。例如：

```
>>> class Person:                     # 自定义 Person 类
...     def __init__(self, name, age, isStu):
...         self.name = name
...         self.age = age
...         self.isStu = isStu
...
>>> zhang = Person("张三", 18, True)      # 创建 Person 类的一个对象 zhang
>>> zhang.__dict__                    # 查看 zhang 的__dict__属性
{'age': 18, 'isStu': True, 'name': '张三'}
>>> "我叫{name},今年{age}岁".format_map(zhang.__dict__)
'我叫张三,今年 18 岁'
>>>
```

类与对象及属性等概念将在第 7 章进行介绍，读者可以学完第 7 章后再阅读自定义类的相关案例。

5.3.4　用 f-strings 字面量方法格式化字符串

如果一个字符串前面带有 f 或 F 字符，则字符串中可以含有表达式，该表达式需要用花括号括起来。将计算完的花括号内的表达式结果转换为字符串，替换到该花括号及其内部表达式所在的位置，生成一个格式化的字符串对象。这种方法称为字符串格式化的字面量方法(f-strings)。字面量格式化方式类似于字符串的 format()方法，使用起来更加灵活、方便。推荐使用此方式进行字符串的格式化。

f-strings 采用｛content:format｝设置字符串格式。content 表示要替换并填入字符串的内容，可以是变量、表达式、函数、lambda 表达式等。format 是格式描述符，与字符串 format()方法中的格式描述符相同。采用默认格式时不必指定格式描述符，只需要｛content｝即可。例如：

```
>>> weight = 60
>>> height = 1.72
>>> f"我的体重{weight}千克，身高{height:> 5.2f}米"
'我的体重 60 千克，身高 1.72 米'
>>> s = f"我的 BMI 值为{weight/(height ** 2):>6.2f}"
>>> s
'我的 BMI 值为 20.28'
>>>
```

格式描述符的详细用法可以参考 Python 官方文档(进入网址为 https://docs.python.org 的 Documentation 页面→Library Reference→Text Processing Services→Format String Syntax)。

花括号中可以放入任何表达式。例如：

```
>>> s = f"姓名:{input('请输入姓名:')} 学号:{int(input('请输入学号:'))}"
请输入姓名:杨
请输入学号:2020055001
>>> s
'姓名:杨 学号:2020055001'
>>>
```

【例 5-2】　编写程序，输入一个字符串，分别统计大写字母、小写字母、数字以及其他字符的个数，并分别以百分号占位符、format()方法和 f-strings 方法格式化字符串的方式打印输出各种字符个数。数字仅包括阿拉伯数字。

程序源代码如下。

```
# example5_2.py
# coding = utf - 8
s = input('请输入一个字符串:')
c1,c2,c3,c4 = 0,0,0,0
for i in s:
    if "A"< = i < = "Z":
        c1 += 1
    elif "a"< = i < = "z":
        c2 += 1
    elif "0"< = i < = "9":
        c3 += 1
    else:
```

```
            c4 += 1
print("大写字母 %d 个;小写字母 %d 个;数字 %d 个;其他字符 %d 个。" % (c1,c2,c3,c4))
print("大写字母{0}个;小写字母{1}个;数字{2}个;其他字符{3}个。".format(c1,c2,c3,c4))
print(f"大写字母{c1}个;小写字母{c2}个;数字{c3}个;其他字符{c4}个。")
```

程序 example5_2.py 的一次运行结果：

```
请输入一个字符串：学生 I am a student since 2000
大写字母 1 个;小写字母 15 个;数字 4 个;其他字符 8 个。
大写字母 1 个;小写字母 15 个;数字 4 个;其他字符 8 个。
大写字母 1 个;小写字母 15 个;数字 4 个;其他字符 8 个。
```

思考题 5-1：程序 example5_2.py 如何改用字典来累计并保存各类字符的统计值，并分别用 format() 和 format_map() 方法格式化字符串？

5.4 字符串常用方法

本节介绍字符串对象的一些常用方法。由于字符串属于不可变序列类型，常用方法中涉及返回字符串的都是新字符串，原有字符串对象保持不变。

5.4.1 英文字母大小写转换

字符串对象中包含进行英文字母大小写转换的方法。表 5.5 给出了各种应用场景下的大小写转换方法。

表 5.5 字符串的大小写转换方法

方　　法	功　　能
lower()	将字符串中大写字母转换为小写字母，其他字符不变，并返回新字符串
upper()	将字符串中小写字母转换为大写字母，其他字符不变，并返回新字符串
swapcase()	将字符串中字符的大小写互换
capitalize()	将字符串首字母转换为大写形式，其他字母转换为小写形式
title()	将字符串中每个单词的首字母转换为大写形式，其他字母转换为小写形式

以下给出了字符串中英文字母大小写转换的应用案例。

```
>>> s = "Python 程序设计语言。"
>>> s1 = s.lower()
>>> s1
'python 程序设计语言。'
>>> s              ♯原字符串保持不变
'Python 程序设计语言。'
>>> s.upper()
'PYTHON 程序设计语言。'
>>> s.swapcase()
'pYTHON 程序设计语言。'
>>>
>>> s = "python programming language."
>>> s.capitalize()
'Python programming language.'
>>> s.title()
'Python Programming Language.'
>>>
```

在编写程序时,经常用字符串的 lower()或 upper()方法比较不区分大小写的字符串。

【例 5-3】 用户从键盘依次输入若干个字符串组成一个列表 list1。每输完一个字符串加入列表后,询问是否结束输入;如果此时输入'y'或者'yes'(不区分大小写),则结束输入。打印输出 list1 的内容。

程序源代码如下。

```
# example5_3.py
# coding = utf - 8
print("输入若干个字符串组成列表 list1。")
ans = 'n'
i = 1
list1 = []                              # 初始化一个空列表
while ans.upper() not in ['Y','YES'] :    # 判断是否结束
    x = input("请输入第" + str(i) + "个字符串:")
    list1.append(x)
    i += 1
    ans = input("结束输入吗?(不区分大小写的 y 或 yes 表示结束,其他表示继续):")
print("列表 list1:",list1)
```

程序 example5_3.py 可能的一次运行结果如下。

```
输入若干个字符串组成列表 list1.
请输入第 1 个字符串:学习
结束输入吗?(不区分大小写的 y 或 yes 表示结束,其他表示继续):n
请输入第 2 个字符串:Python
结束输入吗?(不区分大小写的 y 或 yes 表示结束,其他表示继续):no
请输入第 3 个字符串:程序设计
结束输入吗?(不区分大小写的 y 或 yes 表示结束,其他表示继续):Y
列表 list1: ['学习', 'Python', '程序设计']
```

5.4.2 判断字符串中的字符元素特点

表 5.6 列出了判断一个字符串中字符元素特点的常用方法。

表 5.6 判断字符串中字符元素特点的方法

方 法	功 能
islower()	如果是小写字符串则返回 True,否则返回 False
isupper()	如果是大写字符串则返回 True,否则返回 False
istitle()	如果是标题大小写字符串则返回 True,否则返回 False
isprintable()	如果字符串是可打印的返回 True,否则返回 False
isspace()	如果是空白字符串则返回 True,否则返回 False
isascii()	如果字符串中的所有字符都是 ASCII 字符则返回 True,否则返回 False。空字符串也是 ASCII 字符串
isalnum()	如果字符串仅由字母或数字字符构成则返回 True,否则返回 False
isalpha()	如果字符串仅由字母构成则返回 True,否则返回 False
isdecimal()	如果字符串是十进制字符串则返回 True,否则返回 False。如果字符串中的所有字符都是十进制,并且字符串中至少有一个字符,则该字符串是十进制字符串。不包括罗马数字、汉字数字等
isdigit()	如果字符串是数字字符串则返回 True,否则返回 False。如果字符串中的所有字符都是数字,并且至少包含一个字符,则该字符串为数字字符串。不包括罗马数字、汉字数字等

方　法	功　能
isnumeric()	如果字符串是数字字符串则返回 True,否则返回 False。如果字符串中的所有字符都是数字,并且至少包含一个字符,则该字符串为数字字符串。包括罗马数字、汉字数字等
isidentifier()	如果字符串是有效的 Python 标识符则返回 True,否则返回 False

【例 5-4】 输入一个字符串,利用 isupper()、islower()、isdigit()分别统计英文大写字母、英文小写字母、数字及其他字符的个数。用字符串格式化方式分别显示各类字符的个数。

程序源代码如下。

```
#example5_4.py
#coding = utf - 8
s = input('请输入一个字符串:')
c1,c2,c3,c4 = 0,0,0,0
for i in s:
    if i.isupper():
        c1 += 1
    elif i.islower():
        c2 += 1
    elif i.isdigit():
        c3 += 1
    else:
        c4 += 1
print(f"英文大写字母{c1}个;英文小写字母{c2}个;" +
    f"数字{c3}个;其他字符{c4}个。")
```

程序 example5_4.py 的一次运行结果如下。

```
请输入一个字符串:Since 2000, I am a student.
英文大写字母 2 个;英文小写字母 14 个;数字 4 个;其他字符 7 个。
```

5.4.3　子串的查找与统计

在字符串中可以查找并定位某子串出现的位置、统计某子串出现的次数。表 5.7 给出了子串查找与统计的常用方法。

表 5.7　子串的查找与统计方法

方　法	功　能
find()与 rfind()	s.find(sub[,start[,end]])和 s.rfind(sub[,start[,end]])在一个较长的字符串 s 中,在[start,end)范围内查找并返回子串 sub 首次出现的位置索引,如果没有找到则返回 -1。查找范围包括开始值 start 的位置,不包括结束值 end 的位置。默认范围是整个字符串。find()方法从左往右查找,rfind()方法从右往左查找
index()与 rindex()	s.index(sub[,start[,end]])和 s.rindex(sub[,start[,end]])方法在一个较长的字符串 s 中,查找并返回在[start,end)范围内子串 sub 首次出现的位置索引,如果不存在则抛出异常。默认范围是整个字符串。其中,index()方法从左往右查找,rindex()方法从右往左查找
count()	s.count(sub[,start[,end]])方法在一个较长的字符串 s 中,查找并返回[start,end)范围内子串 sub 出现的次数,如果不存在则返回 0。默认范围是整个字符串

字符串的 find()方法与 index()方法类似,均可以从前往后寻找子串首次出现的位置。

区别是 find()方法没有找到子串时返回-1,而 index()方法没有找到子串时将返回程序的异常信息。字符串的 rfind()和 rindex()方法都是从后往前查找子串首次出现的位置。区别是 rfind()方法没有找到子串时返回-1,rindex()方法没有找到子串时返回程序的异常信息。例如:

```
>>> s = "learn programming for deep learning"
>>> s.find("learn")          # 在整个字符串范围内查找
0
>>> s.index("learn")
0
>>>
>>> s.find("Learn")          # 不存在该子串,返回-1
-1
>>> s.index("Learn")
Traceback (most recent call last):
  File "< interactive input >", line 1, in < module >
ValueError: substring not found
>>>
>>> s.find("learn",6)        # 从 index 为 6 的位置开始查找
27
>>> s.index("learn",6)
27
>>>
>>> s.find("learn",6,15)     # 在区间[6, 15)范围内查找
-1
>>> s.index("learn",6,15)
Traceback (most recent call last):
  File "< interactive input >", line 1, in < module >
ValueError: substring not found
>>>
>>> s.rfind("learn")         # 从右侧开始查找
27
>>> s.rindex("learn")
27
>>>
>>> s.rfind("learn",0,10)    # 在区间[0, 10)范围内,从右侧开始查找
0
>>> s.rindex("learn",0,10)
0
>>>
```

字符串的 count()方法统计子串出现的次数。例如:

```
>>> s = "learn programming for deep learning"
>>> s.count("learn")
2
>>> s.count("Learn")
0
>>>
```

5.4.4　分割字符串

分割字符串的常用方法如表 5.8 所示。

表 5.8　分割字符串的方法

方　　法	功　　能
split()	split(sep=None,maxsplit=−1)以 sep 指定字符为分隔符,从左往右将字符串分割开来,并将分割后的子串组成列表返回。当 sep 设置为 None(默认值)时,将以任何空白字符(包括\n \r \t \f 和空格)为分隔符进行分割,并在结果中丢弃空字符串。参数 maxsplit 表示最大分割次数;默认为−1,表示分割次数没有限制,只要出现分隔符 sep 就进行分割
rsplit()	rsplit(sep=None,maxsplit=−1) 以 sep 指定字符为分隔符,从右往左将字符串分割开来,并将分割后的子串组成列表返回。当 sep 设置为 None(默认值)时,将以任何空白字符(包括\n \r \t \f 和空格)为分隔符进行分割,并在结果中丢弃空字符串。参数 maxsplit 表示最大分割次数;默认为−1,表示分割次数没有限制,只要出现分隔符 sep 就进行分割
splitlines()	splitlines(keepends=False)方法按照行分隔符(也就是换行符'\r'、'\r\n'或'\n')来分割字符串,返回以子串为元素的列表。参数 keepends 默认为 False,表示每行构成的字符串不保留换行符;如果设置为 True,结果中将保留换行符
partition()	使用给定的分隔符将字符串划分为三部分。如果在字符串中找到分隔符,则返回一个 3 元组,包含分隔符之前的部分、分隔符本身和它之后的部分。如果在字符串中未找到分隔符,则返回包含原始字符串和两个空字符串的 3 元组
rpartition()	使用给定的分隔符将字符串划分为三部分。从字符串的末尾开始搜索分隔符。如果找到分隔符,则返回一个 3 元组,其中包含分隔符之前的部分、分隔符本身以及它后面的部分。如果没有找到分隔符,则返回一个包含两个空字符串和原始字符串的 3 元组

字符串的 split()方法和 rsplit()方法用法类似。下面以 split()为例简要列举使用方法。

```
>>> s = "Python programming language"
>>> s.split()              ♯默认通过空白符分割,空格是一种空白符
['Python', 'programming', 'language']
>>> s.split(" ")           ♯以空格分割
['Python', 'programming', 'language']
>>> s = "Python,programming,language"
>>> s.split(",")           ♯通过逗号分割
['Python', 'programming', 'language']
>>> s.split(",",1)         ♯最多分割 1 次
['Python', 'programming,language']
>>> s.split(";")           ♯通过分号";"分割;s 中没出现分号,s 整体作为列表的单一元素
['Python,programming,language']
>>>
```

对于 split(),如果不指定分隔符,实际上表示以任何空白字符(包括连续出现的)作为分隔符。空白字符包括空格、换行符、制表符等。可以通过 string 模块中的 whitespace 常量来查看所有表示空白的字符,例如:

```
>>> import string
>>> string.whitespace
' \t\n\r\x0b\x0c'
>>>
```

【例 5-5】　编写程序,从键盘输入一周的产品销售额(单位:元),销售金额之间用逗号分割,输出每天的销售金额和平均销售金额,保留 2 位小数。

第 1 种方法的程序代码:

```
# example5_5_1.py
# coding = utf - 8
s = input("请输入最近一周的销售金额,用逗号分隔:")
sale_list = s.split(",")
ss = 0
print("各天的销售金额为:",end = "")
for i in range(len(sale_list)):
    if i < len(sale_list) - 1:
        print(sale_list[i],end = "元,")
    else:
        print(sale_list[i],end = "元\n")

    ss += float(sale_list[i])

avg = ss/len(sale_list)
print("平均销售额:{:.2f}".format(avg))
```

程序 example5_5_1.py 的一次运行结果:

```
请输入最近一周的销售金额,用逗号分割:80,68,75,90,70,86,95
各天的销售金额为:80 元,68 元,75 元,90 元,70 元,86 元,95 元
平均销售额:80.57
```

第 2 种方法的程序代码:

```
# example5_5_2.py
# coding = utf - 8
s = input("请输入最近一周的销售金额,用逗号分隔:")
sale_list = s.split(",")

print("各天的销售金额为:",end = "")
for i in range(len(sale_list)):
    if i < len(sale_list) - 1:
        print(sale_list[i],end = "元,")
    else:
        print(sale_list[i],end = "元\n")

sale_list = list(map(float,sale_list))        # 构建元素为 float 类型的列表
avg = sum(sale_list)/len(sale_list)
print(f"平均销售额:{avg:.2f}")
```

读取一个文本文件后,通常使用 splitlines(keepends=False)方法,按照行分隔符(也就是换行符'\r'、'\r\n'或'\n'),将每行的内容切分成单独的字符串,返回以子串为元素的列表。参数 keepends 默认为 False,表示每行构成的字符串不保留换行符;如果设置为 True,结果中将保留换行符。例如:

```
>>> s = "Python\r 程序\r\n 设计\n 语 言"
>>> s.splitlines()
['Python', '程序', '设计', '语 言']
>>> s.splitlines(keepends = True)
['Python\r', '程序\r\n', '设计\n', '语 言']
>>>
```

5.4.5　用 join()连接可迭代对象中的元素

字符串的 join()方法可用来连接可迭代对象中的元素,并在两个元素之间插入调用

join()方法的字符串,返回一个字符串。调用格式为:间隔字符串对象.join(可迭代对象)。
例如:

```
>>> s = "programming language"                 #字符串序列中,每个字符为一个元素
>>> "#".join(s)
'p#r#o#g#r#a#m#m#i#n#g# #l#a#n#g#u#a#g#e'
>>> s = ("Python","programming","language")     #每个字符串为一个元素
>>> "-".join(s)
'Python-programming-language'
>>> "###".join(s)                              #多个字符构成的字符串作为间隔
'Python###programming###language'
>>>
```

join()方法是 split()方法的逆方法。例如:

```
>>> s = "Python programming language"
>>> split_list = s.split()
>>> split_list
['Python', 'programming', 'language']
>>> " ".join(split_list)
'Python programming language'
>>>
```

5.4.6　子串与字符替换

1. replace()

replace(old,new,count=-1)方法用于查找字符串中的 old 子串并用 new 子串来替
换。参数 count 默认值为-1,表示替换所有匹配项,否则最多替换 count 次。返回替换后
的新字符串,原字符串保持不变。例如:

```
>>> s = "学习 Python,learning Python programming language."
>>> s.replace("Python","Java")          #替换所有匹配项
'学习 Java,learning Java programming language.'
>>> s.replace("Python","Java",1)        #最多替换 1 次
'学习 Java,learning Python programming language.'
>>> s.replace("python","Java")          #找不到匹配项,不做替换
'学习 Python,learning Python programming language.'
>>>
```

2. translate()与 maketrans()

字符串的 translate(table)方法使用给定的转换表 table 替换字符串中的每个字符。转
换表可以自己定义或使用 str 中的静态方法 maketrans()来定义。

1) 自定义转换表

自定义转换表必须是从 Unicode 序号到 Unicode 序号、字符串或 None 映射的字典。
使用 translate()方法时,如果字符串中字符的 Unicode 序号出现在 key 中,则该字符用字典
中对应 key 的相应字符来进行替换。例如:

```
>>> s = "python programming"
>>> table1 = {112:80, 111:79}
>>> s.translate(table1)
'PythOn PrOgramming'
>>>
>>> table2 = {112:"P", 111:"O"}
```

```
>>> s.translate(table2)
'PythOn PrOgramming'
>>>
```

注意，上述例子中转换表 table1 和 table2 定义时必须以字符的 Unicode 编号作为字典的 key。

2）用 str. maketrans()来创建转换表

字符串的静态方法 maketrans（）创建可用于 translate（）的转换表。如果方法 maketrans()只有一个参数，它必须是一个将 Unicode 序号（整数）或字符映射为 Unicode 序号、字符串或 None 的字典。如果字典中的键是字符，该方法自动将字符键转换为序号。如果 maketrans()有两个参数，这两个参数必须是长度相等的字符串，并且在结果字典中，前一个参数字符串中的每个字符将被映射到后一个参数字符串中相同位置的字符。如果 maketrans()有第三个参数，它必须是一个字符串，这个字符串中的字符将在结果中映射为 None。例如：

```
>>> s = "python programming"
>>> table3 = str.maketrans({"p":"P", "o":"O"})
>>> table3
{111: 'O', 112: 'P'}
>>> s.translate(table3)
'PythOn PrOgramming'
>>>
>>> table4 = str.maketrans({112:80, 111:79})
>>> table4
{111: 79, 112: 80}
>>> s.translate(table4)
'PythOn PrOgramming'
>>>
>>> table5 = str.maketrans({111: 'O', 112: 'P'})
>>> table5
{111: 'O', 112: 'P'}
>>> s.translate(table5)
'PythOn PrOgramming'
>>>
>>> table6 = str.maketrans("opq","OPQ","!")
>>> table6
{33: None, 111: 79, 112: 80, 113: 81}
>>> "python programming!".translate(table6)
'PythOn PrOgramming'
>>>
```

5.4.7　去除首尾子串

表 5.9 给出了字符串对象中去除首尾特定子串或首尾空白字符的方法。

表 5.9　去除字符串中首位特定字串或空白符的方法

方　　法	功　　能
removeprefix()	如果参数中给定的前缀字符串存在，则删除该前缀，返回一个新字符串
removesuffix()	如果参数中给定的后缀字符串存在，则删除该后缀，返回一个新字符串
strip()	去除字符串两侧的空白字符或指定字符序列中的字符，返回一个新字符串
lstrip()	去除字符串左侧的空白字符或指定字符序列中的字符，返回一个新字符串
rstrip()	去除字符串右侧的空白字符或指定字符序列中的字符，返回一个新字符串

字符串的 strip()、lstrip() 和 rstrip() 分别用于去除字符串中两端、左侧和右侧的空白字符,并返回一个新字符串。例如:

```
>>> s = " \n Python and Java, Java and Python \t \n"
>>> s.strip()        #没有指定字符参数,默认去除 s 两端的空白字符
'Python and Java, Java and Python'
>>>
```

可以从两端逐一去除指定字符序列中的字符,直到不是该序列中的字符为止。例如:

```
>>> s = "Pythonon and Java, Python, Java and Python"
>>> s.strip("Python")
' and Java, Python, Java and '
>>>
```

字符串的方法 lstrip() 和 rstrip() 分别从左侧和右侧去除相应的字符。例如:

```
>>> s.lstrip("Python")
' and Java, Python, Java and Python'
>>> s.rstrip("Python")
'Pythonon and Java, Python, Java and '
>>>
```

如何去除字符串中所有的空格? 可以使用字符串的 replace() 方法。例如:

```
>>> s = " Python programming language "
>>> s.replace(" ", "")
'Pythonprogramminglanguage'
>>>
```

空白字符的概念和内容请参看 5.4.4 节。

5.4.8　判断是否以特定子串开始或结束

字符串的 startswith() 方法用于判断某位置上的子串是否以特定的前缀开始。调用格式为 S.startswith(prefix[,start[,end]]),如果字符串 S 以指定的前缀 prefix 开始,则返回 True,否则返回 False。默认整个字符串 S 参与比较。如果带有可选参数 start,表示从字符串 S 的 start 位置开始比较。如果带有可选参数 end,则在字符串 S 的 end 位置停止比较。start 位置上的元素参与比较,但 end 位置上的元素不参与比较。例如:

```
>>> s = "python programming"
>>> s.startswith("py")
True
>>> s.startswith("pro")
False
>>> s.startswith("pro",7)
True
>>> s.startswith("pro",7,9)
False
>>> s.startswith("pro",7,10)
True
>>>
```

前缀也可以是一个以字符串为元素的元组。例如:

```
>>> s.startswith(("py","pro"))
True
```

```
>>> s.startswith(("py","pro"),7,10)
True
>>>
```

字符串的 endswith() 用于判断某位置上的子串是否以特定的后缀结束。其调用格式为 S.endswith(suffix[,start[,end]])，参数 suffix 表示待搜索的后缀，其余参数的含义与 startswith() 方法中的同名参数含义相同。后缀也可以是一个以字符串为元素的元组。这里不对 endswith() 方法展开阐述。

习题

1. 从键盘输入圆的半径，计算圆的面积和周长，分别用本章介绍的 4 种字符串格式化方法在屏幕上输出圆的面积和周长，各保留 2 位小数，圆周率用 math 模块中定义的 pi 值。程序保存为 exercise5_1.py。

2. 从键盘输入一个英文句子，根据空白符将该字符串分割为多个子串构成的列表。去除列表中各子串中的英文标点符号。统计输入的句子中各单词出现的次数。程序保存为 exercise5_2.py。提示：string 模块中的 punctuation 表示英文标点符号构成的字符串。

3. 生成一个包括 10 个字符的随机密码，密码中的字符只能是英文大小写字母、数字、"@"或"_"。程序保存为 exercise5_3.py。

第6章

函数的设计与模块的 __name__属性

　　程序中部分代码的功能可能需要多次被利用。一种方法是在需要的地方复制该代码段。这种方法造成了大量的代码重复,导致难以维护和潜在的错误风险。如果某个重复的代码块需要修改,可能部分位置上已经修改,而部分位置上没有及时修改,导致功能的不一致或错误没有及时纠正。

　　如果将相同的代码块封装在一起,并且给这个代码块一个名称,则在需要使用该功能的地方通过代码块的名称来调用、执行该代码块。这样,不管有多少处引用了该代码块,该代码块始终只在一个地方出现,确保了代码的一致性。如果需要修改代码,则只需要在封装该代码块的地方进行。函数就是实现该目标的一种方法。函数封装了一个代码块,并给这个代码块一个名称(称为函数名)。函数里的代码段根据调用者传入的参数,执行代码段来实现特定的计算,并将计算结果返回给调用者。

6.1　为什么需要函数

　　在一个大的系统中,部分功能会在多个地方重复出现。实现相同功能的代码也可能会在多个地方出现。这时会有大量代码重复,需要多次测试、修改相同的代码,甚至有些地方已经修改,而有些地方忘了修改。因此,代码的重复会造成大量劳动力的浪费(重复编写、测试代码)、代码的不一致(有些地方修改了、有些地方没有修改),导致程序的一些潜在漏洞。

　　【引例 6-1】　编写程序,分别计算半径为 3 和半径为 5 的圆面积。

　　使用重复代码的一种实现方式如下。

```
1    # coding = utf - 8
2    # 引例 6_1.py
3    r = 3
4    area = 3.14 * pow(r,2)
5    print(f"半径为{r}的圆面积为{area}")
6
7    r = 5
8    area = 3.14 * pow(r,2)
9    print(f"半径为{r}的圆面积为{area}")
```

　　为方便阐述,上述代码前面加入了行号。程序第 3~5 行与第 7~9 行的代码各自实现了圆面积的计算。这两部分除了半径 r 的数值不同,其他完全相同。如果现在需要把圆周率从 3.14 修改为 math 模块中 pi 定义的值,"引例 6_1. py"中需要修改第 4 行和第 8 行两行代码。如果一个系统中多处出现了圆面积的计算,则需要修改所有的圆周率。这样就可能导致有些地方没有及时修改,从而导致程序的不一致。

引例 6-1 中圆面积的计算可以改用函数来实现,程序源代码如下。

```
# coding = utf - 8
# 引例 6_1_function.py
def area(r):              # 定义函数
    area = 3.14 * pow(r,2)
    print(f"半径为{r}的圆面积为{area}")
# 主程序
area(3)                   # 调用函数
area(5)                   # 调用函数
```

程序"引例 6_1_function. py"中将计算圆面积的共用代码定义为一个函数,只需要定义一份。需要计算圆面积的地方只要调用该函数即可。当需要修改圆周率时,只需在一处修改,不会导致漏改的情况发生。本章剩余部分将详细介绍函数定义和使用方法。

6.2 函数的定义

函数是为实现一个特定功能而组合在一起的语句集。该语句集需要用一个标识符来命名。该标识符被称为函数名。函数可以用来定义可重用代码,组织和简化代码。使用者通过函数名来调用函数体中的语句集。函数定义格式如下。

```
def 函数名(形式参数):
    函数体
```

函数通过 def 关键字定义,包括函数名称、形式参数、函数体。函数名是标识符,命名必须符合 Python 标识符的规定。形式参数,简称为形参,写在一对圆括号里面。形参是可选的,即函数可以包含参数,也可以不包含参数。多个形参之间用逗号隔开。即使没有形参,函数名后面的圆括号也不能省略。def 与函数名所在行以冒号结束。函数体用来实现函数的功能,是语句序列,必须往右边缩进一些空格。

1. 简单函数的定义

以下例 6-1 中定义了一个不带形式参数,且没有 return 语句的简单函数。

【例 6-1】 定义一个函数 sayWelcome,函数的功能是打印一行"欢迎!",主程序中调用该函数。

程序源代码如下。

```
# example6_1.py
# coding = utf - 8
def sayWelcome():          # 函数定义
    print("欢迎!")          # 函数体

# 主程序
print("调用自定义函数之前")    # 调用 print()函数
sayWelcome()               # 调用自定义函数
print("调用自定义函数之后")    # 调用 print()函数
```

程序 example6_1.py 的运行结果如下。

调用自定义函数之前
欢迎!
调用自定义函数之后

文件 example6_1.py 中定义了一个名为 sayWelcome 的函数,图 6.1 解释了这个函数的定义。

函数名　　　无形参,但括号不能省略

def sayWelcome():

函数体————print("欢迎! ")

图 6.1　sayWelcome 函数的定义图解

程序 example6_1.py 从上往下执行时,遇到 def、class 等定义部分,先跳过,不执行。程序找到非定义部分开始执行。非定义部分的程序通常称为主程序。这里的注释语句"♯主程序"只是为了方便人的阅读,对计算机没有任何作用。上述程序从主程序部分的 print("调用自定义函数之前")语句开始执行,这行语句调用系统内置的 print()函数。接着调用执行 sayWelcome()语句,就是调用 sayWelcome()函数。调用 sayWelcome()时,程序转向执行函数体中的 print("欢迎!")。执行完函数体后返回到调用该函数的地方,执行主程序的下一行代码 print("调用自定义函数之后")。执行完主程序后,程序结束。

函数的定义是通过参数和函数体决定函数能做什么,并没有被执行。当调用一个函数时,程序控制权就会转移到被调用的函数上,真正执行该函数。执行完函数后,被调用的函数就会将程序控制权交还给调用者。

程序 example6_1.py 的执行过程及函数 sayWelcome()的调用过程如图 6.2 所示。主程序自上而下执行,当执行到 sayWelcome()时,程序控制权转向函数 sayWelcome()。执行完函数 sayWelcome()后,返回到主程序中调用该函数的地方,程序控制权回到主程序中。主程序继续向下执行剩余语句。

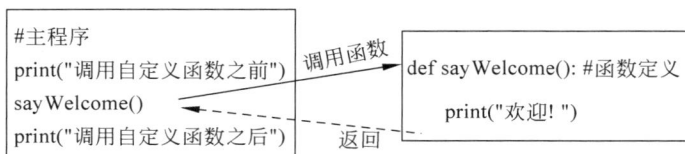

```
#主程序
print("调用自定义函数之前")        调用函数        def sayWelcome(): #函数定义
sayWelcome()
print("调用自定义函数之后")        返回              print("欢迎! ")
```

图 6.2　程序 example6_1.py 的执行过程与函数调用过程

程序 example6_1.py 中定义的 sayWelcome()函数每调用一次只能打印出一行"欢迎!",不能打印其他内容。

2. 带有形式参数的函数定义

例 6-1 中的函数在定义时就决定了被调用时的打印输出内容。如何修改此函数,在调用该函数时才决定要打印的内容呢?

函数定义时可以在函数名后面括号内列出形参。多个形参之间用逗号隔开。形参在函数被执行之前没有具体的值(也可以带默认值)。调用该函数时,需要为形参提供具体的值,函数才能执行。在函数调用时函数名后面括号中的参数称为实际参数,简称实参。多个实参之间用逗号隔开。函数调用时将实参值传递给相应的形参,然后执行函数体。带默认值的形参(默认参数)将在 6.4 节再做详细介绍。例 6-2 给出了带形式参数的函数定义案例。

【例 6-2】　改进例 6-1 中的 sayWelcome 函数,使该函数能够由调用者决定打印输出的内容,在主程序中调用该函数打印输出"欢迎"和"学习 Python 程序设计"。

程序源代码如下。

```
# example6_2.py
# coding = utf - 8
def sayWelcome(s):          # 函数定义
    print(s)                # 函数体

# 主程序
sayWelcome("欢迎")                      # 函数调用,实参为字符串
sayWelcome("学习 Python 程序设计")       # 函数调用,实参为字符串
```

程序 example6_2.py 的运行结果如下。

```
欢迎
学习 Python 程序设计
```

例 6-2 中定义的 sayWelcome 函数有一个形参 s。图 6.3 解释了这个函数的定义。

图 6.3　带形参的 sayWelcome 函数定义图解

主程序中两次调用 sayWelcome 函数,调用时分别将两个实参字符串"欢迎"和"学习程序设计"赋给了形参 s。函数体内部根据 s 的值打印输出。程序的执行和函数调用过程如图 6.4 所示。

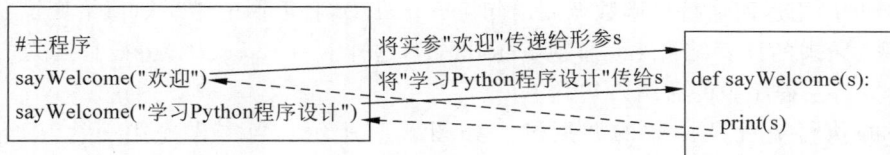

图 6.4　程序 example6_2.py 的执行过程与函数调用过程

程序 example6_2.py 中,主程序中第一次执行 sayWelcome("欢迎"),调用函数 sayWelcome(),将实参"欢迎"这个字符串传递给函数中的形参 s,执行函数体 print(s),也就是打印输出"欢迎"这个字符串。执行完函数体后,返回到主程序中函数调用的地方,继续执行下一行语句,也就是执行 sayWelcome("学习 Python 程序设计"),再次调用 sayWelcome()函数,传入实参"学习 Python 程序设计"给形参 s,然后执行函数体,打印字符串"学习 Python 程序设计"。执行完函数体后,返回主程序中调用的地方,继续执行下一行语句。这个程序中没有下一行语句了,程序结束。

3. 让函数返回计算结果

一些函数可能只须完成特定功能而无须返回计算结果(如例 6-1 和例 6-2),而另一些函数可能需要返回一个计算结果给调用者。函数体中使用 return 可以返回一个对象。执行 return 语句同时也意味着函数执行的终止,即使函数体后面还有其他语句也不再被执行。

【例 6-3】 定义一个函数 factorial，其功能是求正整数的阶乘，并利用该函数求解 5 阶乘和 10 阶乘的结果。正整数 n 的阶乘记为 n!（n! ＝1×2×⋯×n）。

程序源代码如下。

```
# example6_3.py
# coding = utf - 8
def factorial(n):              # 函数定义
    s = 1                      # 为乘积赋初值 1，不影响计算结果
    for i in range(1,n + 1):
        s * = i
    return s                   # 将 s 值返回给函数调用者

# 主程序
i = 5
jc = factorial(i)             # 第一次调用，实参为变量指向的值 5
print(f"{i}!= {jc}")

i = 10
jc = factorial(i)             # 第二次调用，实参为变量指向的值 10
print(f"{i}!= {jc}")
```

程序 example6_3.py 运行结果。

```
5!= 120
10!= 3628800
```

程序 example6_3.py 中定义了一个名为 factorial 的函数，它有一个形参 n。主程序通过语句 jc＝factorial(i)，先执行赋值号右侧的 factorial(i) 调用 factorial 函数，将实参 i 的值传递给形参 n，并转向执行 factorial 的函数体。函数体中通过 for 循环累积计算 n 阶乘的值 s，最后通过 return 语句返回 s 的值，即 n 阶乘的结果。函数调用结束后，返回到主程序中调用该函数的地方，用返回值替换函数调用语句 factorial(i)，将返回的结果赋值给变量 jc。如果 i＝5，则用 5 阶乘的计算结果 120 替换 factorial(i)，这样 jc＝factorial(i) 将被替换为 jc＝120。然后继续执行主程序中的后续语句。

程序的执行流程及函数的调用过程如图 6.5 所示。当主程序第一次执行到 jc＝factorial(i)时，i 的值为 5，赋值号右侧调用函数 factorial(5)，将实参 5 传递给形参 n，执行函数体，计算得到 s 为 120，通过 return 语句将 120 返回给调用 factorial(5) 的地方，得到 jc＝120。主程序继续往下执行。当主程序第二次调用 jc＝factorial(i) 时，i 的值为 10，赋值号右侧调用函数 factorial(10)，将实参 10 传递给形参 n，执行函数体，计算得到 s 为 3628800，通过 return 语句将 3628800 返回给调用 factorial(10) 的地方，得到 jc＝3628800。主程序继续

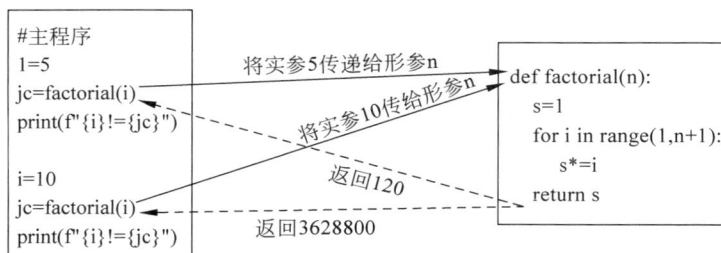

图 6.5　程序 example6_3.py 的执行流程与函数调用过程

往下执行。

函数必须先定义再调用。如果调用语句出现在函数定义之前，调用时就会得到一个函数名没有定义的错误信息。

如果一个函数的定义中没有 return 语句，系统将自动在函数体的末尾插入 return None 语句。将例 6-2 中的实现代码修改为 example6_2_return_None.py，源代码清单如下。

```
# example6_2_return_None.py
# coding = utf - 8
def sayWelcome(s):                          # 函数定义
    print(s)                                # 函数体

# 主程序
x = sayWelcome("欢迎")                       # 函数调用,实参为字符串
print("函数第一次调用返回的结果:",x)
y = sayWelcome("学习 Python 程序设计")         # 函数调用,实参为字符串
print("函数第二次调用返回的结果:",y)
```

程序 example6_2_return_None.py 的执行结果如下。

```
>>>
欢迎
函数第一次调用返回的结果: None
学习 Python 程序设计
函数第二次调用返回的结果: None
>>>
```

主程序先执行语句 x＝sayWelcome("欢迎")，先进行赋值号右侧的函数调用，输出字符串"欢迎"。由于 sayWelcome() 函数执行结束前没有 return 语句，系统自动在该函数末尾插入 return None 语句。所以调用函数 sayWelcome("欢迎")后，返回 None，赋值给变量 x。然后 print() 函数输出 x 的值为 None。剩余语句的调用过程类似。

return 语句后面可以有多个返回值，格式如下。

```
def 函数名(形式参数):
    …
    return <表达式 1>,…,<表达式 n>
```

retrun 语句后面的表达式可以是任何类型的对象，包括列表、字符串、字典、集合等。如果 return 语句后面有多个表达式，这些表达式的计算结果将自动构成一个元组（省略了元组中的圆括号）被返回。因此，从本质上来说，返回的还是一个对象。

【例 6-4】 定义一个函数，函数的功能是求圆的面积和周长，然后调用它打印出给定半径的圆的面积和周长。

程序实现代码如下。

```
# example6_4_return_multi.py
# coding = utf - 8
import math

def circle(r):                              # 函数定义
    area = math.pi * pow(r, 2)
    perimeter = 2 * math.pi * r
    return area,perimeter
```

```
# 主程序
r = float(input("请输入圆的半径:"))
x = circle(r)                                    # 函数调用
print("函数的返回结果:", x)
print("圆的面积为:", x[0])
print("圆的周长为:", x[1])
```

程序 example6_4_retrun_multi.py 的一次执行结果如下。

```
>>>
请输入圆的半径:5
函数的返回结果: (78.53981633974483, 31.41592653589793)
圆的面积为: 78.53981633974483
圆的周长为: 31.41592653589793
>>>
```

程序 example6_4_return_multi.py 中，通过语句 x＝circle(r)调用函数返回一个元组赋值给变量 x。根据 return 语句中的顺序，x 中的元素依次为圆的面积和周长。

一般来说，函数执行完所有步骤之后才得出计算结果并返回，return 语句通常出现在函数的末尾。但是，有时需要改变函数的正常流程，在函数到达末尾之前就终止并返回。例如，当函数检查到错误的数据时就没有必要继续执行。这时可以使用 return 或 return None。对例 6-4 中的程序，增加检查输入，如果不是正数则退出函数，否则计算并返回圆的面积与周长。代码如下。

```
# example6_4_return_break.py
# coding = utf - 8
import math

def circle(r):                                   # 函数定义
    if r <= 0:
        print("圆的半径参数错误:",r)
        return

    area = math.pi * pow(r, 2)
    perimeter = 2 * math.pi * r
    return area,perimeter

# 主程序
x = circle( - 5)                                 # 函数调用
print("函数第一次调用的返回结果:", x)
y = circle(5)
print("函数第二次调用的返回结果:", y)
```

程序 example6_4_retrun_break.py 的运行结果如下。

```
>>>
圆的半径参数错误: - 5
函数第一次调用的返回结果: None
函数第二次调用的返回结果: (78.53981633974483, 31.41592653589793)
>>>
```

上述程序中，当半径小于或等于 0 时，函数中执行 print("圆的半径参数错误：",r)后，通过 return 语句返回了一个 None，函数终止执行。在主程序中将返回的 None 赋值给变量 x。然后，主程序通过 print()函数输出 None。

4. 调用不同程序文件中定义的函数

例 6-1～例 6-3 这三个例子中,程序均调用其本身所在文件中的函数。程序通常需要调用别的文件中定义的函数。一个 .py 文件就是一个模块,文件名就是模块名。要调用其他文件中的函数、类等对象之前,需要先导入其所在的模块(模块名就是去掉后缀的文件名)。

例如,在文件 example6_function.py 中定义函数 factorial。程序源代码如下。

```
# example6_function.py
# coding = utf-8
def factorial(n):                            # 函数定义
    s = 1                                    # 为乘积赋初值 1,不影响计算结果
    for i in range(1,n+1):
        s *= i
    return s                                 # 将 s 值返回给函数调用者
```

在文件 example6_call.py 中先通过 import example6_function 导入函数所在的模块,然后通过 example6_function.factorial(i)调用 factorial 函数。程序源代码如下。

```
# example6_call.py
'''
# 如果被调用的自定义模块文件与本文件不在同一目录下,
# 则需要先将被调用的模块文件所在路径添加到系统路径中
import sys
sys.path.append("D:/test")    # 根据被引用文件所在的路径修改路径名
'''
import example6_function

for i in range(3,6):
    jc = example6_function.factorial(i)
    print(f"{i}!= {jc}")
```

如果自定义函数所在的程序源文件和调用该函数的程序源文件不在同一目录下,则在 import 该自定义函数所在模块之前需要先将该文件所在路径添加到系统路径中。假如定义函数的文件 example6_function.py 位于 D 盘 test 目录下,则将该路径添加到系统路径中的方法如下。

```
import sys
sys.path.append("D:/test")
```

其中,语句 sys.path.append("D:/test")中参数的路径名需要根据被引用文件所在的路径名进行修改。

6.3　位置参数与关键参数

当调用函数时,需要将实参传递给形参。实参可以是常量值、变量或其他表达式的计算结果。参数传递时有两种方式:以位置参数形式赋值和以关键参数形式赋值。以位置参数形式赋值是指按照函数定义中形参的顺序来传递,以关键参数形式赋值是指按照"形参变量名=实参"的形式来传递。

当使用位置参数时,实参和形参在顺序、个数和类型上必须一一匹配。在前面的示例中,调用带参数的函数时均使用位置参数的方式。在函数调用中,也可以通过"形参变量

名＝实参"的"键-值"形式将实参传递给形参，使得参数可以不按顺序来传递，让函数参数的传递更加清晰、易用。采用这种方式传递的参数称为关键参数（也称关键字参数）。

【例 6-5】　编写函数，根据输入的圆柱体半径 r、高度 h 和圆周率 pi 值，计算并返回圆柱体的体积。主程序中分别采用位置参数和关键参数的方式调用该函数。

程序代码：

```
# example6_5.py
def cylinder_volume(r, h, pi):
    volume = pi * pow(r, 2) * h
    return volume

# 主程序
v1 = cylinder_volume(3,5,3.14)              # 位置参数
print(v1)
v2 = cylinder_volume(pi = 3.14,r = 3,h = 5) # 关键参数
print(v2)
v3 = cylinder_volume(3,pi = 3.14,h = 5)     # 位置参数与关键参数混合
print(v3)
```

函数调用 cylinder_volume(3,5,3.14) 中，采用位置参数方式，按照形参定义的顺序与实参排列顺序对应关系，将 3 传递给 r，将 5 传递给 h，将 3.14 传递给 pi。

函数调用 cylinder_volume(pi=3.14,r=3,h=5) 中，采用关键参数方式，将 3.14 传递给形式参数 pi，将 3 传递给形式参数 r，将 5 传递给形式参数 h。

函数调用 cylinder_volume(3,pi=3.14,h=5) 中，混合使用了位置参数和关键参数。第一个实参 3 没有指定传递给哪个形参，因此按照位置参数顺序，传递给第一个形参 r。形参 pi 和 h 按照关键参数方式进行传递。函数调用时，如果采用混合使用位置参数和关键参数的方式，则关键参数位于位置参数的右侧。

请读者自主分析程序 example6_5.py 的运行结果。

6.4　默认参数

函数的形参可以设置默认值。这种形参通常称为默认参数。Python 允许定义带默认参数的函数，如果在调用函数时不为这些参数提供值，这些参数就使用默认值；如果在调用时有实参，则将实参的值传递给形参，形参定义的默认值将被忽略。具有默认参数值的函数定义格式如下。

```
def 函数名(非默认参数, 形参名 = 默认值, … ):
        函数体
```

函数定义时，形式参数中非默认参数与默认参数可以并存，但非默认参数之前不能有默认参数。

【例 6-6】　编写函数，根据输入的圆柱体半径 r、高度 h 和圆周率 pi 值，计算并返回圆柱体的体积，其中，h 的默认值为 1，pi 的默认值为 3.14。主程序中分别采用位置参数和关键参数的方式调用该函数。

程序的一种实现方式如下。

```
#example6_6.py
import math
def cylinder_volume(r, h = 1, pi = 3.14):
    volume = pi * pow(r, 2) * h
    return volume

#主程序
v1 = cylinder_volume(3,5)                      #pi 采用默认值
print(v1)
v2 = cylinder_volume(pi = math.pi, r = 3,h = 5)   #pi 取 math 模块中定义的 pi 常量
print(v2)
v3 = cylinder_volume(3,pi = math.pi)           #h 取默认值
print(v3)
```

程序 example6_6.py 定义的函数 cylinder_volume(r,h＝1,pi＝3.14)中,形参 r 没有默认值,h 的默认值为 1,pi 的默认值为 3.14。

调用函数 cylinder_volume(3,5)时,按照位置顺序,形参 r 被赋予 3,形参 h 被赋予新的值 5(忽略默认值),没有实参传递给形参 pi,因此 pi 取默认值 3.14。

调用函数 cylinder_volume(pi＝math.pi,r＝3,h＝5)时,按照关键参数的方式,将 math 模块中定义的 pi 常量值传递给形参 pi,将 3 传递给形参 r,将 5 传递给形参 h。这里 h 和 pi 都没有采用默认值。

调用函数 cylinder_volume(3,pi＝math.pi)时,按照位置顺序,3 被传递给形参 r,math 模块中定义的 pi 常量值传递给形参 pi,形参 h 采用默认值 1。

请读者自主分析程序 example6_6.py 的执行结果。

6.5　个数可变的参数

当形参需要接收不定个数的实参时,形参以元组或字典等组合对象的方式收集不定个数的实参。反之,如果实参为序列、字典等组合对象,可以为多个形参传递值。实参和形参也可以均为组合对象,从而可以实现不定个数参数的传递。

6.5.1　一个形参接收多个实参构成组合对象

在 Python 中,一个形参可以接收不定个数的实参,即用户可以给函数提供可变个数的实参。这可以通过在形参前面添加一个星号 * 或两个星号 ** 的标识符来实现。

1. 将多个以位置参数方式传递的实参收集为形参中的元组

在函数定义的形参前面加一个星号 * ,该形参接收不定个数的、以位置参数传递的实参,构成一个元组。

【例 6-7】 编写一个函数,接收学号、姓名、成绩等任意个数的参数信息并打印出来。
程序源代码如下。

```
#example6_7.py
#coding = utf - 8
#函数定义
def collect_tuple( * args):
    print(args)

#主程序
```

```
collect_tuple()
collect_tuple(1)
collect_tuple(1,"张三")
collect_tuple(1,"张三",90)
＃collect_tuple(num = 1,name = "张三")        ＃这里不能以关键参数的形参传递
```

程序 example6_7.py 的运行结果如下。

```
>>>
()
(1,)
(1, '张三')
(1, '张三', 90)
>>>
```

在函数 collect_tuple() 的定义中，形式参数 args 前面有一个星号标识符 *，表明形参 args 可以接收不定个数的、以位置参数形式传递的实参。主程序中调用 collect_tuple()，没有传递实参，形参 args 得到一个空的元组；主程序中调用 collect_tuple(1)，传递一个参数给 args，结果以元组的形式输出(1,)；主程序中调用 collect_tuple(1,"张三")，传递两个参数给 args，结果也是以元组的形式输出(1,'张三')；主程序中调用 collect_tuple(1,"张三",90)，传递三个参数给 args，结果还是以元组的形式输出(1,"张三",90)。从这个示例中可以看出，不管传递几个参数到 args，都是将接收的所有参数按照次序组合到一个元组上。

example6_7.py 的主程序最后一行被注释掉了，否则会出现语法错误。因为以一个星号 * 为前缀的形式参数不接收以关键参数形式传递的实参。

以一个星号 * 为前缀的形参可以和其他普通形参联合使用，这时一般将以一个星号 * 为前缀的形参放在形参列表的后面，普通形参放在前面。

以一个星号 * 为前缀的形式参数也可以放在普通参数的前面。这时，在函数调用时，以一个星号 * 为前缀的形参后面的普通形参以关键参数的形式接收实参值。一个星号 * 标注的形参前面的普通形参既可以接收关键参数形式传递的实参，也可以接收位置参数形式传递的实参。

2. 将多个以关键参数形式传递的实参收集为形参中的字典

在 Python 的函数形参中还提供了一种形参前面加两个星号 ** 的方式。这时，函数调用者须以关键参数的形式为其赋值，以两个星号 ** 为前缀的形参得到一个以关键参数中变量名为键，以赋值号右边表达式计算结果为值的字典。

【例 6-8】 编写函数，以" ** "为前缀的形式参数收集多个以关键参数形式传递的学号、姓名、成绩等个人信息构成一个字典。

程序源代码如下。

```
＃example6_8.py
＃coding = utf - 8
＃函数定义
def collect_dict( ** args):
    print(args)

＃主程序
collect_dict()
collect_dict(num = 1)
collect_dict(num = 1,name = "张三",score = 90)
```

程序 example6_8.py 的运行结果如下。

```
>>>
{}
{'num': 1}
{'num': 1, 'name': '张三', 'score': 90}
>>>
```

在程序 example6_8.py 的函数 collect_dict(** args)定义中,参数 args 前面有两个星号 ** ,表明该形参 args 可以将不定个数以关键参数形式给出的实参收集起来转变为一个字典。第 1 次调用时,没有传递实参,形参 args 得到一个空字典。第 2 次调用该函数时,以关键参数形式将一个参数传递给 args,输出的结果是一个字典。第 3 次调用该函数,以关键参数形式将三个参数传递给 args,输出的结果还是一个字典。

以两个星号(**)为前缀的形参、以一个星号(*)为前缀的形参、普通参数在函数定义中可以混合使用。这时,普通参数放在最前面,其次是以一个星号(*)为前缀的形参,最后是以两个星号(**)为前缀的形参。

6.5.2　一个组合对象的实参给多个形参分配参数

函数定义中的形参为非组合类型的单变量时,实参可以是以一个星号 * 为前缀的序列变量,将此序列中的元素分配给相应的单变量形参;实参也可以是以两个星号 ** 为前缀的字典变量,根据字典中的键和形参变量名的对应关系,将字典中对应的值传递给相应的单变量形参。实参组合对象中的元素个数必须与单变量形参个数相同。

【例 6-9】　定义函数 cylinder_volume(r,h＝1,pi＝3.14)计算圆柱体的体积。其中,r和 h 分别表示圆柱体的半径和高度,pi 表示圆周率。主程序中分别采用一个星号为前缀的序列、两个星号为前缀的字典作为参数调用该函数。

程序实现代码如下。

```
#example6_9.py
import math
# 以下函数定义中,形参为非组合类型的单变量
def cylinder_volume(r, h = 1, pi = 3.14):
    volume = pi * pow(r, 2) * h
    return volume

# 主程序
c1 = (3,5,math.pi)
# 以下函数调用中,实参是以一个星号为前缀的序列变量
v1 = cylinder_volume( * c1)
print(v1)

c2 = (3,5)
# 以下函数调用中,实参是以一个星号为前缀的序列变量
v2 = cylinder_volume( * c2, math.pi)
print(v2)
v22 = cylinder_volume( * c2)          #pi 采用默认值
print(v22)

c3 = {"r":3, "h":5, "pi":math.pi}
# 以下函数调用中,实参是以两个星号为前缀的字典变量
```

观看视频

```
v3 = cylinder_volume( ** c3)
print(v3)

c4 = {"r":3, "pi":math.pi}
# 以下函数调用中,实参是以两个星号为前缀的字典变量
v4 = cylinder_volume( ** c4, h = 5)
print(v4)
v5 = cylinder_volume( ** c4)            # h 采用默认值
print(v5)
```

请读者自己分析程序 example6_9.py 的执行结果。

在程序 example6_9.py 中,函数 cylinder_volume() 的形参是三个单变量。在主程序中,c1 和 c2 均是一个元组。函数调用时,实参序列变量前添加一个星号 *,在参数传递的时候,将这个序列变量分解为以该序列中的元素为单位的单变量进行传递。这种传递方式本质上不是序列的传递,而是序列分解为单变量后的传递。

主程序中,c3 和 c4 均为字典。函数调用时,实参变量名前面加两个星号 **,先将字典中每个元素分解为"键=值"的形式作为关键参数形式的实参。这种方式本质上不是字典对象本身的传递,而是将字典元素拆成多个关键参数形式后进行单变量的传递。如果以两个星号 ** 为前缀的实参变量后面还有普通参数需要传递,则须采用关键参数形式。

6.5.3　形参和实参均为组合对象

当形参和实参均为序列时,可以通过在形参和实参前均添加一个星号 * 来实现参数传递。从本质上说,实参序列变量前添加一个星号 *,在参数传递的时候,将这个序列变量分解为以该序列中的元素为单位的单变量进行传递。这种方式传递的不是序列,而是单变量。以 * 为前缀的形参序列变量接收到这些单变量值后,在新的内存地址上生成一个元组。

当形参和实参均为字典时,可以通过在形参和实参前均添加两个星号 ** 来实现参数传递。实参中字典前面加两个星号 ** 的方式向形参传递参数时,本质上是将字典元素拆成多个关键参数形式传递的单变量进行传递的。以两个星号为前缀的形参接收参数后在不同的内存地址上构造新的字典。对函数中生成的字典的任何操作均不影响实参中的字典。

实际上,当实参与形参类型相同时,参数可以直接传递,实参和形参均不需要添加任何星号为前缀。

当形参和实参均采用不添加任何星号方式进行参数传递时,实参将对象本身(也就是对象地址)传递给形参。形参和实参指向同一个对象(同一个内存地址)。如果传递的实参是可变对象,那么在函数体内部对该形参对象的任何修改,都将引起函数调用者相应实参对象的相同变化。

【例 6-10】　每个学生的信息分别用一个字典来保存,每个字典中包含姓名、成绩等信息。编写函数 setScore() 将传入的字典中成绩加 10(如果超过 100,则设置为 100)。主程序中分别打印各学生成绩更改前后的信息。

```
# example6_10.py
def setScore(stu):
    cj = stu.get("score",0)
    stu["score"] = min(cj + 10, 100)
```

```
#主程序
stu1 = {"name":"Zhang"}
print("修改之前的 stu1 字典:",stu1)
setScore(stu1)
print("经过函数修改之后的 stu1 字典:",stu1)

stu2 = {"name":"Li", "score":85}
print("修改之前的 stu2 字典:",stu2)
setScore(stu2)
print("经过函数修改之后的 stu2 字典:",stu2)
stu3 = {"name":"Wang", "score":93}
print("修改之前的 stu3 字典:",stu3)

setScore(stu3)
print("经过函数修改之后的 stu3 字典:",stu3)
```

程序运行结果:

```
>>>
修改之前的 stu1 字典: {'name': 'Zhang'}
经过函数修改之后的 stu1 字典: {'name': 'Zhang', 'score': 10}
修改之前的 stu2 字典: {'name': 'Li', 'score': 85}
经过函数修改之后的 stu2 字典: {'name': 'Li', 'score': 95}
修改之前的 stu3 字典: {'name': 'Wang', 'score': 93}
经过函数修改之后的 stu3 字典: {'name': 'Wang', 'score': 100}
>>>
```

6.6 变量作用域

变量的作用域是指一个变量能够作用的范围,也就是在多大范围内能够被解释器识别。根据变量的作用域,变量可分为全局变量和局部变量。声明在函数外部的变量,被称为全局变量,作用范围是所在程序文件内从定义开始至程序结束,包括变量定义后所调用的函数内部。一般声明在函数内部(形参或函数体中)的变量是局部变量,该变量只能在该函数内部使用,超出范围就不能使用。

可以通过 global 关键字将函数内部的变量声明为全局变量,该变量可以在主程序中调用该函数后的剩余语句中使用。为了提高程序的正确性和模块化程度,要尽量避免使用 global 在函数体内定义全局变量;也要尽量避免在函数内直接使用主程序中定义的全局变量,尽量以参数传递方式来使用相关数据。

如果函数调用者将实参以变量参数的形式传递给函数形参,函数体内部对该形参进行修改,函数调用结束后,函数调用者相应的实参变量是否发生了变化? 这要分为两种情况来讨论。如果传递的参数变量是一个不可变对象的变量,函数内部对该形参变量的任何修改都不会对调用者的实参产生影响。如果传递的参数变量是一个可变对象的变量,函数内部对该形参变量的修改都会反馈到实参变量,函数调用结束后,实参也能看到相同的修改效果。

【例 6-11】 编写函数 setScore(stu,score),将形参 score 中的数值加 10 后的结果与 100 取最小值作为字典 stu 中的键 score 对应的值,并在函数内部显示 score 加 10 后的结果。主程序中分别将学生信息字典和整数成绩作为实参调用该函数,并在调用之前和调用之后分别显示学生信息字典、成绩这两个变量的值。

程序的一种实现源代码如下。

```
# example6_11.py
def setScore(stu, score):
    # 形参或函数体内部定义的变量为局部变量
    # 这里形参中定义的 stu 和 score 为局部变量
    score = score + 10
    stu["score"] = min(score, 100)
    print("函数体内部成绩值 score 修改为:", score)


# 主程序
stu1 = {"name":"Zhang"}              # stu1 为全局变量
score = 80                           # 这里定义的 score 为全局变量
print("执行函数之前的 stu1 字典:", stu1)
print("执行函数之前的成绩值 score:", score)
setScore(stu1, score)
print("执行函数之后的 stu1 字典:", stu1)
print("执行函数之后的成绩值 score:", score)
```

程序 example6_11.py 的执行结果如下。

```
>>>
执行函数之前的 stu1 字典: {'name': 'Zhang'}
执行函数之前的成绩值 score: 80
函数体内部成绩值 score 修改为: 90
执行函数之后的 stu1 字典: {'name': 'Zhang', 'score': 90}
执行函数之后的成绩值 score: 80
>>>
```

程序 example6_11.py 中,setScore(stu,score)函数有两个参数 stu 和 score,函数调用时,将主程序中定义的全局整数变量 score 传递给函数形参中定义的局部变量 score,将全局的字典变量 stu1 传递给函数形参中定义的局部变量 stu。整数是不可变对象,字典是可变对象。函数体内对其局部变量 score 的修改使得该局部变量 score 指向了新的对象 90,而全局变量实参 score 仍然指向原来的对象 80。所以调用结束后全局变量 score 的值保持不变。函数体内在 stu 所指向的字典中添加了一个元素,由于字典是可变对象,直接加在原对象的后面,stu 所指向的对象和 stu1 所指向的对象地址都没有发生变化,都指向原来的对象。所以字典变量 stu 添加了元素,也就是字典变量 stu1 添加了元素。因此,函数调用结束后,stu1 的值也跟随函数内 stu 的值一样发生了变化。

6.7 匿名函数 lambda

lambda 函数又称为 lambda 表达式,是一个匿名函数,比用 def 定义的函数更加简单。lambda 函数可以接收任意多个参数,但只返回一个表达式的值。lambda 中不能包含多个表达式。lambda 函数的定义格式为

lambda 形式参数 : 表达式

其中,形式参数可以有多个,它们之间用逗号隔开。表达式只有一个。返回表达式的计算结果。

以下例子中赋值号左边的变量 f 相当于给 lambda 表达式定义了一个函数名。可以将

此变量名 f 作为函数名来调用该 lambda 表达式。

```
>>> f = lambda x,y : x + y
>>> f(5,10)
15
>>>
```

lambda 表达式通常以匿名的方式出现在函数或方法的参数中,例如:

```
>>> k = ["d",1,"a",5,"c",3]
>>> k.sort(key = lambda x : str(x))
>>> k
[1, 3, 5, 'a', 'c', 'd']
>>>
```

在上述例子中,列表 k 中的元素之间不能进行大小比较,无法直接使用 sort()方法进行排序。通过给列表的 sort()方法中参数 key 传递实参 lambda x:str(x),使得各元素按照字符串进行大小比较。

6.8　函数的递归调用

函数内部可以调用其他函数。如果一个函数在内部直接或间接地调用自己本身,这是一种递归的方法。递归是一种非常实用的程序设计技术。许多问题具有递归的特性,在某些情况下,用其他方法很难解决的问题,利用递归可以轻松解决。

【例 6-12】　利用递归的方法来实现阶乘函数,然后调用该函数求正整数的阶乘。

分析:例 6-3 给出了使用循环迭代求 n 阶乘的方法。这里使用递归的方法来实现。正整数 n 的阶乘可以这样定义:

$$n! = \begin{cases} 1 & (n=1) \\ n \times (n-1)! & (n>1) \end{cases}$$

也就是说,如果要求 4!,根据阶乘定义,4!=4×3!=4×(3×2!)= 4×(3×(2×1!))。根据公式,1!=1。这样就能求得 4!=4×(3×(2×1))。

程序源代码如下。

```
#example6_12.py
#coding = utf-8
def fac(n):              #函数定义
    if n == 1:           #递归终止条件,跳出递归
        return 1
    else:                #n!= n * (n-1)!= n * fac(n-1),递归调用
        return n * fac(n-1)

#主程序
n = int(input("请输入正整数 n 的值:"))
nfac = fac(n)
print(f"{n}!= {nfac}")
```

程序 example6_12.py 的执行结果如下。

```
>>>
请输入正整数 n 的值:4
4!= 24
>>>
```

以输入 4 为例,图 6.6 说明了程序的递归调用过程和递归终止后的返回过程。

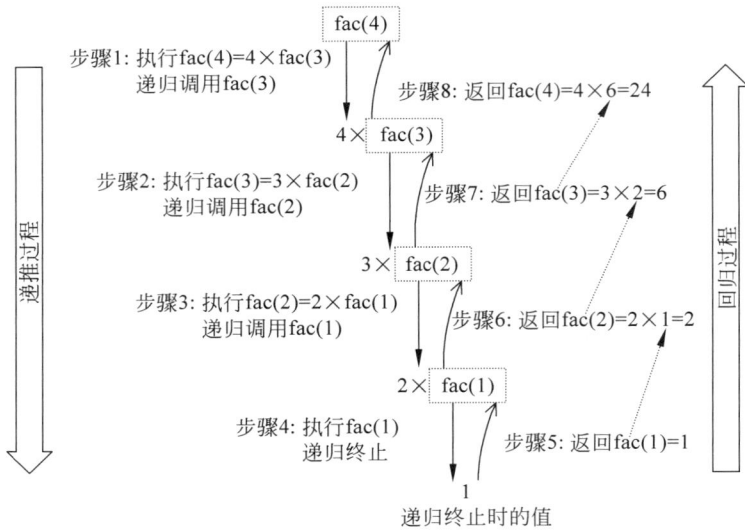

图 6.6　fac(4)递归调用过程

要终止一个递归调用,必须最终递归调用到满足一个终止条件。每递归调用一次自身,把中间数据进行暂存,直到达到递归终止条件,这个过程叫作递推过程。当达到递归终止条件时,把暂存的数据按照先进后出的顺序依次取出进行计算,这个过程叫作回归过程。在图 6.6 中,步骤 1～4 是向前递推的过程,步骤 5～8 是回归的过程。

一个递归调用当达到终止条件时,就将结果返回给上一步的调用者。然后调用者进行计算并将结果返回给它自己的上一步调用者。这个过程持续进行,直到结果被传回原始的调用者为止。因此在编写递归函数的时候必须满足以下两点。

（1）有明确的递归终止条件和终止时的返回值。

（2）算法能用递归形式表示,并且算法中的参数向终止条件的方向发展。

【例 6-13】　斐波那契数列是指这样一个数列:第 1 项和第 2 项均为整数 1,从第 3 项开始,每一项都等于前两项之和。从键盘输入数列中的元素位置,求该位置上的元素值。

分析:可以使用循环迭代依次求得各项的值,也可以使用递归的方法根据第 $n-2$ 项和第 $n-1$ 项的值求得第 n 项的值。

1. 使用循环迭代方法

程序源代码如下。

```python
# example6_13_1.py
n = int(input("请输入斐波那契数的位置(位置索引从 1 开始计算):"))
if n == 1 or n == 2:
    fib = 1
else:
    fib1 = 1
    fib2 = 1
    for i in range(3, n + 1):
        fib = fib1 + fib2
        fib1 = fib2
        fib2 = fib
```

```
print(f"第{n}个斐波那契数是{fib}")
```

程序 example6_13_1.py 的运行结果如下。

```
>>>
请输入斐波那契数的位置(位置索引从 1 开始计算):10
第 10 个斐波那契数是 55
>>>
```

2. 使用递归方法

根据题意,算法的递归表达式如下。

$$f(n)=\begin{cases}1 & (n=1\ 或\ n=2)\\ f(n-2)+f(n-1) & (n>2)\end{cases}$$

使用递归方法的程序源代码如下。

```
# example6_13_2.py
def fib(n):
    if n == 1 or n == 2 :
        return 1
    else:
        return fib(n-1) + fib(n-2)
# 主程序
n = int(input("请输入斐波那契数的位置(位置索引从 1 开始计算):"))
print(f"第{n}个斐波那契数是{fib(n)}")
```

程序 example6_13_2.py 的执行结果如下。

```
>>>
请输入斐波那契数的位置(位置索引从 1 开始计算):10
第 10 个斐波那契数是 55
>>>
```

例 6-12 和例 6-13 既可以用递归方法实现,也可以用非递归方法实现。有些问题不使用递归很难解决,使用递归更容易解决,如经典的汉诺塔问题。

6.9　模块的__name__属性

本节的内容与自定义函数没有必然的联系,只是作者认为一个 Python 初学者从本书的开头到学习了自定义函数的基础知识,应该对自定义模块有进一步的认识,并能够编写更加专业、规范的代码。如果此部分独立成章,内容又稍显欠缺,所以将这部分内容与自定义函数放在同一章。

每个模块都有一个__name__属性(注意__name__两端各有两个下画线),该属性保存当前模块执行过程中的名称。当一个程序模块独立运行时,该__name__属性自动被赋予值为__main__的字符串。如果一个程序模块被其他文件中的程序通过 import 导入使用,则其__name__属性自动被赋予值为模块名(不含后缀的文件名)的字符串。

如果一个程序模块可能被其他程序通过 import 引用,最好在主程序开始之前添加"if __name__ == '__main__' :"的条件语句,这样该模块在被其他程序通过 import 引用时,因为其__name__属性的值不为"__main__",主程序不会执行;否则,每次被其他程序通过 import 引用时,主程序会被自动执行一次。

【例 6-14】 编写一个函数 printName()打印模块当前的__name__属性值，主程序调用执行该函数，程序保存为 nametest.py。

```
# nametest.py
# coding = utf - 8
def printName():
    print("当前__name__值为:",__name__)

# 主程序
if __name__ == '__main__':
    printName()
```

直接执行该程序的运行结果为

```
>>>
当前__name__值为: __main__
>>>
```

因为 nametest.py 程序作为一个独立模块运行，因此其__name__值为字符串"__main__"，主程序中 if 后面的条件表达式为 True，所以调用 printName()函数。

【例 6-15】 编写一个程序，调用例 6-14 中 nametest.py 中的 printName()函数，程序保存为 nametestimport.py。为了简化阐述，程序与 nametest.py 保存到同一个目录下。

程序源代码如下。

```
# nametestimport.py
# coding = utf - 8
import nametest
nametest.printName()
```

此时，程序的运行结果如下。

```
>>>
当前__name__值为: nametest
>>>
```

因为当 nametest.py 被 nametestimport.py 引用时，nametest 中的__name__属性值为__nametest__，此时 nametest 中的主程序 if 后面的条件为 False，因此 printName()没有被调用。直到 nametestimport.py 执行 nametest.printName()函数时，才打印一次。

读者可以尝试去掉 nametest.py 文件中"if __name__ == '__main__':"这一行，将其下一行靠左边对齐后重新运行。会发现在执行 nametestimport.py 后，nametest.py 中的 printName()函数被执行了两次。请读者自行分析原因。

如果进一步考虑到例 6-15 中的程序将来可能被其他程序通过 import 引用，最好将其进一步修改为

```
# nametestimport2.py
# coding = utf - 8
import nametest
if __name__ == '__main__':
    nametest.printName()
```

习题

1. 编写函数，利用辗转相除法求两个自然数的最大公约数，并利用该函数求 25 与 45

的最大公约数,36 与 12 的最大公约数。

辗转相除法的算法如下。

(1) 两个自然数 x 和 y,保证 x≥y,否则交换 x 与 y 的值。

(2) 计算 x 除以 y 的余数 r。

(3) 若 r==0,则 y 就是最大公约数;否则将 y 赋值给 x,并将 r 赋值给 y,重复步骤
(2)。

要求分别用迭代和递归两种方法实现,程序分别保存为 exercise6_1_1.py 和 exercise6_1_2.py。

2. 编写函数,判断一个数是否为素数。素数也称为质数,是指大于或等于 2 的整数中只能被 1 和它本身整除的数。调用函数找出 100 以内的所有素数。程序保存为 exercise6_2.py。

3. 赶鸭子问题:一个人赶着鸭子去各个村庄卖,每经过一个村子卖掉所赶鸭子的一半又一只。这样他经过了 7 个村子后还剩两只鸭子,问他出发时共赶了多少只鸭子? 经过每个村子分别卖出去多少只鸭子? 要求分别用迭代和递归的方法实现,程序分别保存为 exercise6_3_1.py 和 exercise6_3_2.py。

第7章

自定义类与对象

Python 中的数据实际上都是某个类的对象。前面章节使用的对象所属的类都是别人已经定义好的。本章介绍自定义类的创建、对象的创建与初始化方法、类中属性与方法的定义、类的继承。

7.1 对象类型与对象方法调用

在 Python 中,所有的数据(包括数字和字符串)实际上都是某种类型的一个具体对象。类用来表示多个对象的共同特征和行为,是创建对象的模板。每一个对象都是某个类的一个具体实例。例如,手机是一个类,而个人使用的具体的某个手机是该类的一个对象。手机这个类中具有每一个手机对象的共同特性(如芯片型号、内存大小等)和共同功能(如通话、收发短信)。每一个具体的手机对象具有单独且确定的属性,例如,小李所使用的手机芯片为华为麒麟 9100S,内存大小为 16GB。

同一类型的对象都有相同的类型值。可以使用 type()函数来获取关于对象的类型信息。例如:

```
>>> x = 1
>>> type(x)              # 查看变量 x 所指对象的类型
< class 'int'>
>>> y = {1:"a", 2:"b"}
>>> type(y)
< class 'dict'>
>>> z = "abc"
>>> type(z)
< class 'str'>
>>>
```

上述例子中,尖括号中间 class 后面的字符串表示类型名称。在 Python 中,一个对象的类型就是创建该对象的类(class)。

类中的方法定义了相关的操作,实现相关功能。创建对象后可以通过"对象名.方法名(实参列表)"来实现方法的调用,从而执行该方法定义的操作。例如:

```
>>> s = "Python programming"          # 创建字符串对象
>>> s.replace("Python", "Java")       # 调用字符串对象的 replace()方法
'Java programming'
>>>
```

截至这里,本书前面用到的 int、str、dict 等都是 Python 内置的类,是系统已经定义好

的,编写程序时可以直接使用。用户也可以自己定义类,并创建自定义类的对象。

7.2 类的定义与对象的创建

在面向对象的程序设计中,用类来抽象、描述一组对象的共同特征(状态)和功能(行为),具体包括两个方面的抽象:数据抽象和行为抽象。在类中,用变量来描述数据抽象,表示某类对象共有的特征或状态,称为属性;用类似于函数的方法来描述行为抽象,表示某类对象共有的行为或功能,是对数据的操作。其中,属性表示静态的特性,方法表示动态的特性。在 Python 中,使用类(class)来定义和封装同一种类型的所有对象共同的属性和方法。

类表示一组对象共同的属性和方法,是对一组对象的抽象表示。对象是类的一个具体实例(确定了属性值)。类是抽象的,而对象是具体的。每一个对象都是某一个类的实例。一个类可以创建多个对象。每一个类在某一时刻都有零个或更多个实例。创建类的一个实例的过程被称为实例化。在术语中,对象和实例经常是可以互换的。对象就是实例,实例就是对象。类和对象的关系就是数据类型和它的变量之间的关系。例如,可以定义一个鸟类,那么你养的一只宠物鹦鹉就是这个鸟类的一个对象。

类是静态的,使用之前就已经定义好了,对象是动态的,它们在程序执行时可以被创建和删除。类是生成对象的模板。

Python 中使用 class 保留字来定义类,类名的首字母一般建议大写。形如:

```
class <类名>:
    类属性 1
    …
    类属性 n
    <方法定义 1(在方法中可以定义实例属性)>
    …
    <方法定义 n(在方法中可以定义实例属性)>
```

其中,类属性是在类中方法之外定义的,类属性属于类,所有对象共享该属性的值,可通过类名访问(尽管也可通过对象访问,但不建议这样做)。

每个方法都类似一个函数定义,但与普通函数略有差别。

(1) 每个实例方法的第一个参数都是 self,self 代表将来要创建的对象实例本身。在方法中定义的以 self 为前缀的变量表示实例属性,每一个对象(实例)都有独立的该属性值。在定义、访问或修改实例属性时,需要以 self 为前缀。

(2) 实例方法只能通过对象来调用,即向对象发消息请求对象执行某个方法。

(3) 类中有一个特殊的方法__init__(),这个方法用来初始化一个对象,为属性设置初值,创建对象时自动调用。虽然实例属性可以分散在各个方法中定义,建议统一放在__init__()初始化方法中定义。

如果一个类的名字为 ClassName,则通过 ClassName()的方式来创建该类的一个对象。通过 objName＝ClassName()将创建的对象赋值给 objName。通过 objName. propertyName 调用对象的属性。通过 objName. methodName()调用对象的方法。

本章继续以第 2 章中描述的 BMI(身体质量指数,简称体质指数)的计算为案例,利用类来实现。BMI＝体重÷身高^2。其中,体重的单位为千克(kg),身高的单位为米(m)。

【例 7-1】　创建一个 Person 类，在__init__()方法中初始化 name、weight 和 height 属性，分别表示姓名、体重和身高。在类中创建 setWeight()和 setHeight()方法，可以随时更改对象的体重和身高属性，创建 getWeight()和 getHeight()方法返回对象的当前体重和身高属性，创建 getBMI()方法返回 BMI 值。在主程序中创建 Person 类的两个实例对象 p1 和 p2，并打印输出两个对象各自的 name、weight、height 和 BMI 值。

程序源代码如下。

```
# example7_1_person.py
# - * - coding: utf - 8 - * -
class Person(object):
    def __init__(self, name, weight, height):
        print('执行 Person 的__init__方法')
        self.name = name
        self.weight = weight
        self.height = height
        print("创建了一个 Person 对象,姓名为:",name)

    def setWeight(self, weight):
        self.weight = weight

    def setHeight(self, height):
        self.height = height

    def getWeight(self):
        return self.weight

    def getHeight(self):
        return self.height

    def getBMI(self):
        return self.weight / pow(self.height, 2)

# 主程序
if __name__ == "__main__":
    p1 = Person('Yang', 60, 1.71)        # 创建对象,并用参数初始化属性值
    print(f"{p1.name}:体重{p1.getWeight()}千克," +
            f"身高{p1.getHeight()}米,BMI 为{p1.getBMI()}")

    p2 = Person("Wang", 75, 1.72)        # 创建另一个对象
    print(f"{p2.name}:体重{p2.getWeight()}千克," +
            f"身高{p2.getHeight()}米,BMI 为{p2.getBMI()}")
```

程序从上往下执行，遇到 class 或 def 定义的地方先跳过，从非定义的地方开始执行。非定义的部分通常称为主程序。为了方便该模块被其他程序通过 import 引用，程序 example7_1_person.py 在主程序执行前加了模块名称是否为"__main__"的判断。程序 example7_1_person.py 的执行结果如下。

```
>>>
执行 Person 的__init__方法
创建了一个 Person 对象,姓名为: Yang
Yang:体重 60 千克,身高 1.71 米,BMI 为 20.519134092541297
执行 Person 的__init__方法
```

创建了一个 Person 对象,姓名为: Wang

Wang:体重 75 千克,身高 1.72 米,BMI 为 25.351541373715524

>>>

__init__()是一个特殊的方法,在实例化(创建)对象时被自动调用,不需要程序显式调用。如果用户没有定义__init__()方法,将调用从父类继承而来的__init__()方法。在__init__()方法中可以定义实例属性、为属性设置初值、调用其他方法。

在 Person 类中已经定义了__init__()方法,p1 = Person('Yang',60,1.71)将创建 Person 类的对象 p1。方法__init__()中定义了三个实例属性 name、weight 和 height。这三个属性在方法中定义,且均以 self 为前缀,是实例属性,每个对象均有独立的实例属性值。用 Person 类创建的每个对象各自有不同的实例属性值,互不干扰。程序 example7_1_person.py 中通过"对象名.属性名"来调用对象属性值,如 p1.name。setWeight()、setHeight()、getWeight()、getHeight()和 getBMI()是 Person 类中定义的方法,通过对象来调用(如 p.getWeight())。

实例化对象时,最先调用__new__()方法创建对象,然后将创建的对象传递给__init__()方法的 self 参数,并自动调用__init__()方法。这里不展开阐述。__new__()方法通常不需要自己定义。

在 Python 3 中,所有的类都是按新式类来处理,如果没有为一个新创建的类指明父类,则这个类默认从 object 类直接继承而来,例如,example7_1_person.py 中可以不指明 Person 的父类,则其默认父类为 object。如果不指明父类,则 example7_1_person.py 中的类定义第一行"class Person(object)"可以写成"class Person()"或"class Person"。也就是说,在 Python 3 中,"class 类名(object)""class 类名()"和"class 类名"三种写法没有区别,都按照新式类来处理。

例 7-1 中,在方法内部通过"self.属性名"定义了对象属性(或称实例属性)。这些属性在不同的对象中有不同的值。可以通过"对象名.属性名"来访问对象属性。除了对象属性,还可以在方法外部、类的内部定义属于类的属性。所有对象共享类属性。同一个类属性的值在所有对象中均相同。本书不讨论类的属性。

例 7-1 中定义的方法是对象方法,通过"对象名.方法名()"来调用。在类中还可以定义类方法和静态方法,本书不展开讨论。

class 的定义和调用也可以分别位于不同的文件中。

7.3　类的继承

继承是在一个被作为父类(或称为基类)的基础上扩展新的属性和方法来实现的。父类定义了公共的属性和方法,子类自动具备父类中的非私有属性和非私有方法,不需要重新定义父类中的非私有内容,并且可以增加新的属性和方法。

对象属性的访问权限默认为公有的。也可以在对象属性名前面加一个下画线将其设置为保护的访问权限,称为保护属性。只有该类本身、该类对象、子类和子类的对象能访问到保护属性。还可以在属性名前面加两条下画线将其设置为私有的访问权限,称为私有属性。私有属性只能被该类本身访问,即使子类也不能访问这些属性。

对象方法默认的访问权限是公有的。也可以通过在方法名前面添加一个下画线将其设置为保护的访问权限，称为保护方法，只允许类本身及其对象、子类及子类对象进行访问。还可以在方法名前面添加两条下画线将其设置为私有的访问权限，称为私有方法，只允许这个类本身进行访问。

在 Python 语言中，object 类是所有类的最终父类，所有类最顶层的根都是 object 类。在程序中创建一个类时，除非明确指定父类，否则默认从 Python 的根类 object 继承。

有别于 Java 只支持单继承，Python 支持多继承。也就是说，Python 中的一个类可以有多个父类，可同时从多个父类中继承属性和方法。

7.3.1 父类与子类

父类是指被直接或间接继承的类。Python 中类 object 是所有类的直接或间接父类。

在继承关系中，继承者是被继承者的子类。子类继承所有祖先的非私有属性和非私有方法。子类可以增加新的属性和方法，也可以通过重定义来覆盖从父类继承而来的方法。

如图 7.1 所示的继承关系，类 Person 是一个父类，Student、Teacher 和 Doctor 是 Person 的子类。父类具有子类的共同特征，子类继承了父类的特征，并可以扩展特征。Python 支持多重继承，也就是一个子类可以有多个父类。在图 7.1 中，MedicalTeacher 有两个父类，分别为 Teacher 和 Doctor，因此它同时具有 Teacher 和 Doctor 的共同特征。

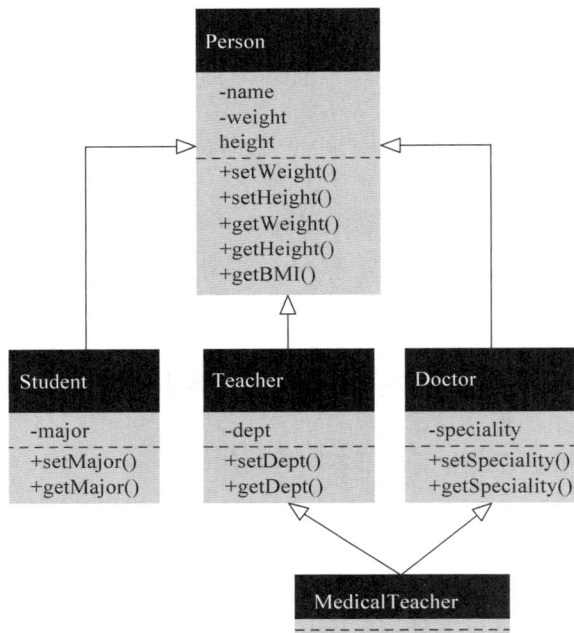

图 7.1　子类与父类的继承关系

7.3.2 继承的语法

类的继承关系体现在类定义的语法中：

```
class ChildClassName(ParentClassName1[, ParentClassName2[,ParentClassName3, … ]]):
    ♯类体或 pass 语句
```

子类 ChildClassName 从圆括号中的父类派生,继承父类的非私有属性和非私有方法。如果圆括号中没有内容,则表示从 object 类派生。如果只是给出一个定义,尚没有定义类体时,可以先使用 pass 语句代替类体。

图 7.1 给出了 Preson(人)的属性,包括 name(姓名)、weight(体重,单位为千克)和 height(身高,单位为米),也给出了 Person 类具有的部分方法。这些方法名后面带有圆括号。Student(学生)类除了具有从父类 Person 继承而来的属性,还扩展了自身特有的属性,如 major(专业)。它具有除了从父类继承而来的方法,还扩展了自身特有的两个方法 setMajor() 和 getMajor()。Teacher(教师)和 Doctor(医生)两个类除了从父类 Person 继承的属性和方法,还扩展了自身的属性和方法。假设 MedicalTeacher(医学教师)同时具有医生和教师的身份,因此具有两个父类(Teacher 和 Doctor),从这两个父类中继承属性和方法,也可以进一步扩展属性和方法。

【例 7-2】　根据图 7.1 中的关系,创建 Person、Teacher 和 Doctor 三个类,实现继承关系。其中,Teacher 类中的 dept 表示教师所在的系名称,Doctor 类中的 speciality 表示医生的专长。

其中,Person 类已经在例 7-1 的 example7_1_person.py 中定义,其他两个类的定义及主程序测试源代码如下。

```python
# example7_2_inheritance.py
# coding = utf - 8
# 导入模块 example7_1_person 中的 Person 类
from example7_1_person import Person

class Teacher(Person):              # 从 Person 类继承
    def __init__(self,name,weight,height,dept):
        print("执行 Teacher 的__init__方法")
        # 调用父类的__init__方法
        super().__init__(name,weight,height)
        self.dept = dept
        print('创建了一个 Teacher 对象,姓名为:', name)

    def setDept(self, dept):
        self.dept = dept

    def getDept(self):
        return self.dept

class Doctor(Person):              # 从 Person 类继承
    def __init__(self,name,weight,height,speciality):
        print("执行 Doctor 的__init__方法")
        # 调用父类的__init__方法
        super().__init__(name,weight,height)
        self.speciality = speciality
        print('创建了一个 Doctor 对象,姓名为:', name)

    def setSpeciality(self, speciality):
        self.speciality = speciality

    def getSpeciality(self):
```

```
            return self.speciality

# 主程序
if __name__ == "__main__":
    t = Teacher("Yang", weight = 60, height = 1.71, dept = "计算机")
    print(f"姓名:{t.name},BMI 为{t.getBMI()},是{t.getDept()}系的教师")
    d = Doctor("Wang", 75, 1.72, "神经外科")
    print(f"姓名:{d.name},BMI 为{d.getBMI()},擅长{d.getSpeciality()}")
```

程序 example7_2_inheritance.py 的运行结果如下。

```
>>>
执行 Teacher 的__init__方法
执行 Person 的__init__方法
创建了一个 Person 对象,姓名为: Yang
创建了一个 Teacher 对象,姓名为: Yang
姓名:Yang,BMI 为 20.519134092541297,是计算机系教师
执行 Doctor 的__init__方法
执行 Person 的__init__方法
创建了一个 Person 对象,姓名为: Wang
创建了一个 Doctor 对象,姓名为: Wang
姓名:Wang,BMI 为 25.351541373715524,擅长神经外科
>>>
```

从程序 example7_2_inheritance.py 的执行结果可以看出,创建 Teacher 类的对象时,自动执行该类中的__init__()方法。在__init__()方法内部通过语句 super().__init__(name,weight,height)调用了父类的__init__(name,weight,height)方法,使得从父类对象继承的属性具有初始值(通过父类对象的__init__()方法设置)。如果子类的__init__()方法内部没有对父类相关__init__()方法的显式调用,则从父类继承的属性没有指定的初始值,因为没有执行相关的初始化操作。

7.3.3 子类继承父类的属性

子类继承父类中的非私有属性(类属性和实例属性),但不能继承父类的私有属性,也无法在子类中访问父类的私有属性。子类只能通过父类中的公有方法访问父类中的私有属性。公有属性变量名前面没有下画线,保护属性变量名前面有一条下画线,私有属性的变量名前面有两条下画线。以下例子只讨论实例属性,不讨论类属性。

【例 7-3】 为如图 7.1 所示的 Person 类中增加 residence(居住地)属性。编写程序,设置 Person 类中 weight 和 height 两个属性的访问权限为公有,name 的访问权限为保护类型,residence 的访问权限为私有。创建 Person 的子类 Student,在 Student 类的__init__()方法中获取父类中的属性值。在主程序中创建 Student 类的一个对象,打印输出姓名、BMI 和居住地信息。

程序源代码如下。

```
# example7_3.py
# coding = utf - 8
class Person(object):
    def __init__(self, name, weight, height, residence):
        self._name = name            # 单下画线开头,保护属性
        self.weight = weight         # 公有属性
```

```
            self.height = height                    #公有属性
            self.__residence = residence            #双下画线开头,私有属性

        def setResidence(self, residence):
            self.__residence = residence

        def getResidence(self):
            return self.__residence

        def getBMI(self):
            return self.weight / pow(self.height, 2)

class Student(Person):                               # 从 Person 类继承
    def __init__(self,name,weight,height,residence,major):
        #调用父类的__init__方法
        super().__init__(name,weight,height,residence)
        self.major = major

        #继承了父类中的保护的实例属性,子类中可以直接访问
        print('创建了一个 Student 对象,其姓名为:', self._name)

        #继承了父类中的公有属性,子类中可以直接访问
        print(f"体重为{self.weight},身高为{self.height}")

        #无法继承父类中的私有属性,不能在子类中直接访问
        #print('居住地是:', self.__residence)

        #可以通过父类中的公有方法访问私有属性
        print('居住地是:', self.getResidence())

#主程序
if __name__ == "__main__":
    s = Student("Yang", 60, 1.71, "上海", "计算机")
    print(f"姓名:{s._name}," +                       #s._name 访问从父类继承的保护属性
          f"BMI 为{s.getBMI()}," +                    #访问从父类继承的方法
          f"居住地是{s.getResidence()}")              #调用从父类继承的方法
```

程序 example7_3.py 的运行结果如下。

```
>>>
创建了一个 Student 对象,其姓名为:Yang
体重为 60,身高为 1.71
居住地是:上海
姓名:Yang,BMI 为 20.519134092541297,居住地是上海
>>>
```

从 example7_3.py 中可以看出,父类 Person 中的公有属性和保护属性在子类中可以直接访问。子类中无法直接访问父类的私有属性,必须通过访问相应的公有或保护方法来实现。

父类与子类如果同时定义了名称相同的属性,父类中的属性在子类中将被覆盖。

7.3.4　子类继承父类的方法

子类继承父类中的非私有方法,不能继承私有方法。子类可以继承父类中的类方法、静

态方法和实例方法（又称对象方法）。本书不讨论类方法和静态方法的继承。以下案例只讨论实例方法的继承。

【例7-4】 根据图7.1编写程序，父类 Person 中有公有方法 getHeight()和 getBMI()，有私有方法__getWeight()，有保护方法_getName()。Student 是 Person 的子类，重写了从父类继承而来的 getHeight()方法。

例 7-4 的一种程序实现代码如下。

```python
# example7_4.py
# coding = utf - 8
class Person(object):
    def __init__(self, name, weight, height):
        self._name = name              # 单下画线开头,保护属性
        self.weight = weight           # 公有属性
        self.height = height           # 公有属性

    def _getName(self):                # 保护方法
        return self._name

    def __getWeight(self):             # 私有方法
        return self.weight

    def getHeight(self):               # 公有方法
        print("执行了 Person 类中的 getHeight()方法")
        return self.height

    def getBMI(self):                  # 公有方法
        return self.weight / pow(self.height, 2)

class Student(Person):                 # 从 Person 类继承
    def __init__(self,name,weight,height,major):
        # 调用父类的__init__方法
        super().__init__(name,weight,height)
        self.major = major

        # 继承父类的保护方法_getName(),子类中可以直接访问
        print('创建了一个 Student 对象,其姓名为:', self._getName())

        # 无法继承父类的私有方法__getWeight(),子类中不能访问
        # print(f"体重为{self.__getWeight()}")

        # 执行父类的同名方法
        print(f"身高为:{super().getHeight()}")
        # 执行子类中的同名方法
        print(f"身高为:{self.getHeight()}")

        # 可以直接访问从父类中继承的公有方法
        print('BMI 值为:', self.getBMI())

    def getHeight(self):                        # 重写覆盖了从父类继承而来的同名方法
        print("执行了 Student 类中的 getHeight()方法")
        return self.height
```

```
#主程序
if __name__ == "__main__":
    s = Student("Yang", 60, 1.71, "计算机")
    print(f"姓名:{s._getName()},"          #s._getName()访问从父类继承的保护方法
            + f"BMI 为{s.getBMI()},"        #访问从父类继承的公有方法
             + f"身高为:{s.getHeight()}"     #访问子类中的同名方法
            # + f"体重为{s.__getWeight()}"   #不能访问父类的私有方法
            )
```

程序 example7_4.py 的运行结果如下。

```
>>>
创建了一个 Student 对象,其姓名为: Yang
执行了 Person 类中的 getHeight()方法
身高为:1.71
执行了 Student 类中的 getHeight()方法
身高为:1.71
BMI 值为: 20.519134092541297
执行了 Student 类中的 getHeight()方法
姓名:Yang,BMI 为 20.519134092541297,身高为:1.71
>>>
```

当子类中定义了与父类中同名的方法时,子类中的方法将覆盖父类中的同名方法,也就是重写了父类中的同名方法。如果需要在子类内部调用父类中的同名方法,可以采用如下两种格式。

super(子类类名, self).方法名称(参数) 或 super().方法名称(参数)

习题

1. 设计一个名为 Rectangle 的类来表示长方形。该类中有 length 和 width 两个对象属性(实例属性)分别表示长方形的长和宽。在初始化方法中设置 length 和 width 的值。定义一个实例方法 getArea()返回长方形的面积。在主程序中创建该类的一个对象,并调用 getArea()方法获得该长方形的面积。程序保存为 exercise7_1.py。

2. 设计一个名为 Stock 的类,表示股票。在该类的初始化方法中定义实例属性 number 表示股票代码、name 表示股票名称、price 表示当前价格,并在创建对象时初始化这些实例属性。分别定义实例方法 setPrice()和 getPrice()表示重置价格和获取当前价格。在主程序中创建一个对象,并调用实例方法。程序保存为 exercise7_2.py。

3. 设计一个名为 Product 的类,表示产品。在该类的初始化方法中定义并初始化具有公有访问权限的实例属性 name 表示名称、weight 表示重量、price 表示价格,并在类中定义具有公有访问权限的方法 setPrice()和 getPrice()用来重置和获取价格。再设计一个名为 Computer 的类表示计算机,它从 Product 派生而来。Computer 类中具有实例属性 memory 表示内存大小、CPU 表示中央处理器型号,还具有实例方法 getName()用来获取该产品的名称。在主程序中创建 Computer 类的一个对象,并调用该对象的 setPrice()、getPrice()和 getName()方法。程序保存为 exercise7_3.py。

4. 将第 3 题中的 Product 类的定义写在文件 product.py 中,将 Computer 类的定义写在文件 computer.py 中,将主程序写在文件 exercise7_4.py 中。

第8章

文件的读写

文件是存储数据的载体。无论何种类型的文件,在内存或磁盘上最终都是以二进制的0、1编码存储的。根据逻辑上编码的不同,可以区分为字符文件和字节文件。

字符文件以字符为单位进行存取。根据GBK、UTF-8等不同的字符编码规则,一个字符可能由一个或多个字节的二进制0、1编码来表示。字符文件只能存储纯文本的文件,因此通常称为文本文件。文本文件能够用记事本等文本编辑器直接显示字符、进行编辑。

字节文件是基于存储目标的对象编码的,其编码的字节串长度根据存储对象的大小而变化。通常在文件的头部相关属性中定义了表示存储对象的编码长度。

所有的文件在计算机中都是以二进制的方式存储的。因此,从广义上说,所有文件都是二进制文件。然而,人们通常把字节文件称为二进制文件,也就是狭义的二进制文件;把字符文件称为文本文件。

文本文件既可以用字符文件方式进行存取,也可以用字节文件方式进行存取。声音、图像等文件只能以字节文件方式进行存取。

8.1 文件的打开与关闭

要读写文件,需要先通过open()函数打开一个文件对象。open()函数的调用格式如下。

```
open(file, mode = 'r', buffering = -1, encoding = None, errors = None, newline = None, closefd =
True, opener = None)
```

参数file表示可以带路径的文件名。如果文件名不带路径,表示当前路径下的文件。给open()函数传递file参数时,要注意文件名的书写方式。在Windows操作系统下,Python函数中使用的文件名所包含的路径名有如下三种写法。

```
>>> f = open(r'd:\test.txt')
>>> f = open('d:\\test.txt')
>>> f = open('d:/test.txt')
```

open()函数中的其他参数都包含默认值。mode表示文件的打开方式,默认为r和t的组合,表示以只读形式打开字符文件,以字符为单位读取文件。表8.1列出了open()函数中参数mode的可选值。mode值是"文件类型"和"读写方式"的组合。4种"读写方式"中,除了'x'以外,其他三种读写方式后面均可以添加"+",表示既可读又可写。buffering表示缓冲策略,这里不展开阐述。encoding表示用于文本文件解码和编码的规则名称,将在8.2节展开阐述。errors也只用于文本文件的处理,表示如何处理编码错误。针对参数errors可选的表示处理方式的字符串,本节不展开阐述。newline表示通用换行工作方式,只用在文本模式下。关于 newline 参数的可选项含义,以及 closefd 和 opener 参数的含义不展开阐述,读者可以参考帮助文档。调用 open()函数之后,将返回一个文件对象。

表 8.1 **open()函数中参数 mode 的可选值**

处 理 类 型	参数 mode 的取值	含　　义
文件类型	b	字节方式
	t	字符方式(默认)
读写方式	r	以读形式打开(默认)
	w	以写形式打开;如果文件已存在,则先清空文件原有内容
	a	以写的形式打开;如果文件已存在,新写的内容添加到原有内容的后面
	x	创建一个新文件,并以写的形式打开
增加读或写	+	在读写方式字符后加上"+",表示既可读又可写的方式

文件类型中,'t'表示字符方式,按照字符逐个读取,是 open()函数的默认读取方式。'b'表示字节方式,逐字节读取。

假如在 d 盘根目录下存在一个名为 test.txt 的文件,可以通过以下语句以默认的字符文件读方式打开它。

```
>>> f = open(r'd:\test.txt')
```

open()函数默认以读的形式打开。如果 d 盘中不存在这个文件,则会提示以下错误。

```
Traceback (most recent call last):
  File "<pyshell#1>", line 1, in <module>
    f = open(r'd:\test.txt')
FileNotFoundError: [Errno 2] No such file or directory: 'd:\\test.txt'
```

在文件读写完毕之后,要注意使用 f.close()方法关闭文件,以把缓存区的数据写入磁盘、释放内存资源供其他程序使用。可以使用 with 子句实现文件对象的上下文管理,退出该子句下面的语句块时实现文件对象的自动关闭等功能。例如:

```
>>> with open(r'd:\test.txt') as f:
...     t = f.read()
...     print(t)
...
读取文本文件测试
>>>
```

处理纯文本的文件既可以在"t"模式(字符文件方式)下存取,也可以在"b"模式(字节文件方式)下存取。在"t"模式下,数据的存取以字符为读写单位。在"b"模式下,数据的存取以字节串(bytes)为单位。包含非文本内容(如图像、声音等)的数据必须以字节文件方式(狭义的二进制)来存取。

8.2　文本文件的读写

Python 中,open()函数默认以只读的方式打开字符文件,只能处理纯文本文件。如果要将数据写入文件中或者以字节的形式读取文件,需通过 mode 参数提供文件打开模式。

open()函数中的参数 mode 值是表 8.1 中的"文件类型"和"读写方式"的组合。除'x'以外的其他三种"读写方式"后面还可以添加"＋"，表示既可读又可写。使用不同读写方式打开的文件初始状态信息如表 8.2 所示。

表 8.2　open 函数各种读写方式下打开文件的初始状态

参数 mode 的取值	是否删除原来内容	文件不存在时是否新建文件	文件指针初始位置
r	否	不创建新文件	开头
w	是	不存在时创建新文件	开头
a	否	不存在时创建新文件	末尾
x	如果文件已存在则抛出异常	始终创建新文件,如果文件已存在则抛出异常	开头

　　读写方式中,'r'表示只读模式,是 mode 参数的默认值,打开时文件指针位于开头。'w'模式可以往文件中写入数据。如果文件中原来有数据,通过'w'模式打开文件时,原有数据将被清除。'a'模式可以往文件末尾添加数据,打开时文件指针位于末尾。此外,'＋'可以和以上三种模式配合使用,表示同时允许读和写。例如,通过'r＋'返回的文件对象既可以读,也可以写。'w＋'和'r＋'之间的区别在于:'w＋'打开文件时将删除原有文件数据,若打开的文件不存在,则会新建一个文本文件;'r＋'打开文件时不删除原有文件数据,若打开的文件不存在,则产生异常。'a＋'模式以读写方式打开文件,不删除原有文件数据,允许在任意位置读,但只能在文件末尾追加数据,若打开的文件不存在,则新建一个文本文件。读写方式'x'后面不能添加'＋',因为以'x'方式打开文件,始终是创建新文件,没有内容可读。

　　open()函数中的 encoding 表示文本文件存储时所采用的字符编码规则和读取时的解码规则,如 GBK、UTF-8。存储和读取要采用同一种编码规则。如果该参数未指定,所采用的编码规则由操作系统来决定。可以采用如下方式获取操作系统当前默认的字符编码规则。

```
>>> import locale
>>> locale.getencoding()
'cp936'
>>>
```

　　在 Windows 中 locale.getencoding()返回 cp936。它是 GBK 编码在 Windows 内部对应的代码页。在 Linux 等平台上通常返回 UTF-8。因此,在利用 open()函数打开文本文件时,最好指定 encoding 参数的值。

8.2.1　以字符方式将文本写入文件

　　open()函数在 mode 为 tr＋、tw、tw＋、ta、ta＋、tx 等模式下以字符文件方式打开后,返回一个可写的字符文件对象,在此基础上可以以字符方式向该文件中写入数据。上述 mode 值的组合中,字符方式 t 为默认形式,通常被省略。文件对象读写数据的方法见表 8.3,其中,write()、writelines()用于往文件对象中写入数据。

表 8.3　文件对象的读写方法

方　　法	作　　用
read()	读取文本数据,若不加任何参数,在 t 模式(默认)下将所有内容作为一个字符串返回,在 b 模式下将所有内容作为一字节串返回;若给定某个正整数 n,在 t 模式(默认)下返回 n 个字符所构成的字符串,在 b 模式下返回 n 字节的字节串;如果从当前文件指针位置到最后不足 n 个,则返回所有内容

方　　法	作　　用
readline()	若没有任何参数,在 t 模式(默认)下读取文件的一行构成字符串,在 b 模式下读取一行构成字节串;若包含一个正整数参数 n,则读取 n 个字符构成字符串或 n 字节构成字节串
readlines()	以行为单位读取文本数据,返回一个列表,每行的字符串(t 模式下)或字节串(b 模式下)内容作为列表的一个元素;可以指定最大读取行数
write()	写入数据
writelines()	对序列中的所有字符串(t 模式)或字节串(b 模式)元素逐个写入,每写完一个元素后不会自动换行,除非该元素包含换行符"\n"

下面的例子先以默认的 t 模式、写的方式打开 d:\test.txt 文件对象。如果文件不存在,则自动创建文件对象。接着,在文件对象中写入两行字符串,内容分别为 123 和 abc。写入字符串 123 时,后面有\n,因此产生了换行。然后用文件对象的 close()方法关闭文件对象,文件对象中的内容将被写入磁盘文件中。

```
>>> f = open('d:\\test.txt','w')        #默认采用 t 模式,没有使用 with 子句
>>> f.write('123\n')
4
>>> f.write('abc')
3
>>> f.close()                           #前面没有使用 with 子句,需要自行关闭文件对象
```

打开 d 盘的 test.txt 文件可以发现其中有两行文本:123 和 abc。另外需注意的是,一旦在'w'或'w+'模式下打开某个已经存在的文件,则该文件里的原有数据会被清空。在刚才创建的 test.txt 文件基础上,如果继续运行如下代码:

```
>>> with open(r"d:\test.txt","w+") as f:     #默认采用 t 模式
...     f.write('567\n')
...     f.write('def')
...
4
3
>>>
```

上述代码采用 with 子句,其下的语句块结束后自动关闭文件对象 f。此时,打开 d 盘的 test.txt 文件可以发现其中有两行字符:567 和 def,之前的内容已被清除。

除了 write()方法外,writelines()可实现将序列中的元素逐个写入文件中。下面的代码用 append 模式再次打开 test.txt 文件,在文件末尾添加两行,内容分别为"123"和"abc"。

```
>>> a_list = ['\n123','\nabc']            #准备写入文件的内容
>>> with open('d:/test.txt','a') as f:    #默认采用 t 模式
...     f.writelines(a_list)
...
>>>
```

打开 test.txt 文件可以发现有 4 行文本:567,def,123 和 abc。

用 writelines()方法写入序列中元素时,每写完一个元素后并不会自动换行,除非该元素包含换行符"\n"。如果待写入的序列元素中没有换行符,下一个元素将直接接着往后面写。执行以下代码:

```
>>> a_list = ['123','abc',"def"]
>>> with open('d:\\test.txt','w + ') as f:        #默认采用 t 模式
...     f.writelines(a_list)
...
>>>
```

执行完后，打开 test.txt 文件，可以发现序列 a_list 中的三个字符串元素被写在同一行了。如果想写完序列中的一个元素后换行，则需要在每个元素后面添加一个换行符"\n"。例如：

```
>>> a_list = ['123','abc',"def"]
>>> b_list = [line + "\n" for line in a_list]      #每个元素后面加一个换行符"\n"
>>> with open('d:\\test.txt','w + ') as f:        #默认采用 t 模式
...     f.writelines(b_list)
...
>>>
```

此时打开 test.txt 文件后可以发现，列表中的每个元素写完后都换行了。

8.2.2　以字节方式将文本写入文件

文本也可以以字节的方式写入文件中。在这种方式下，待写入的字符串需要先编码为字节串，然后将字节串写入文件中。下面的例子演示了采用 b 模式以字节的形式将文本写入文件。

```
>>> s = "文本测试 filetest".encode("utf - 8")        #将字符串编码为字节串
>>> print(s)
b'\xe6\x96\x87\xe6\x9c\xac\xe6\xb5\x8b\xe8\xaf\x95filetest'
>>> f = open('d:\\test_bit_mode.txt',mode = 'wb')
>>> f.write(s)                                    #写入字节串 s,字节串长度为 20
20
>>> f.close()
```

上述代码中，通过参数 mode = 'wb'指明以字节的形式写入文件。读者可以用记事本等工具打开相应的文件，可以看到写入的字符串内容。

建议读者将上述案例修改为 with 子句的方式。

8.2.3　以字符方式读取文本文件

open()函数在 mode 值为'tr'、'tr+'、'tw+'或'ta+'等模式打开文件后，返回一个可读的字符文件对象，在此基础上，实现以字符方式读取文件中的内容。其中，mode 值的组合中，t 是默认模式，通常被省略掉。如表 8.3 所示，从文件对象读取数据的方法有 read()、readline()、readlines()。

在 d 盘根目录下新建一个名为"test.txt"的文件，并在其中输入"欢迎学习 Python"和"让我们一起学习 Python"两行字符串，然后保存并关闭文件。在'r'模式下构建文件对象 f 之后，可以用 read()、readline()和 readlines()等方法读取出 f 中的数据。在默认的 t 模式下，利用 read()方法可读取文件中指定个数的字符，若括号中无数字，则直接读取文件中所有的字符；若参数中提供数字，则一次读取指定个数的字符。例如：

```
>>> f = open('d:\\test.txt')          #默认以 t 模式打开
>>> f.read(6)                         #读取 6 个字符
```

```
'欢迎学习 Py'
>>> f.read(2)                        ＃读取 2 个字符
'th'
>>> f.read()                         ＃读取剩余的所有字符
'on\n 让我们一起学习 Python'
>>> f.close()                        ＃关闭文件对象
>>>
```

文件对象的 readline() 方法可实现逐行读取，若括号中无数字，则默认读取一行；若括号中有数字，在 t 模式下读取这一行中对应数量的字符（如果该数字大于这一行剩余的字符数，则读取这一行剩余的所有字符）。例如：

```
>>> f = open('d:\\test.txt')          ＃默认以 t 模式打开
>>> f.readline()                      ＃读取当前行
'欢迎学习 Python\n'
>>> f.readline(3)                     ＃读取当前行的最多 3 个字符
'让我们'
>>> f.readline()                      ＃读取当前行的剩余字符
'一起学习 Python'
>>> f.close()
>>>
```

文件对象的 readlines() 方法可读取一个文件中的所有行，并将其作为一个列表返回。在 t 模式下，每一行的信息构成一个字符串作为列表中的一个元素。例如：

```
>>> with open('d:\\test.txt') as f:    ＃默认以 t 模式打开
...     f.readlines()
...
['欢迎学习 Python\n', '让我们一起学习 Python']
>>>
```

值得注意的是，调用 readlines() 方法将返回一个以文件每一行内容作为元素的列表存储在内存之中。当文件存储的信息量较小时，对于计算性能的影响较小；但当文件很大时，则需要占用较大的内存，会影响到计算机的正常运行。可以使用如下两种常用的方法，逐行读取文本信息，降低对计算机内存的占用。

```
方法 1:
>>> with open('d:\\test.txt') as f:
...     line = f.readline()
...     while line:
...         print(line, end = "")
...         line = f.readline()
...
欢迎学习 Python
让我们一起学习 Python
>>>
方法 2:
>>> with open('d:/test.txt') as f:
...     for line in f:
...         print(line, end = "")
...
欢迎学习 Python
让我们一起学习 Python
>>>
```

8.2.4　以字节方式读取文本文件

文本文件中的内容也可以用 b 模式读取。此时读取的内容是字节串，需要使用存储时相同的编码规则将其解码为相应的字符才能看到文件存储的字符串内容。下面的例子演示了以 b 模式读取文本文件。

```
>>> f = open('d:\\test_bit_mode.txt',mode = "rb")
>>> s = f.read(6)                  # 读取 6 字节,每个汉字占 3 字节
>>> s
b'\xe6\x96\x87\xe6\x9c\xac'
>>> s.decode("utf - 8")          # 解码为字符串
'文本'
>>> f.close()
>>> f = open('d:\\test_bit_mode.txt',mode = "rb")
>>> s = f.read(16)                 # 读取 16 字节,每个汉字占 3 字节,每个英文字母占 1 字节
>>> s
b'\xe6\x96\x87\xe6\x9c\xac\xe6\xb5\x8b\xe8\xaf\x95file'
>>> s.decode("utf - 8")          # 解码为字符串
'文本测试 file'
>>> f.close()
```

8.2.5　采用指定编码存取文本文件

在文件中存储的均为二进制的字节串。如果以 t 模式写入字符串，系统自动根据指定的编码方式将字符串编码为字节串。该编码方式通过 open()函数的 encoding 参数指定，如果没有指定，则采用操作系统默认的编码方式。可以通过以下方式查询操作系统默认的编码方式。

```
>>> import locale
>>> locale.getencoding()
'cp936'
>>>
```

文本文件的读和写需要采用同一种编码方式。如果不是采用同一种编码方式，在读取文件中的中文等非 ASCII 字符时将出现解码错误。这里举个例子来说明如何在写或读文本文件时指定编码方式。

```
>>> f = open("d:/test1.txt",mode = "w",encoding = "utf - 8")          # 以 UTF - 8 编码写文件
>>> f.write("字符编码测试")
6
>>> f.close()
```

上述代码以 UTF-8 为编码规则，将字符串写入文本文件中。以下代码中，open()函数打开文件时没有通过 encoding 参数指定解码规则，则采用操作系统默认的解码规则 cp936。由于文件中存储的是以 UTF-8 编码的字符串，无法通过 cp936 对这些字符串进行正确解码。

```
>>> f = open("d:/test1.txt")          # 以操作系统默认的编码方式读取文件
>>> f.read()
Traceback (most recent call last):
  File "< pyshell # 71 >", line 1, in < module >
```

```
        f.read()
UnicodeDecodeError: 'gbk' codec can't decode byte 0xac in position 4: illegal multibyte sequence
>>> f.close()
```

以下代码中,open()函数改用 UTF-8 对读取的字节串进行解码,与存储时的编码规则相同,因此能正确解码,返回正确的字符串。

```
>>> f = open("d:/test1.txt",encoding = "utf - 8")        # 采用 UTF - 8 编码读取文件
>>> f.read()
'字符编码测试'
>>> f.close()
```

8.3 文件指针

文件读或写的开始位置由文件对象中的文件当前指针位置确定。建立文件对象之后,可通过该对象的 tell()方法返回以字节为单位的指针当前位置,可通过该对象的 seek()方法移动指针的位置。

通过 f.seek(offset[,where])移动文件对象 f 中的指针位置,可实现文件数据的灵活读写。参数 where 定义了指针位置的参照点。where 可以省略,其默认值为 0,即文件头位置。若 where 取值为 1,则参照点为当前指针位置。若 where 取值为 2,则参照点为文件尾。offset 参数定义了指针相对于参照点 where 的偏移量,取整数值。如果 offset 取正值,则往文件尾方向移动。如果 offset 取负值,则往文件头方向移动。在文本文件中,如果没有使用'b'模式选项打开文件,从文件尾开始计算相对位置时就会引发异常。因此,如果需要从文本文件的文件尾这个相对位置来计算指针的偏移量,需要使用'b'模式打开文本文件。

值得注意的是,重新定位指针位置时,指针可以往后移至任意位置,但不可移至文件头之前。此外,指针位置的计算都是以字节为单位。在不同模式下打开的文件对象,文件指针的起始位置各不相同,详细情况请参见表 8.2。

注意,文件的 tell()方法和 seek()方法均以字节为单位返回指针的位置或移动指针的位置,而以 t 模式打开的字符文件的 read()和 readline()方法均以字符个数为单位。下列代码演示了文件对象中 tell()方法和 seek()方法的使用案例。

先创建文件,用于案例演示。

```
>>> with open("d:/test/file_point_test.txt","w") as f:
...     f.write("Hello! 欢迎加入 Python 的学习!")
...
21
>>>
```

通过上述代码,在"d:\test"目录下创建了文件 file_point_test.txt。用 open()打开文件时没有指定 encoding 的值,采用操作系统的默认的 cp936 编码规则将字符串编码为字节串。cp936 是 GBK 编码在 Windows 内部对应的代码页。因此,每个英文字母、数字和英文标点符号占 1 字节,每个汉字占 2 字节。下面的代码演示 tell()和 seek()两个方法的使用。

```
>>> f = open("d:/test/file_point_test.txt")        # 默认以 t 模式打开
>>> f.tell()
0
```

```
>>> f.read(1)                                   #读取一个字符
'H'
>>> f.tell()                                    #指针位于第 1 字节
1
>>> f.read(2)                                   #读取 2 个字符
'el'
>>> f.tell()
3
>>> f.read(8)                                   #读取 8 个字符
'lo! 欢迎加入'
>>> f.tell()
15
>>> f.seek(7)
7
>>> f.read(4)                                   #读取 4 个字符
'欢迎加入'
>>> f.tell()        #指针位于第 15 字节,GBK 编码下每个汉字占 2 字节
15
>>> f.read()
'Python 的学习!'
>>> f.tell()
29
>>> f.close()
>>>
```

如果 open()函数中为参数 mode 指定 b,则以字节文件的方式打开,那么 read()和
readline()方法中指定的参数也表示字节数,而不是字符数。例如:

```
>>> f = open("d:/test/file_point_test.txt",mode = "rb")
>>> f.read(7)                #读取 7 字节
b'Hello! '
>>> f.tell()
7
>>> s = f.read(4)            #读取 4 字节(2 个汉字的 GBK 编码)
>>> s
b'\xbb\xb6\xd3\xad'
>>> print(s.decode("gbk"))
欢迎
>>> f.tell()
11
>>> f.close()
>>>
```

8.4　用 csv 模块读写 CSV 文件

Python 内置的 csv 模块提供了对 CSV 文件的读写功能。可以通过 Writer 对象或
DictWriter 对象将数据写入 CSV 文件中。可以通过 Reader 或 DictReader 对象读取 CSV
文件中的内容。

1. 使用 Writer 对象将数据写入 CSV 文件

调用 csv.writer()函数生成 Writer 对象。然后可以调用 Writer 对象的 writerow()方
法将列表或元组中的信息作为一行写入 CSV 文件对象中,也可以调用 Writer 对象的

writerows()方法将二维列表或元组中的每个元素依次作为一行写入 CSV 文件。

【例 8-1】　自行构造学生信息数据,并命名各列的标题。使用 csv 模块中的 writer()函数获取 Writer 对象,并分别使用 Writer 对象的 writerow()和 writerows()方法将表头和内容写入 CSV 文件中。

程序源代码如下。

```
# example8_1_csv_writer.py
# coding = utf - 8
import csv

title = ("stu_no","name","major")
stu_info = (
    ("1","张三","信息管理与信息系统"),
    ("2","李四","计算机科学与技术"),
    ("3","王五","智能科学与技术"),
    ("4","Zhang","计算机科学与技术")
)

with open('csv_writer.csv',"w",encoding = "gbk",newline = "") as f:
    w = csv.writer(f)            # 通过 writer()函数返回 Writer 对象
    # 通过 Writer 对象的 writerow()方法写入一行
    w.writerow(title)
    # 通过 Writer 对象的 writerows()方法写入多行
    w.writerows(stu_info)
```

运行该程序后,在该程序源代码所在的相同目录下生成了一个名为“csv_writer. csv”的文件,包含列标题和 4 行学生信息。

上述代码中,使用 with 子句来打开文件。退出该子句下面的语句块时,文件对象自动关闭。推荐使用这种方式打开文件,这样不需要手动关闭文件对象,系统能够自动关闭文件对象。函数 open()中的参数 newline 传递实参值为空字符串。如果没有为 newline 赋值,将在 CSV 文件中产生空行。文件打开的模式为'w',如果存在同名的文件,将覆盖原有的文件内容。如果打开模式为'a',则可以在原 CSV 文件后面添加内容。

2. 使用 DictWriter 对象将数据写入 CSV 文件

先使用 csv. DictWriter 类构造对象,并将字典中各元素的键传递给初始化参数。可以利用 DictWriter 对象的 writeheader()方法将这些传递给初始化参数的键作为一行写入 CSV 文件中,也可以不写此行。用 writerows()方法写入列表或元组中的所有字典,每个字典信息作为一行。根据构造 DictWriter 对象时传入的键,将字典中对应的值写入对应的列中。用 writerow()方法将一个字典的信息作为一行写入 CSV 文件中。

【例 8-2】　自行构造学生信息数据,并命名各列的标题。构造 DictWriter 对象,使用该对象的 writeheader()方法将列标题作为第一行写入 CSV 文件中,用 writerows()方法将一组字典中的值写入 CSV 文件中,用 writerow()方法将一个字典中的值作为一行写入 CSV 文件中。

程序源代码如下。

```
# example8_2_csv_dictwriter.py
# coding = utf - 8
import csv
```

```
title = ("stu_no","name","major")
stu_info = (
    {"stu_no":"1","name":"张三","major":"信息管理与信息系统"},
    {"stu_no":"2","name":"李四","major":"计算机科学与技术"},
    {"stu_no":"3","name":"王五","major":"智能科学与技术"}
)

with open('csv_dictwriter.csv',"w",encoding = "gbk",newline = "") as f:
    w = csv.DictWriter(f,fieldnames = title)      # 构造 DictWriter 对象
    w.writeheader()                                # 写入各列的标题
    # 通过 DictWriter 对象的 writerows()方法写入多行
    w.writerows(stu_info)
    # 通过 DictWriter 对象的 writerow()方法写入一行
    w.writerow({"stu_no":"4","name":"Zhang","major":"计算机科学与技术"})
```

运行该程序后，在该程序源代码所在的相同目录下生成了一个名为"csv_dictwriter.csv"的文件，包含列标题和 4 行学生信息。

3. 用 reader()函数读取 CSV 文件

用 csv.reader()函数读取 CSV 文件，返回一个 Reader 对象。该对象是一个可迭代对象，可以通过循环语句遍历每一个元素。每个元素均为 CSV 文件中的一行构成的列表，列表中的每个元素是由 CSV 相应位置上的元素构成的字符串。

【例 8-3】 使用 csv.reader()函数读取例 8-1 中生成的 csv_writer.csv 文件。按行输出读取的结果。

程序源代码如下。

```
# example8_3_csv_reader.py
# coding = utf - 8
import csv

with open('csv_writer.csv',"r",encoding = "gbk",newline = "") as f:
    r = csv.reader(f)     # 通过 reader()函数返回 Reader 对象
    for row in r:
        print(row)
```

程序运行结果如下。

```
['stu_no', 'name', 'major']
['1', '张三', '信息管理与信息系统']
['2', '李四', '计算机科学与技术']
['3', '王五', '智能科学与技术']
['4', 'Zhang', '计算机科学与技术']
```

4. 用 DictRead 对象读取 CSV 文件

将 CSV 文件对象作为 DictReader 类的初始化参数来构造 DictReader 对象。该对象是一个可迭代的对象，每个元素是由 CSV 文件中每行构成的字典，字典的键为 CSV 文件中第一行的内容构成的字符串，值为该行上对应单元格的值构成的字符串。

【例 8-4】 使用 csv.DictReader 对象读取例 8-1 中生成的 csv_writer.csv 文件。按行输出读取的结果。

程序源代码如下。

```
# example8_4_csv_dictreader.py
# coding = utf - 8
import csv

with open('csv_writer.csv',"r",encoding = "gbk",newline = "") as f:
    r = csv.DictReader(f)        # 创建 DictReader 对象
    for row in r:
        print(row)
```

程序 example8_4_csv_dictreader.py 的运行结果如下。

```
{'stu_no': '1', 'name': '张三', 'major': '信息管理与信息系统'}
{'stu_no': '2', 'name': '李四', 'major': '计算机科学与技术'}
{'stu_no': '3', 'name': '王五', 'major': '智能科学与技术'}
{'stu_no': '4', 'name': 'Zhang', 'major': '计算机科学与技术'}
```

8.5 用 xlwings 处理 Excel 文件

Excel 文件是一种二进制文件。Python 的标准发行版本中没有读写 Excel 文件的模块。目前有很多处理 Excel 的 Python 库,如 xlrd、xlwt、xlutils、openpyxl、xlwings 等。在这些第三方库中,有些只能处理 xls 格式的文件,有些只能处理 xlsx 格式的文件;有些只能读取文件,有些只能写入文件。其中,xlwings 功能比较齐全,不但能够读、写、修改 xls 和 xlsx 格式的 Excel 文件;还能够与 Excel 宏结合,实现在 Excel 中调用 Python 程序。

Anaconda 中已经集成了 xlwings,不需要单独安装。如果使用 Python 官方发行的标准版,需要在 Windows 操作系统中按 Windows＋R 组合键,打开"运行"对话框,输入"CMD"运行,从而打开命令行窗口。在命令行窗口中通过 pip install xlwings 来安装 xlwings 库。如果提示 pywin32 的版本问题,可以先通过 pip uninstall pywin32 卸载原来的 pywin32,接着通过 pip install pywin32 重新安装 pywin32。安装完 pywin32 后,再通过 pip install xlwings 来安装 xlwings 库。

在 xlwings 中,Excel 应用用 App 表示。在一个 App 下才可以创建一个或多个工作簿。xlwings 可以创建一个或多个 App。多个 Excel 应用集合用 Apps 表示。

工作簿(对应于一个 Excel 文件)用 Book 表示,工作簿集合用 Books 表示;一个工作簿包含多个工作表,单个工作表用 Sheet 表示,工作表集合用 Sheets 表示;区域用 Range 表示,既可以是工作表中的一个单元格,也可以是工作表中的一片单元格。

8.5.1 创建 Excel 文件

使用 xlwings 创建 Excel 文件,并向文件写入数据的基本步骤如下。

(1) 导入 xlwings 模块。

(2) 创建 Excel 应用对象。

(3) 在应用对象中创建工作簿。

(4) 在工作簿中创建工作表。

(5) 在单元格中写入数据。

(6) 如果有需要,可以向单元格中插入公式。

（7）如果有需要，可以设置单元格字体、颜色等属性。

（8）将内存中的工作簿对象保存到磁盘文件。

【例 8-5】　编写程序，将表 8.4 中的内容写入 xlsx 格式的 Excel 文件，各门课程成绩低于 60 分的底色显示绿色。在最右侧增加一列，标题为"总分"，该列第 2 行开始均插入 Excel 公式，计算相应行各门课程的总分。总分大于或等于 270 分的，字体设置为 Arial、蓝色、12 号、加粗；总分小于 210 分的字体设置为 Arial、红色、12 号、加粗。以文件名为"score.xlsx"保存该 Excel 文件。

表 8.4　学生成绩表

学　号	姓　　名	语　文	数　学	英　语
1	张三	85	95	88
2	李四	86	95	90
3	王五	70	55	80
4	zhang	75	100	78

程序源代码如下。

```
# example8_5_xlwings_write.py
# coding = utf-8
import xlwings as xw

# 创建应用
app = xw.App(visible = True,          # Excel 窗口是否可见
            add_book = False)          # 是否自动创建工作簿

# 创建工作簿,默认创建了一个 Sheet(名为 Sheet1)
workbook = app.books.add()
# 在工作簿中创建一个 Sheet
# sheet = workbook.sheets.add(name = "Sheet1")   # 创建一个 Sheet

# 使用默认的 Sheet(名为 Sheet1)
sheet = workbook.sheets["Sheet1"]      # 选中名为 Sheet1 的工作表
# 可以修改工作表的名称
# sheet.title = "new_sheet_name"

# 需要写入的数据保存在一个元组中
d_tuple = (('学号','姓名','语文','数学','英语'),
          ('1','张三',85,95,88),
          ('2','李四',86,95,90),
          ('3','王五',70,55,80),
          ('4','zhang',75,100,78) )

# 获取数据行数
iRows = len(d_tuple)
# 获取数据的列数
iCols = len(d_tuple[0])

# 将数据写入单元格
for row in range(1, iRows + 1):
    # 列号从 A 开始
    colName = 'A'
```

```
    for col in range(1, iCols + 1):
        # 将信息写入单元格,如 sheet.range('A1').value = d_tuple[0][0]
        sheet.range(f'{colName}{row}').value = d_tuple[row - 1][col - 1]
        # 判断数字单元格的值,如果小于 60,将底色设置为绿色
        if row > 1 and col > 2 and d_tuple[row - 1][col - 1] < 60:
            # 填充单元格颜色
            sheet.range(f'{colName}{row}').color = (0, 255, 0)

        # 列号变为下一个 ASCII 码的字母
        colName = chr(ord(colName) + 1)

rows = sheet.used_range.shape[0]              # 获取总行数
cols = sheet.used_range.shape[1]              # 获取总列数
colName = chr(ord("A") + cols)                # 总分所在列的列号
sheet.range(f'{colName}1').value = "总分"      # 第一行插入标题

for row in range(2, rows + 1):
    # 总分列插入公式
    sheet.range(f'{colName}{row}').value = f" = SUM(C{row}:E{row})"
    sum_value = 0
    for c in range(3, 6):
        sum_value += sheet.range(row, c).value

    if sum_value >= 270:
        # 设置单元格字体
        sheet.range(f'{colName}{row}').api.Font.Size = 12
        sheet.range(f'{colName}{row}').api.Font.Bold = True
        # 以下 0x0000FF 中 0x 表示十六进制,左边两位 00 表示 R 的值,
        # 中间两位 00 表示 G 的值,右侧两位 FF 表示 B 的值,构成 RGB 颜色
        sheet.range(f'{colName}{row}').api.Font.Color = 0x0000FF
        sheet.range(f'{colName}{row}').api.Font.Name = "Arial"
    elif sum_value < 210:
        # 设置单元格字体
        sheet.range(f'{colName}{row}').api.Font.Size = 12
        sheet.range(f'{colName}{row}').api.Font.Bold = True
        sheet.range(f'{colName}{row}').api.Font.Color = 0xFF0000
        sheet.range(f'{colName}{row}').api.Font.Name = "Arial"

workbook.save("xlwings_test.xlsx")
workbook.save("xlwings_test.xls")
workbook.close()                              # 关闭 workbook
app.quit()                                    # 关闭 Excel
```

执行程序 example8_5_xlwings_write.py 后,在程序所在目录下生成了名为 xlwings_test 的 xlsx 和 xls 两个文件,文件内容相同。

创建应用的语句 app = xw.App(visible = True, add_book = False)中,visible 表示是否打开 Excel 程序窗口。如果为 False,则只在内存中创建,不显示窗口。如果为 True,则打开 Excel 窗口。当执行 app.quit()时,关闭 Excel 窗口,并在内存中销毁该对象。

Workbook 对象的 save()方法将一个工作簿保存为一个 Excel 文件。保存的文件类型既可以是 xlsx,也可以是 xls。

程序 example8_5_xlwings_write.py 通过 sheet.range('A1').value = '值'的形式为指定

单元格赋值。range()中的参数也可以构成一个区域,从而为一个区域赋值;还可以指定行号与列号,为指定的单元格赋值。以下程序 example8_5_xlwings_area_write.py 给出了为矩形区域赋值、为一行赋值和为指定行号与列号的单元格赋值的方法。

```
# example8_5_xlwings_area_write.py
# coding = utf - 8
import xlwings as xw

# 创建应用
app = xw.App(visible = True, add_book = False)
# 创建工作簿,默认创建了一个工作表(名为 Sheet1)
workbook = app.books.add()
# 使用默认的工作表(名为 Sheet1)
sheet = workbook.sheets["Sheet1"]          # 选中名为 Sheet1 的工作表

# 需要写入的数据保存在一个元组中
d_tuple = (('学号','姓名','语文','数学','英语'),
          ('1','张三',85,95,88),
          ('2','李四',86,95,90),
          ('3','王五',70,55,80),
          ('4','zhang',75,100,78) )

# 方式 2:整个区域一起写入
# sheet.range("A1:E5").value = d_tuple

# 方式 3:按行写入
'''
iRows = len(d_tuple)                        # 获取数据行数
# 将数据写入单元格
for row in range(1, iRows + 1):
    sheet.range(f'A{row}:E{row}').value = d_tuple[row - 1]
'''

# 方式 4:通过行号、列号赋值
for i in range(len(d_tuple)):
    for j in range(len(d_tuple[i])):
        sheet.range(i + 1, j + 1).value = d_tuple[i][j]

workbook.save("xlwings_area_write.xlsx")
workbook.close()                            # 关闭 workbook
app.quit()                                  # 关闭 Excel
```

注意,在 xlwings 中,Excel 单元格的行号与列号均从 1 开始。

8.5.2　读取并修改 Excel 文件

用 xlwings 读取 Excel 文件的基本步骤如下。
(1) 创建 Excel 应用对象。
(2) 利用应用对象打开 Excel 文件,返回工作簿对象。
(3) 遍历工作簿对象中的工作表,获取工作表中特定单元格或单元格区域的值。
(4) 需要时,可以修改单元格或单元格区域的值。
(5) 如果有修改,则先保存工作簿。

（6）关闭工作簿对象。

（7）关闭 Excel 应用对象。

【例 8-6】　编写程序，读取例 8-5 中生成的 Excel 文件数据，遍历所有的工作表，依次输出工作表中每一个单元格中的值，并将 D4 单元格的值修改为 60。

程序源代码如下。

```python
# example8_6_xlwings_read_modify.py
# coding = utf-8
import xlwings as xw

file_name = 'xlwings_test.xlsx'
# file_name = 'xlwings_test.xls'
app = xw.App(visible = True, add_book = False)
workbook = app.books.open(file_name)

# 遍历 Sheet 方式 1
for sheet in workbook.sheets:
    rows = sheet.used_range.shape[0]          # 获取总行数
    cols = sheet.used_range.shape[1]          # 获取总列数
    # 遍历 Sheet 中的每个单元格，并打印输出
    for i in range(1, rows + 1):
        for j in range(1, cols + 1):
            print(sheet.range(i, j).value, end = '\t')
        print()
'''
# 遍历 Sheet 方式 2
for i in range(len(workbook.sheets)):
    sheet = workbook.sheets[i]                # 获取第 i 个 Sheet 对象
    rows = sheet.used_range.shape[0]          # 获取总行数
    cols = sheet.used_range.shape[1]          # 获取总列数
    # 遍历 Sheet 中的每个单元格，并打印输出
    for i in range(1, rows + 1):
        for j in range(1, cols + 1):
            print(sheet.range(i, j).value, end = '\t')
        print()
'''
'''
# 遍历 Sheet 方式 3
for sheet_name in workbook.sheet_names:
    # 根据 Sheet 名称获取 sheet 对象
    sheet = workbook.sheets[sheet_name]
    rows = sheet.used_range.shape[0]          # 获取总行数
    cols = sheet.used_range.shape[1]          # 获取总列数
    # 遍历 Sheet 中的每个单元格，并打印输出
    for i in range(1, rows + 1):
        for j in range(1, cols + 1):
            print(sheet.range(i, j).value, end = '\t')
        print()
'''
# 修改单元格的值，将 D4 单元格设置为 60
```

```
sheet.range("D4").value = 60

workbook.save()
workbook.close()
app.quit()
```

程序 example8_6_xlwings_read_modify.py 中给出了三种遍历 Sheet 的方法。第一种方法是用 workbook.sheets 获得工作簿 workbook 中由所有 sheet 对象所构成的可迭代对象，然后用 for 循环遍历，获取 sheet 对象。第二种方法是先用 len(workbook.sheets)获取 Sheet 的个数，然后用 for 循环遍历索引，并通过 workbook.sheets[i]获取索引为 i 的 sheet 对象。注意 Sheet 的索引从 0 开始。第三种方法先用 workbook.sheet_names 获取工作簿中由所有 Sheet 名称构成的可迭代对象，然后用 for 循环遍历工作表名称，并用 workbook.sheets[sheet_name]获取名为 sheet_name 的 sheet 对象。

8.5.3　在 Excel 中调用 Python 程序

使用 xlwings 模块，通过 Excel 宏可以调用 Python 程序。这样可以利用 Python 程序设计来实现复杂的数据处理。这种方式可以代替 Excel 中的 VBA 编程。

（1）在已经安装了 xlwings 库的基础上，在操作系统命令行下执行 xlwings addin install，将 xlwings 插件安装到 Excel 中。如果使用 Anaconda 的 Python 增强版，通过 Windows"开始"菜单→Anaconda 3→Anaconda Pormpt，打开命令行窗口。如果使用 Python 官方发行的标准版，需要在 Windows 操作系统中按 Windows＋R 组合键，打开"运行"对话框，输入"CMD"运行，从而打开命令行窗口。

（2）在 Excel 中，通过菜单"文件"→"选项"，打开"Excel 选项"对话框。在该对话框中选择"自定义功能区"。在右侧的自定义功能区中勾选"开发工具"。单击"确定"按钮。在如图 8.1 所示的 Excel 选项卡中出现了开发工具选项。

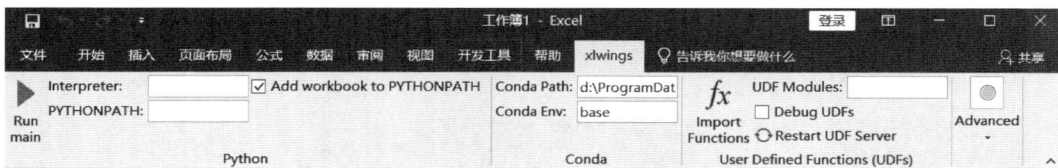

图 8.1　Excel 中的开发工具和 xlwings 选项卡

（3）在 Excel 2019 中，通过第（1）步安装完 xlwings addin 后，在如图 8.1 所示的 Excel 选项卡中会自动出现 xlwings 选项。如果没有出现该选项，通过选项卡中的"开发工具"→"加载项"→"Excel 加载项"，打开"加载项"窗口，勾选 Xlwings。如果没有 Xlwings，则单击"加载项"窗口右侧的"浏览"按钮，选择 xlwings 安装路径下的 xlwings.xlam 文件，如作者计算机上的 xlwings.xlam 文件位于 D:\ProgramData\anaconda3\Lib\site-packages\xlwings\addin 下。然后回到"加载项"窗口勾选 Xlwings。

（4）通过菜单"文件"→"选项"，打开"Excel 选项"对话框。在该对话框的左侧列表框中选择"信任中心"，单击右侧的"信任中心设置"按钮。在打开的"信任中心"对话框左侧选择"宏设置"，勾选右侧的"信任对 VBA 工程对象模型的访问"。

（5）如果使用 Anaconda 的 Python 增强版，通过 Windows"开始"菜单→Anaconda 3→

Anaconda Pormpt,打开命令行窗口。如果使用 Python 官方发行的标准版,安装完 Python 后,需要在 Windows 操作系统中按 Windows＋R 组合键,打开"运行"对话框,输入"CMD"运行,从而打开命令行窗口。在命令行窗口中,用 cd 命令切换到目标路径下。如作者通过以下两行命令,先切换到 d 盘,然后进入 d:\test 路径下。

```
(base) C:\Users\yang > d:
(base) D:\> cd test
```

然后输入执行:xlwings quickstart 项目名称。例如:

```
(base) D:\test > xlwings quickstart excel_python
```

这样就在 d:\test 路径下建立了一个名为 excel_python 的子路径,在该路径下生成了 excel_python.py 和 excel_python.xlsm 两个文件。其中,excel_python.py 的以下内容是自动生成的。

```python
import xlwings as xw
def main():
    wb = xw.Book.caller()
    sheet = wb.sheets[0]
    if sheet["A1"].value == "Hello xlwings!":
        sheet["A1"].value = "Bye xlwings!"
    else:
        sheet["A1"].value = "Hello xlwings!"


@xw.func
def hello(name):
    return f"Hello {name}!"


if __name__ == "__main__":
    xw.Book("excel_python.xlsm").set_mock_caller()
    main()
```

读者可以按照上述 hello()函数的格式自定义函数。其中,函数定义之前要有@xw.func,函数中的参数是调用时传入的简单对象或单元格对象。

(6) 打开自动生成的 xlsm 文件,如上一步骤中的 excel_python.xlsm,单击 xlwings 功能卡中的 Import Functions,等待函数加载完毕。然后选中一个待插入函数的单元格,如 C3。与使用普通函数一样,输入"＝hello("Tom")",按 Enter 键后,在 C3 单元格中显示"Hello Tom!"。

(7) 在生成的.py 程序文件中,可以自定义函数,然后在 Excel 中调用该函数。在 excel_python.py 文件的 hello()函数下方新增一个函数用于计算两个数的和,定义如下。

```python
@xw.func
def my_add(x,y):
    return x + y
```

打开 excel_python.xlsm 文件,单击 xlwings 选项卡中的 Import Functions,等待函数加载完毕。按照如图 8.2 所示的方式调用函数 my_add()。例如,在 D2 单元格中计算 B2 和 C2 单元格的和,在 D2 单元格中输入"＝my_add(B2,C2)"。

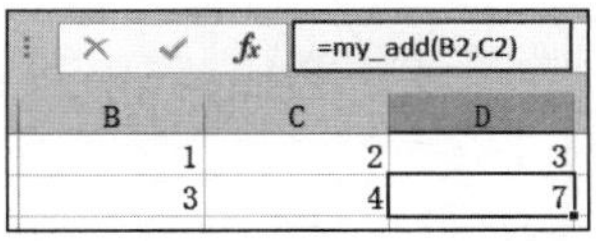

图 8.2　在 Excel 中调用 Python 自定义函数

习题

1. 编写程序将九九乘法表写入文本文件 exercise8_1.txt 中，要求每行中各列左侧对齐。程序保存为 exercise8_1.py。

2. 编写程序，利用 csv 模块将如表 8.5 所示表格中的内容写入 exercise8_2.csv 文件中。程序保存为 exercise8_2.py。

表 8.5 学生信息表

学　号	姓　名	身　高	体　重
9721151	张三丰	1.78	70
9721155	李健康	1.73	65

3. 使用 xlwings 模块中的相关功能将第 2 题中的表格保存到名为 exercise8_3.xlsx 的文件中，将身高所在列的字体设置为红色，将体重所在列的字体设置为绿色，单元格底色设置为蓝色。程序保存为 exercise8_3.py。

第9章

数据分析与可视化基础

NumPy、Matplotlib 和 Pandas 这三个库是 Python 数据分析和可视化的基础,也是机器学习相关工具软件的基础。本章以这三个库为基础,简要介绍数据分析与可视化方法。

NumPy、Matplotlib 和 Pandas 都是非标准库,如果使用 Python 标准发行版本,则需要另外安装才能使用。在 Windows 操作系统中,按 Windows＋R 组合键,打开"运行"对话框,输入"CMD"并按 Enter 键,打开 Windows 命令窗口。在 Windows 命令窗口中依次输入 pip install numpy、pip install matplotlib 和 pip install pandas 三个命令,分别完成 NumPy、Matplotlib 和 Pandas 这三个库的安装。Anaconda 中集成了这三个库,可以直接使用。

9.1 NumPy 数据处理基础

NumPy 是 Python 的一种开源数值计算模块。可用来存储和计算各种数组与矩阵,比 Python 的嵌套列表高效很多。提供了 N 维数组对象、矩阵数据类型、随机数生成、广播函数、科学计算工具、线性代数和傅里叶变换等功能。本节主要介绍 NumPy 的数组结构、随机数的生成、数组的存取、常用运算与函数、统计分析等。

9.1.1 多维数组

NumPy 中主要有多维数组和矩阵两种数据结构。矩阵是继承 NumPy 数组的二维数组。限于篇幅,这里只简单介绍多维数组(ndarray)对象。

ndarray 是 NumPy 的数组类型,它的所有元素必须具有相同的数据类型。ndarray 类有如下几个重要对象属性。

(1) ndarray.ndim:表示数组维度。

(2) ndarray.shape:表示数组形状,是一个元组,该元组中的各元素分别表示对应各维度的大小。

(3) ndarray.size:数组元素的总个数,等于 shape 属性元组中各元素的乘积。

(4) ndarray.dtype:数组中元素的数据类型。

在创建数组或使用 NumPy 模块相关功能之前通常先通过语句 import numpy as np 导入该模块。NumPy 数组的创建有多种方法。

1. 利用 numpy.array()函数创建多维数组

利用 numpy.array(object,dtype＝None, * ,copy＝True,order＝'K',subok＝False, ndmin＝0,like＝None)函数可以由类似于数组的对象 object(如序列、其他数组等)创建

ndarray 类型的数组对象。如果没有显式指定数组的数据类型 dtype，array()函数会根据参数对象 object，为新建的数组推断出一个较为合适的数据类型。读者可以通过 help()函数来查看 array()函数中参数的详细含义。下面以根据列表对象创建数组对象为例。

（1）创建一维数组。

```
>>> import numpy as np
>>> np.array([1,2,3,4,5,6])
array([1, 2, 3, 4, 5, 6])
>>> np.array([1,2,3,4,5,6.0])              ♯自动推断,转型为浮点数
array([1., 2., 3., 4., 5., 6.])
>>>
```

（2）创建二维数组。

```
>>> np.array([[1,2,3],[4,5,6]])            ♯由参数中的维度决定
array([[1, 2, 3],
       [4, 5, 6]])
>>> np.array([1,2,3,4,5,6], ndmin = 2)     ♯指定维度
array([[1, 2, 3, 4, 5, 6]])
>>>
```

（3）创建指定数据类型的数组对象。

```
>>> np.array([1,2,3,4,5,6], dtype = np.float64())
array([1., 2., 3., 4., 5., 6.])
>>> np.array([1,2,3,4,5,6], dtype = np.float64)
array([1., 2., 3., 4., 5., 6.])
>>>
```

2. 利用 zeros 函数和 ones 函数分别创建全 0 和全 1 数组

可以利用 zeros 函数和 ones 函数创建指定维度和大小的全 0 或全 1 数组。

```
>>> np.zeros(5)
array([0., 0., 0., 0., 0.])
>>> np.zeros((2,3))
array([[0., 0., 0.],
       [0., 0., 0.]])
>>> np.ones((1,2))
array([[1., 1.]])
>>> np.ones((3,4),dtype = np.int16)
array([[1, 1, 1, 1],
       [1, 1, 1, 1],
       [1, 1, 1, 1]], dtype = int16)
>>>
```

3. 利用 eye 函数或 identity 函数创建单位阵

可以利用 eye 函数或 identity 函数创建单位阵。

```
>>> np.eye(4)
array([[1., 0., 0., 0.],
       [0., 1., 0., 0.],
       [0., 0., 1., 0.],
       [0., 0., 0., 1.]])
>>> np.identity(4)
array([[1., 0., 0., 0.],
       [0., 1., 0., 0.],
```

```
        [0., 0., 1., 0.],
        [0., 0., 0., 1.]])
>>>
```

4. 通过 arange 函数创建等差数组对象

arange 是 NumPy 内置的函数,用于生成一个等差数组。它类似于 Python 中的 range 类。arange 函数的调用格式为 numpy.arange([start,]stop,[step,]dtype=None)。其中,start 表示开始值,默认为 0;stop 表示结束值,结果中不包含 stop 本身;step 表示步长,默认为 1;dtype 表示数组元素类型,默认从其他参数推断。start、step、dtype 三个参数可以省略。例如:

```
>>> np.arange(3,20,3)
array([ 3, 6, 9, 12, 15, 18])
>>>
```

Python 中的 range 类只能构造等差的整数序列对象,而 NumPy 中的 arange 函数还可以构造浮点数类型的等差数组,例如:

```
>>> np.arange(0.5,1.8,0.3)
array([0.5, 0.8, 1.1, 1.4, 1.7])
>>>
```

5. 通过 linspace 函数创建等差数组对象

可以利用 numpy.linspace(start,stop,num=50,endpoint=True,retstep=False,dtype=None,axis=0)创建等差的值在 start 和 stop 之间的数组对象。其中,start 表示开始值;num 表示创建的元素个数,默认为 50;如果 endpoint 为 True,stop 作为结果数组的结束值;如果 endpiont 为 False,则创建以 start 为开始值、以 stop 为结束值的共 num+1 个值,取前 num 个作为结果数组的元素;retstep 如果为 True,返回以创建的等差数组和步长(数据间隔长度)为元素的元组;retstep 默认为 False,返回创建的等差数组;dtype 表示创建的数组元素类型,如果没有指定,则从其他输入的参数推断;只有当 start 或 stop 是类似于数组的值,axis 表示存储数组的轴,默认值为 0 表示最开始的轴,下一个轴为 1,轴序号依次增加,−1 表示最后一个轴。这里的轴表示相应的维度。例如:

```
>>> np.linspace(0,8,5)
array([0., 2., 4., 6., 8.])
>>> x = np.linspace(0,8,5,retstep = True)
>>> x
(array([0., 2., 4., 6., 8.]), 2.0)
>>>
>>> np.linspace(0,8,5,endpoint = False)
array([0. , 1.6, 3.2, 4.8, 6.4])
>>> np.linspace(0,8,5,endpoint = False,retstep = True)
(array([0. , 1.6, 3.2, 4.8, 6.4]), 1.6)
>>>
```

以下例子中,默认 axis=0,表示以参数(0,1)中的 0 和 1 分别作为第一行中的元素,一共两列,第二个参数 8 表示最后一行均为 8,第三个参数 5 表示生成 5 行数据,各列形成等差数列。

```
>>> np.linspace((0,1),8,5)        ♯默认 axis = 0,表示第一个轴向
array([[0. , 1. ],
       [2. , 2.75],
```

```
        [4. , 4.5 ],
        [6. , 6.25],
        [8. , 8. ]])
>>>
```

以下例子中，axis＝1，表示以参数(0,1)中的 0 和 1 分别作为第一个维度（维度开始值为 0）列中的元素，一共两行，第二个参数 8 表示最后一列均为 8，第三个参数 5 表示生成 5 列数据，各行形成等差数列。

```
>>> np.linspace((0,1),8,5,axis = 1)        #axis = 1,表示第二个轴向
array([[0. , 2. , 4. , 6. , 8. ],
       [1. , 2.75, 4.5 , 6.25, 8. ]])
>>>
```

上述例子中，由于维度总个数为 2，axis＝1 表示最后一个维度，也可以用 axis＝－1 来表示。例如：

```
>>> np.linspace((0,1),8,5,axis = - 1)
array([[0. , 2. , 4. , 6. , 8. ],
       [1. , 2.75, 4.5 , 6.25, 8. ]])
>>>
```

6. 通过 logspace 函数创建等比数组对象

可以利用 numpy.logspace(start,stop,num＝50,endpoint＝True,base＝10.0,dtype＝None,axis＝0)创建等比数列构成的数组。创建的数组以 base ** start 为开始值，以 base ** stop 为结束值；num 为创建的数组元素个数，默认为 50 个；endpoint 默认为 True，表示创建的最后一个元素为 base ** stop；如果 endpoint 值为 False，则先创建 num＋1 个以 base ** stop 为结束值的数，取前 num 个作为数组元素；dtype 表示创建的数组元素类型，如果没有指定，则从其他输入的参数推断；只有当 start 或 stop 是类似于数组的值，axis 表示存储数组的轴，默认值为 0 表示最开始的轴，下一个轴为 1，轴序号依次增加，－1 表示最后一个轴。

以下代码产生从 10 的 0 次幂到 10 的 2 次幂之间 4 个数组成的等比数列数组。

```
>>> np.logspace(0,2,4)
array([ 1.     , 4.64158883, 21.5443469 , 100.     ])
>>>
```

以下代码默认 axis＝0，表示根据参数(0,1)生成 10 的 0 次幂和 10 的 1 次幂作为开始行的数据，最后一行的数据均为 10 的 2 次幂（第二个参数为 2），一共生成 4 行数据（第三个参数为 4），使得各列依次形成等比数列。

```
>>> np.logspace((0,1),2,4)        #默认 axis = 0
array([[ 1.     , 10.     ],
       [ 4.64158883, 21.5443469 ],
       [ 21.5443469 , 46.41588834],
       [100.     , 100.     ]])
>>>
```

上述例子中，参数(0,1)决定了数据一共为两列。

以下语句中，axis＝－1 表示最后一个轴向，总共只有两个轴向时，与 axis＝1 的作用相同，也就是根据参数(0,1)生成 10 的 0 次幂和 10 的 1 次幂作为开始列的数据，最后一列的数据均为 10 的 2 次幂（第二个参数为 2），一共生成 4 列数据（第三个参数为 4），使得各行依

次形成等比数列。

```
>>> np.logspace((0,1),2,4,axis = -1)
array([[ 1.     , 4.64158883, 21.5443469 , 100.    ],
       [ 10.    , 21.5443469 , 46.41588834, 100.    ]])
>>>
```

上述例子中,参数(0,1)决定了数据一共为两行。

在 NumPy 中,除了上述数组创建方法外,还可以利用 NumPy 中的 asarray、ones_like、zeros_like、empty、empyt_like 等创建 ndarray 数组对象。限于篇幅,这里不列出相关示例。

9.1.2 获取数组对象属性

1. 通过 ndim 属性获取数组的维度

数组对象的 ndim 属性保存着该数组的维度,可以通过对象名访问该属性。例如:

```
>>> import numpy as np
>>> x = np.array([1,2,3,4,5,6])
>>> x.ndim
1
>>> y = np.array([[1,2,3],[4,5,6]])
>>> y.ndim
2
>>>
```

2. 通过 shape 属性获取数组的形状

数组对象的 shape 属性保存以该数组各维度大小为元素构成的元组,可以通过对象名访问该属性。例如:

```
>>> x.shape
(6,)
>>> y.shape
(2, 3)
>>>
```

3. 通过 size 属性获取数组中元素的总个数

数组对象的 size 属性保存数组中的元素总个数,其值等于 shape 属性的元组中各元素的乘积。例如:

```
>>> x.size
6
>>> y.size
6
>>>
```

4. 通过 dtype 属性获取数组元素的数据类型

同一个数组中各元素具有相同的类型。数组对象的 dtype 属性保存了该数组中元素的类型。可以通过对象名访问该属性。例如:

```
>>> x.dtype
dtype('int32')
>>> z = np.array([1,2,3,4,5,6.0])
>>> z.dtype
dtype('float64')
>>>
```

9.1.3　转换数组的数据类型

根据 9.1.1 节中的介绍，可以利用 np.array() 函数根据原数组生成指定类型的数组，原数组保持不变。例如：

```
>>> import numpy as np
>>> x = np.array([1,2,3,4,5,6])
>>> x.dtype                           # 查看原数组的类型
dtype('int32')
>>> x
array([1, 2, 3, 4, 5, 6])
>>>
>>> y = np.array(x, dtype = np.float64)   # 根据原数组构建指定类型的数组
>>> y.dtype
dtype('float64')
>>> y
array([1., 2., 3., 4., 5., 6.])
>>>
>>> x.dtype                           # 原数组保持不变
dtype('int32')
>>> x
array([1, 2, 3, 4, 5, 6])
>>>
```

也可以通过 astype 方法转换数组的数据类型，得到新数组，原数组保持不变。例如：

```
>>> z = x.astype(np.float64)
>>> z.dtype
dtype('float64')
>>> z
array([1., 2., 3., 4., 5., 6.])
>>>
>>> x.dtype          # 原数组保持不变
dtype('int32')
>>> x                # 原数组保持不变
array([1, 2, 3, 4, 5, 6])
>>>
```

9.1.4　随机数与随机数组的生成

NumPy 中的 random 子模块用于生成各种随机数。NumPy 官方在线参考手册给出了生成各种随机数的详细介绍。这里介绍几种常用的随机数产生方法。

1. 生成[0,1)之间均匀分布的单个随机浮点数或随机浮点数数组

可以使用 numpy.random.rand() 函数生成[0,1)之间的单个随机浮点数。例如：

```
>>> import numpy as np
>>> np.random.rand()      # 生成一个[0,1)之间的随机浮点数
0.8939672908405941
>>>
```

可以为 numpy.random.rand() 函数指明各维度上的元素个数，生成特定形状的、由位于[0,1)之间均匀分布的随机浮点数构成的数组。例如：

```
>>> np.random.rand(3)       # 生成一个一维、共三个元素的随机浮点数数组，元素位于[0,1)之间
```

```
array([0.54350645, 0.92721516, 0.10503672])
>>> np.random.rand(2,3)    #生成一个2行3列的二维数组,数组元素位于[0,1)之间
array([[0.72474509, 0.69509932, 0.82310355],
       [0.16464369, 0.18150546, 0.87969788]])
>>>
```

2. 生成一个具有标准正态分布的随机浮点数数组

可以使用 numpy.random.randn()函数生成一个具有标准正态分布的随机浮点数样本构成的数组。例如:

```
>>> np.random.randn(5)          #生成一个标准正态分布的一维数组随机浮点数
array([ 0.1538501 , 0.42421551, -0.17355168, 0.09019904, -0.33155756])
>>> np.random.randn(3,4)        #生成一个标准正态分布的3行4列二维数组随机浮点数
array([[ 1.09882567, 0.67002068, -1.84222623, 1.53957494],
       [-0.14725161, 0.14962733, 0.22269968, 0.38329739],
       [ 0.66025437, 0.18853493, 0.38823973, 0.98848714]])
>>>
```

3. 生成离散均匀分布的单个随机整数或随机整数构成的数组

使用 numpy.random.randint()函数可以生成离散均匀分布的单个随机整数或指定形状的随机数组。

如果没有指定形状,则生成单个随机整数,例如:

```
>>> np.random.randint(5)          #生成一个[0,5)之间的随机整数
2
>>>
```

上述例子中,左边闭区间的默认边界值为0。也可以指定左边闭区间的边界值,例如:

```
>>> np.random.randint(10,20)          #生成一个位于[10,20)区间的随机整数
18
>>>
```

可以通过 size 参数修改各维度上的元素个数。例如:

```
>>> np.random.randint(50,size=5)      #生成5个值在[0,50)之间的整数构成一维数组
array([23, 17, 24, 27, 34])
>>>    #生成一个3行4列的数组,元素的值是[10,50)区间里的随机整数
>>> np.random.randint(10,50,(3,4))
array([[30, 45, 36, 30],
       [16, 41, 18, 44],
       [43, 16, 37, 11]])
>>>
```

4. 生成位于[0.0,1.0)区间连续均匀分布的一个随机的浮点数或指定形状的数组

利用 numpy.random.random_sample()可以生成位于[0.0,1.0)区间的一个随机的浮点数或参数中指定各维度大小的数组。例如:

```
>>> np.random.random_sample()
0.8243760561191865
>>> np.random.random_sample(3)
array([0.75311019, 0.80618575, 0.19259011])
>>> np.random.random_sample((3,4))     #参数中数组的形状必须以元组的形式出现。
array([[0.41438636, 0.46512609, 0.14717557, 0.92288745],
       [0.52002313, 0.6405674 , 0.64982451, 0.80266958],
       [0.97429793, 0.2897892 , 0.34625299, 0.34768561]])
```

```
>>> np.random.random_sample((2,3,4))
array([[[0.54609391, 0.12412469, 0.29738999, 0.62508189],
        [0.63528904, 0.33195217, 0.38926109, 0.310123 ],
        [0.49667031, 0.70333863, 0.76978682, 0.26887752]],

       [[0.49821545, 0.09668823, 0.66214618, 0.62025478],
        [0.54457072, 0.29458145, 0.40859359, 0.77368304],
        [0.57813389, 0.55179483, 0.08778325, 0.24025623]]])
>>>
```

numpy.random.random()、numpy.random.ranf()和 numpy.random.sample()都是 numpy.random.random_sample()的别名，调用的是同一个函数。

5．随机数的种子值

从上述随机数产生的结果可以看出，调用随机数生成函数，每次得到一个不同的随机数。原因是调用这些函数时，计算机以当前时间为随机数发生器的种子值。每次调用随机数生成函数的时间不同，因此产生的结果看起来是一个随机数。例如：

```
>>> np.random.randint(100)
15
>>> np.random.randint(100)
64
>>>
```

可以通过 numpy.random.seed()函数设置随机数发生器种子值。如果每次调用随机数生成函数前，都通过 numpy.random.seed()传递相同的种子值，每次执行随机数生成函数得到相同的结果。例如：

```
>>> np.random.seed(10)
>>> np.random.randint(100)
9
>>> np.random.seed(10)
>>> np.random.randint(100)
9
>>>
```

9.1.5　数组在文件中的存取

1．将 NumPy 数组存储到文本文件

可以利用 numpy.savetxt 将数组保存到文本文件中。函数定义如下。

```
numpy.savetxt(fname, X, fmt = '% .18e', delimiter = '', newline = '\n',
              header = '', footer = '', comments = '♯', encoding = None)
```

参数含义如下。

（1）fname：保存的文件名。如果文件名以".gz"结尾，文件将自动保存为 gzip 压缩格式。

（2）X：一维或二维数组数据。

（3）fmt：输出数据的格式字符串或格式字符串序列。

（4）delimiter：分隔列数据的字符串。

（5）newline：分隔行的字符串。

（6）header：将在文件开头写入的字符串。

（7）footer：将在文件尾写入的字符串。

（8）comments：注释字符串，放在 header 或 footer 字符串前面表示注释。

（9）encoding：表示输出到文件的字符编码规则。

带默认值的参数在使用时可以不指定，直接使用默认值。各参数的详细用法见帮助文档。注意，CSV 文件也是一种文本文件，因此可以利用 numpy.savetxt()将数组保存到 CSV 文件中。

【例9-1】　生成5行6列的数组，数组元素是[0,1)区间里的随机浮点数，屏幕上打印输出该数组，并将该数组分别保存到 array.txt 和 array.csv 文件中。保存到文件中的数组元素保留5位小数，同一行中的元素之间以逗号分隔。

程序源代码如下。

```
# example9_1.py
# coding = utf - 8
import numpy as np
# 生成5行6列的数组,数组元素是[0,1)区间里的随机浮点数
np.random.seed(10)        # 设置随机数种子值,方便重现程序运行结果
a = np.random.rand(5,6)
print(a)

# 将数组 a 保存到 array.txt 文件,文件名前可以包含路径名
# fmt = '%0.5f'表示保留5位小数
# delimiter = ','指定以逗号作为同一行中元素之间的分隔符
np.savetxt('array.txt',a,fmt = '%0.5f',delimiter = ',')

# 将数组 a 保存到 array.csv 文件,文件名前可以包含路径名
np.savetxt('array.csv',a,fmt = '%0.5f',delimiter = ',')
```

运行程序 example9_1.py，将在源程序文件所在目录下生成一个 array.txt 文件和一个 array.csv 文件。该文件中保存5行6列浮点数数据，每行的元素之间以逗号分隔。

2. 从文本文件读取 NumPy 数组

可以利用 numpy.loadtxt 从 TXT 或 CSV 文件中读取数据，返回数组。函数定义如下。

```
numpy.loadtxt(fname, dtype = < class 'float'>, comments = '#',
              delimiter = None, converters = None, skiprows = 0,
              usecols = None, unpack = False, ndmin = 0,
              encoding = 'bytes', max_rows = None)
```

参数含义如下。

（1）fname：要读取的文件或文件名。如果文件扩展名为".gz"或".bz2"，则会先解压文件。

（2）dtype：结果数组的数据类型，默认为 float 类型。

（3）comments：标记注释的字符串。

（4）delimiter：文件中分隔值的字符串。

（5）converters：是一个将列号映射到函数的字典，字典中的函数将该列字符串解释为所需的值。

（6）skiprows：读取数据时跳过的行数。

（7）usecols：整数或整数序列，表示需要读取的列号（列编号从0开始）。

（8）unpack：是否将返回的数组转置，若为 True，返回的数组将被转置，方便将每列数据组成的数组分别赋值给一个单独的变量或作为序列中单独的一个元组。

（9）ndmin：取整数 0、1 或 2，表示返回数组至少具有的维数；如果小于这个维数，一维轴会被压缩来增大维数。

（10）encoding：用于解码文件中字符的编码规则。

（11）max_rows：在 skiprows 之后读取 max_rows 行的内容，默认读取 skiprows 之后的所有行。

带默认值的参数在使用时可以不指定，直接使用默认值。各参数的详细用法见帮助文档。注意，CSV 文件也是一种文本文件，numpy.loadtxt()也可以读取 CSV 文件。

【例 9-2】 用 numpy.loadtxt()分别读取例 9-1 中生成的 array.txt 文件和 array.csv 文件中的数据构成数组，并打印输出。读取指定列的元素，并打印输出。

```
# example9_2.py
# coding = utf-8
import numpy as np

file_name = 'array.txt'          # 可以读取 TXT 文件
# file_name = 'array.csv'        # 可以读取 CSV 文件
# 读取文本文件的内容，并按照正常的行列成为二维数组的元素
# 根据文本文件中元素之间的分隔符指定 delimiter 参数的值
a = np.loadtxt(file_name, delimiter = ',', dtype = np.float32)
print('文本文件中保存的原始二维数组信息如下:')
print(a)

# 使用 unpack = True 得到转置后的数组
b = np.loadtxt(file_name, delimiter = ',', unpack = True,
               dtype = np.float32)
print('使用 unpack = True 得到转置后的数组如下:')
print(b)
print('以下打印二维数组 b 的每一行,也就是文本文件的每一列:')
for i in range(len(b)):
    print(b[i])

# 读取指定列的值
c1, c3 = np.loadtxt(file_name, delimiter = ',', unpack = True,
                    usecols = (1, 3), dtype = np.float32)
print('以下打印列信息构成的数组:')
print(c1)
print(c3)
```

程序 example9_2.py 的运行结果如下。

```
>>>
文本文件中保存的原始二维数组信息如下:
[[0.77132  0.02075  0.63365  0.7488  0.49851  0.2248 ]
 [0.19806  0.76053  0.16911  0.08834  0.68536  0.95339]
 [0.00395  0.51219  0.81262  0.61253  0.72176  0.29188]
 [0.91777  0.71458  0.54254  0.14217  0.37334  0.67413]
 [0.44183 0.43401 0.61777 0.51314 0.6504 0.60104]]
使用 unpack = True 得到转置后的数组如下:
[[0.77132  0.19806  0.00395  0.91777  0.44183]
```

```
       [0.02075   0.76053   0.51219   0.71458   0.43401]
       [0.63365   0.16911   0.81262   0.54254   0.61777]
       [0.7488    0.08834   0.61253   0.14217   0.51314]
       [0.49851   0.68536   0.72176   0.37334   0.6504 ]
       [0.2248    0.95339   0.29188   0.67413   0.60104]]
```
以下打印二维数组 b 的每一行,也就是文本文件的每一列:
```
[0.77132   0.19806   0.00395   0.91777   0.44183]
[0.02075   0.76053   0.51219   0.71458   0.43401]
[0.63365   0.16911   0.81262   0.54254   0.61777]
[0.7488    0.08834   0.61253   0.14217   0.51314]
[0.49851   0.68536   0.72176   0.37334   0.6504 ]
[0.2248    0.95339   0.29188   0.67413   0.60104]
```
以下打印列信息构成的数组:
```
[0.02075   0.76053   0.51219   0.71458   0.43401]
[0.7488 0.08834 0.61253 0.14217 0.51314]
>>>
```

另外,numpy.genfromtxt()实现从文本文件加载数据,并按指定方式处理缺失值。读者可以通过帮助查询其详细的用法。

9.1.6 数组的常用运算与函数

1. 数组的索引

(1) 一维数组通过"数组名[索引号]"的方式来提取特定位置上元素的值或重新设置特定位置上元素的值。从前往后的位置索引号从 0 开始计数,每个位置的索引号依次加 1,最后一个位置的索引号为元素个数减 1。从后往前的位置索引号从−1 开始计数,每往前一个位置索引号减 1,最前面位置的索引号为元素个数的相反数。例如:

```
>>> import numpy as np
>>> np.random.seed(1000)
>>> a = np.random.randint(1,100,10)
>>> a
array([52, 88, 72, 65, 95, 93, 2, 62, 1, 90])
>>> a[5]                    #获取索引号为 5 的元素
93
>>> a[−3]                   #采用负数索引
62
>>> a[6] = a[6] * 15        #索引号为 6 的元素扩大 15 倍
>>> a
array([52, 88, 72, 65, 95, 93, 30, 62, 1, 90])
>>>
```

(2) 二维数组通过"数组名[i,j]"或"数组名[i][j]"的方式获取第 i 行 j 列元素的值或重新设置第 i 行 j 列元素的值。如果位置索引从前往后,则行号和列号从 0 开始计数,各自依次加 1。如果位置索引从后往前,则最后行或列的位置索引为−1,每往前一个位置索引号减 1,最前面位置的索引号为元素个数的相反数。例如:

```
>>> np.random.seed(1000)
>>> x = np.random.randint(1,100,size = (3,4))
>>> x
array([[52, 88, 72, 65],
       [95, 93, 2, 62],
       [ 1, 90, 46, 41]])
```

```
>>> x[2,0]                      #取第 2 行第 0 列的元素
1
>>> x[2][0]                     #取第 2 行第 0 列的元素
1
>>> x[-1,0]                     #行列中其中一个位置用负索引
1
>>> x[-1][-4]                   #行列中两个位置均用负索引
1
>>> x[2,0] = 5                  #给第 2 行第 0 列的元素重新赋值
>>> x[1,2] = x[1,2] * 3         #第 1 行第 2 列的元素扩大 3 倍
>>> x
array([[52, 88, 72, 65],
       [95, 93,  6, 62],
       [ 5, 90, 46, 41]])
>>>
```

多维数组中,数组名[i]可以用来获取第 i 行所有元素构成新数组,维度数量比原数组减 1。数组名[:,j]可以用来获取第 j 列所有元素构成新数组,维度数量比原数组减 1。例如:

```
>>> x[1]                        #索引号为 1 的行
array([95, 93,  6, 62])
>>> x[-2]                       #索引号为 -2 的行
array([95, 93,  2, 62])
>>> x[:,3]                      #索引号为 3 的列
array([65, 62, 41])
>>>
```

2. 数组的切片

数组切片是从原始数组中按照某种规则切取部分元素构成数组。数组切片是原始数组的视图,数据并不会被复制,即视图上的任何修改都会直接反映到原数组上。根据切片方式的不同,可以分为按位置规则切片、花式切片和布尔切片。下面分别以一维数组和二维数组为例,以案例的形式分别讲解这三种切片方式。

1) 一维数组的切片

数组名[start:end:step]用来进行一维数组按位置规则的切片,表示从索引为 start 的位置开始(包括 start),到索引为 end 的位置为止(不包括 end),每次增长的步长为 step。例如:

```
>>> import numpy as np
>>> np.random.seed(1000)
>>> a = np.random.randint(1,100,10)
>>> a
array([52, 88, 72, 65, 95, 93,  2, 62,  1, 90])
>>> a1 = a[2:6]                 #对数组 a 按位置规则进行切片构成数组 a1
>>> a1
array([72, 65, 95, 93])
>>> a2 = a[1:8:3]               #对数组 a 按位置规则进行切片构成数组 a2
>>> a2
array([88, 95, 62])
>>> a3 = a[-2:-8:-3]            #使用按位置规则的负向索引
>>> a3
array([ 1, 93])
>>> a4 = a[[-1,1,5,1]]          #使用花式索引,列表[-1,1,5,1]表示各元素位置索引
>>> a4
```

```
array([90, 88, 93, 88])
>>> a5 = a[a > = 60]            #布尔切片,根据 a > = 60 的逻辑值确定索引
>>> a5
array([88, 72, 65, 95, 93, 62, 90])
>>> a                          #原数组保持不变
array([52, 88, 72, 65, 95, 93, 2, 62, 1, 90])
>>>
```

数组切片是原始数组的视图,数据并不会被复制,即视图上的任何修改都会直接反映到原数组上。数组 a1 和 a2 都是由数组 a 的切片构造获得,a1 和 a2 都是 a 的视图,对 a1 的修改会导致 a2 和 a 的相应位置上元素发生变化。例如:

```
>>> a2[1] = 99                 #对数组 a2 的索引号为 1 的位置上的元素修改
>>> a2
array([88, 99, 62])
>>> a1                         #数组 a1 中相应位置上的元素也发生了变化
array([72, 65, 99, 93])
>>> a                          #数组 a 中相应位置上的元素也发生了变化
array([52, 88, 72, 65, 99, 93, 2, 62, 1, 90])
>>>
```

2) 二维数组的切片

数组名[start1:end1:step1,start2:end2:step2]用来进行二维数组的切片。其中,start1、end1 和 step1 分别表示数组第 1 维切片开始位置、结束位置和增长的步长;start2、end2 和 step2 分别表示数组第 2 维切片开始位置、结束位置和增长的步长;end1 和 end2 位置的元素均不包含在切片结果中。例如:

```
>>> import numpy as np
>>> np. random. seed(1000)
>>> x = np. random. randint(1,100,size = (5,6))
>>> x
array([[52, 88, 72, 65, 95, 93],
       [ 2, 62, 1, 90, 46, 41],
       [93, 92, 37, 61, 43, 59],
       [42, 21, 31, 89, 31, 29],
       [31, 78, 83, 29, 86, 94]])
>>> x[1:4,2:5]         #按位置规则的正向切片
array([[ 1, 90, 46],
       [37, 61, 43],
       [31, 89, 31]])
>>> x[:,1:6:2]         #按位置规则的正向切片
array([[88, 65, 93],
       [62, 90, 41],
       [92, 61, 59],
       [21, 89, 29],
       [78, 29, 94]])
>>> x[1:4, - 4: - 1]   #按位置规则的负向切片
array([[ 1, 90, 46],
       [37, 61, 43],
       [31, 89, 31]])
>>>
```

注意,在二维数组中,花式切片如果仅用于行或列的其中一项中,则另一项不使用花式切片的行或列中取对应的全部元素。例如:

```
>>> x[:,[1,-2,1]]
array([[88, 95, 88],
       [62, 46, 62],
       [92, 43, 92],
       [21, 31, 21],
       [78, 86, 78]])
>>> x[[3,1],:]
array([[42, 21, 31, 89, 31, 29],
       [ 2, 62, 1, 90, 46, 41]])
>>> x[1:4:2,[1,-2]]
array([[62, 46],
       [21, 31]])
>>>
```

如果行和列均使用花式索引，则表示行和列的索引个数必须相同，对应位置分别构成元素的行和列的位置索引。例如：

```
>>> x[[1,3],[1,-2]]
array([62, 31])
>>>
```

上述例子中，表示取第1行和第1列的元素62、第3行第−2列的元素31构成一个新数组。这种方式不再称为切片了，因为得到的结果维度比原数组降低了一维，应该属于根据位置索引取元素值，当出现多个元素时，构成一个数组。

另外，多维数组的各维度上均可以进行布尔切片，这里不展开阐述。

3. 改变数组的形状

1）通过调用数组的 reshape() 方法改变数组形状

数组的 reshape() 方法在不改变数组数据的情况下，返回一个指定形状的新数组，原数组的形状保持不变。其参数指定新数组的形状。reshape() 方法不产生新的数据元素，只返回数组的一个视图。例如：

```
>>> import numpy as np
>>> a = np.arange(1,16)
>>> a
array([ 1, 2, 3, 4, 5, 6, 7, 8, 9, 10, 11, 12, 13, 14, 15])
>>> b = a.reshape(3,5)
>>> b
array([[ 1, 2, 3, 4, 5],
       [ 6, 7, 8, 9, 10],
       [11, 12, 13, 14, 15]])
>>> a                       #原数组形状保持不变
array([ 1, 2, 3, 4, 5, 6, 7, 8, 9, 10, 11, 12, 13, 14, 15])
>>> b[0][0] = 100           #修改数组 b 中元素的值
>>> b
array([[100, 2, 3, 4, 5],
       [ 6, 7, 8, 9, 10],
       [ 11, 12, 13, 14, 15]])
>>> a                       #数组 a 中也看到了修改的结果
array([100, 2, 3, 4, 5, 6, 7, 8, 9, 10, 11, 12, 13,14, 15])
>>>
```

2）通过调用数组的 resize() 方法改变数组形状

数组的 resize() 方法也可以修改数组的形状。与 reshape() 不同，resize() 会直接修改原数组的形状。

```
>>> import numpy as np
>>> a = np.arange(1,16)
>>> a
array([ 1, 2, 3, 4, 5, 6, 7, 8, 9, 10, 11, 12, 13, 14, 15])
>>> a.resize(3,5)
>>> a
array([[ 1, 2, 3, 4, 5],
       [ 6, 7, 8, 9, 10],
       [11, 12, 13, 14, 15]])
>>>
```

3）通过设置数组的 shape 属性值改变数组形状

可以通过设置数组的 shape 属性值达到修改数组形状的目的。该方法也是直接改变现有数组的形状。

```
>>> import numpy as np
>>> a = np.arange(1,16)
>>> a
array([ 1, 2, 3, 4, 5, 6, 7, 8, 9, 10, 11, 12, 13, 14, 15])
>>> a.shape = (3,5)
>>> a
array([[ 1, 2, 3, 4, 5],
       [ 6, 7, 8, 9, 10],
       [11, 12, 13, 14, 15]])
>>>
```

4．数组的基本运算

1）相同形状的两个数组之间运算

形状相同的数组之间的任何算术运算会应用到元素级。两个数组相同位置上的元素按照运算符规则进行计算，其结果作为新数组对应位置上的元素，原数组保持不变。例如：

```
>>> import numpy as np
>>> np.random.seed(500)
>>> a1 = np.random.randint(1,10,size = (2,3))
>>> a1
array([[8, 2, 2],
       [9, 8, 2]])
>>> np.random.seed(100)
>>> a2 = np.random.randint(1,10,size = (2,3))
>>> a2
array([[9, 9, 4],
       [8, 8, 1]])
>>> a1 + a2
array([[17, 11, 6],
       [17, 16, 3]])
>>>
```

NumPy 提供了数组二元函数实现常用的数组运算，例如：

```
>>> np.add(a1, a2)
array([[17, 11, 6],
       [17, 16, 3]])
>>>
```

表 9.1 给出了 NumPy 数组常用的二元函数及其功能说明。

表 9.1　NumPy 数组常用二元函数及其功能

函　　数	功　　能
add()/subtract()	将两个数组中对应位置的元素相加/相减
multiply()/divide()	将两个数组中对应位置的元素相乘/相除
maximum()/minimum()	返回两个数组中对应位置上的最大值/最小值作为元素构成的新数组
greater(),greater_equal(),less(),less_equal(),equal(),not_equal()	执行元素级的比较运算,最终产生布尔型数组

通过上述计算,原数组 a1 和 a2 保持不变。以下代码可重新查看 a1 和 a2 的值。

```
>>> a1              ♯原数组保持不变
array([[8, 2, 2],
       [9, 8, 2]])
>>> a2              ♯原数组保持不变
array([[9, 9, 4],
       [8, 8, 1]])
>>>
```

2) 通过广播机制实现数组与标量的运算

数组与标量之间进行运算时,先通过广播机制,自动将标量扩展为相同形状的数组。然后让两个数组对应位置上的元素按照运算符规则进行运算,将计算结果作为新数组相应位置上的元素。例如:

```
>>> a1 * 2          ♯每个元素乘以 2
array([[16, 4, 4],
       [18, 16, 4]])
>>>
```

其计算过程可以用图 9.1 表示。

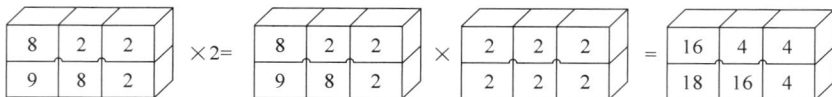

图 9.1　标量被广播为数组进行计算

下面的代码可查看原数组的值,a1 保持不变。

```
>>> a1              ♯原数组保持不变
array([[8, 2, 2],
       [9, 8, 2]])
>>>
```

3) 通过广播机制实现不同形状的数组之间运算

当不同形状的数组进行运算时,先通过广播机制,自动转换为相同形状的数组。然后相同位置上的元素按照运算符规则进行计算,其结果作为新数组对应位置上的元素。原数组保持不变。例如:

```
>>> b = np.array([100, 200, 300])
>>> b
array([100, 200, 300])
>>> x = a1 + b
```

```
>>> x
array([[108, 202, 302],
       [109, 208, 302]])
>>>
```

其计算过程可以用图 9.2 表示。

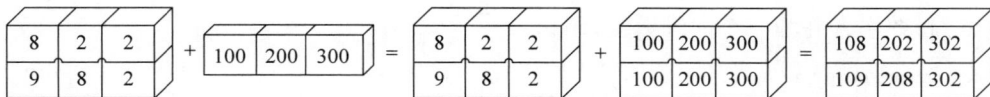

图 9.2 数组广播扩展为相同形状后进行计算

数组中的函数也通过广播扩展数组后实现不同形状数组之间的运算。例如：

```
>>> np.add(a1, b)
array([[108, 202, 302],
       [109, 208, 302]])
>>>
```

原数组保持不变，例如：

```
>>> a1                #原数组保持不变
array([[8, 2, 2],
       [9, 8, 2]])
>>>
>>> b                #原数组保持不变
array([100, 200, 300])
>>>
```

5. 数组的组合

numpy.hstack()和 numpy.vstack()分别用于水平组合和垂直组合。numpy.concatenate()可被用于水平或垂直组合。例如：

观看视频

```
>>> import numpy as np
>>> a = np.arange(6).reshape(2,3)
>>> a
array([[0, 1, 2],
       [3, 4, 5]])
>>> b = a + 10
>>> b
array([[10, 11, 12],
       [13, 14, 15]])
>>> np.hstack((a,b))               #水平组合
array([[ 0, 1, 2, 10, 11, 12],
       [ 3, 4, 5, 13, 14, 15]])
>>> np.concatenate((a,b),axis = 1)  #水平组合
array([[ 0, 1, 2, 10, 11, 12],
       [ 3, 4, 5, 13, 14, 15]])
>>>
>>> np.vstack((a,b))               #垂直组合
array([[ 0, 1, 2],
       [ 3, 4, 5],
       [10, 11, 12],
       [13, 14, 15]])
>>> np.concatenate((a,b),axis = 0)  #垂直组合
array([[ 0, 1, 2],
       [ 3, 4, 5],
```

```
        [10, 11, 12],
        [13, 14, 15]])
>>>
```

numpy.column_stack()用于按列组合,numpy.row_stack()用于按行组合。

用于一维数组时,column_stack()将每个一维数组作为一列,合并为一个二维数组,而hstach()将数组合并为一个一维数组,例如:

```
>>> import numpy as np
>>> x = np.arange(4)
>>> y = x + 10
>>> x
array([0, 1, 2, 3])
>>> y
array([10, 11, 12, 13])
>>> np.column_stack((x,y))
array([[ 0, 10],
       [ 1, 11],
       [ 2, 12],
       [ 3, 13]])
>>> np.hstack((x,y))
array([ 0, 1, 2, 3, 10, 11, 12, 13])
>>>
```

用于二维数组时,column_stack()与hstack()均按列进行组合,两者功能相同,例如:

```
>>> a = np.arange(6).reshape(2,3)
>>> a
array([[0, 1, 2],
       [3, 4, 5]])
>>> b = a + 10
>>> b
array([[10, 11, 12],
       [13, 14, 15]])
>>> np.column_stack((a,b))
array([[ 0, 1, 2, 10, 11, 12],
       [ 3, 4, 5, 13, 14, 15]])
>>> np.hstack((a,b))
array([[ 0, 1, 2, 10, 11, 12],
       [ 3, 4, 5, 13, 14, 15]])
>>>
```

无论用于一维数组还是用于二维数组,row_stack()和vstack()均按行进行组合,两者功能相同,例如:

```
>>> x
array([0, 1, 2, 3])
>>> y
array([10, 11, 12, 13])
>>> np.row_stack((x,y))
array([[ 0, 1, 2, 3],
       [10, 11, 12, 13]])
>>> np.vstack((x,y))
array([[ 0, 1, 2, 3],
       [10, 11, 12, 13]])
>>> a
```

```
array([[0, 1, 2],
       [3, 4, 5]])
>>> b
array([[10, 11, 12],
       [13, 14, 15]])
>>> np.row_stack((a,b))
array([[ 0,  1,  2],
       [ 3,  4,  5],
       [10, 11, 12],
       [13, 14, 15]])
>>> np.vstack((a,b))
array([[ 0,  1,  2],
       [ 3,  4,  5],
       [10, 11, 12],
       [13, 14, 15]])
>>>
```

6. 数组的分割

numpy.hsplit()将数组沿着水平方向分割为多个子数组。numpy.vsplit()将数组沿着垂直方向分割为多个子数组。numpy.split()可以分别进行水平或垂直方向上的分割。利用这些函数分割得到的子数组构成一个列表作为函数的返回值。分割得到的子数组和被分割的数组具有相同的维度。例如：

```
>>> import numpy as np
>>> a = np.arange(12).reshape(3,4)
>>> a
array([[ 0,  1,  2,  3],
       [ 4,  5,  6,  7],
       [ 8,  9, 10, 11]])
>>> np.hsplit(a,2)
[array([[0, 1],
       [4, 5],
       [8, 9]]), array([[ 2,  3],
       [ 6,  7],
       [10, 11]])]
>>> np.hsplit(a,4)
[array([[0],
       [4],
       [8]]), array([[1],
       [5],
       [9]]), array([[ 2],
       [ 6],
       [10]]), array([[ 3],
       [ 7],
       [11]])]
>>> np.split(a,2,axis = 1)          #横向切为两个子数组
[array([[0, 1],
       [4, 5],
       [8, 9]]), array([[ 2,  3],
       [ 6,  7],
       [10, 11]])]
>>> np.vsplit(a,3)
```

```
[array([[0, 1, 2, 3]]), array([[4, 5, 6, 7]]), array([[ 8, 9, 10, 11]])]
>>> np.split(a,3,axis = 0)          #纵向切为三个子数组
[array([[0, 1, 2, 3]]), array([[4, 5, 6, 7]]), array([[ 8, 9, 10, 11]])]
>>>
```

9.1.7　数组元素的统计分析与排序

1. 数组元素的统计分析

NumPy 数组的基本统计分析函数及其功能说明见表 9.2。

表 9.2　数组的基本统计分析函数及功能

函　　数	功　　能
sum()	计算数组中全部或某轴向的元素之和
mean()	计算数组中全部元素或某轴向元素的算术平均数
average()	计算数组中全部或某轴向元素的加权平均值
std()/var()	计算数组中全部元素或某轴向元素的标准差/方差
median()	计算数组中全部元素或某轴向元素的中位数
min()/max()	返回数组中全部元素或某轴向元素的最小值/最大值
argmin()/argmax()	返回数组中全部元素或某轴向元素最小值/最大值对应的索引(下标)
cumsum()	计算数组中全部或某轴向元素的累加和
cumprod()	计算数组中全部或某轴向元素的累乘积
cov()	计算数组中全部或某轴向元素的协方差
corrcoef()	计算数组中全部或某轴向元素的相关系数

利用 numpy.sum() 可以计算数组中全部元素之和或指定轴向上的元素之和。例如：

```
>>> import numpy as np
>>> np.random.seed(1000)
>>> x = np.random.randint(1,10,size = (3,4))
>>> x
array([[4, 8, 8, 1],
       [2, 1, 9, 5],
       [5, 5, 3, 9]])
>>> np.sum(x)              #计算所有元素的和
60
>>> np.sum(x,axis = 0)     #每一列相加
array([11, 14, 20, 15])
>>> np.sum(x,axis = 1)     #每一行相加
array([21, 17, 22])
>>>
```

利用 numpy.average() 和 numpy.mean() 均可以计算数组中全部元素的平均值或指定轴向上元素的平均值。例如：

```
>>> np.average(x)              #全部元素的平均值
5.0
>>> np.mean(x)                 #全部元素的平均值
5.0
>>> np.average(x,axis = 0)     #每一列求均值
array([3.66666667, 4.66666667, 6.66666667, 5.     ])
>>> np.mean(x, axis = 0)       #每一列求均值
array([3.66666667, 4.66666667, 6.66666667, 5.     ])
>>> np.average(x,axis = 1)     #每一行求均值
```

```
array([5.25, 4.25, 5.5 ])
>>> np.mean(x,axis = 1)          #每一行求均值
array([5.25, 4.25, 5.5 ])
>>>
```

在 numpy.average() 函数中,可以通过参数 weights 来设置各元素的权重,计算加权平均值。例如:

```
>>> np.average(x, axis = 1, weights = [0.1,0.2,0.2,0.5])
array([4.1, 4.7, 6.6])
>>>
```

利用 numpy.std() 和 numpy.var() 可以分别计算数组中全部元素的标准差和方差,也可以计算指定轴向上元素的标准差和方差。例如:

```
>>> np.var(x)                #计算全部元素的方差
8.0
>>> np.var(x,axis = 0)       #对每一列上的元素求方差
array([ 1.55555556, 8.22222222, 6.88888889, 10.66666667])
>>> np.var(x,axis = 1)       #对每一行上的元素求方差
array([8.6875, 9.6875, 4.75 ])
>>> np.std(x)                #计算全部元素的标准差
2.8284271247461903
>>> np.std(x,axis = 0)       #对每一列上的元素求标准差
array([1.24721913, 2.86744176, 2.62466929, 3.26598632])
>>> np.std(x,axis = 1)       #对每一行上的元素求标准差
array([2.94745653, 3.1124749 , 2.17944947])
>>>
```

利用 numpy.max() 和 numpy.min() 可以分别计算数组中全部元素的最大值和最小值,也可以计算指定轴向上元素的最大值和最小值。例如:

```
>>> np.max(x)
9
>>> np.max(x,axis = 0)
array([5, 8, 9, 9])
>>> np.max(x,axis = 1)
array([8, 9, 9])
>>>
```

【例 9-3】 multi_stock.csv 文件中的 A、B、C 和 D 列分别保存日期和三家企业从 1981 年第一个交易日到 2018 年 6 月 1 日各天的收盘价。读取这三家企业的股票收盘价,分别统计各只股票收盘价的算术平均数、方差、中位数、最小值和最大值,并计算这些股票收盘价之间的协方差矩阵和相关系数矩阵。

程序源代码如下。

```
#example9_3.py
import numpy as np

c,d,m = np.loadtxt('multi_stock.csv',delimiter = ',',
                usecols = (1,2,3),unpack = True,skiprows = 1)

np.set_printoptions(precision = 2)              #数组元素小数点后保留 2 位
mean_cdm = np.mean([c,d,m], axis = 1)
print('C,D,M 三家公司股票收盘价算术平均值分别为:',mean_cdm)
```

```
var_cdm = np.var([c,d,m], axis = 1)
print('C,D,M 三家公司股票收盘价的方差:',var_cdm)
median_cdm = np.median([c,d,m], axis = 1)
print('C,D,M 三家公司股票收盘价的中位数:',median_cdm)
min_cdm = np.min([c,d,m], axis = 1)
print('C,D,M 三家公司股票收盘价的最小值:',min_cdm)
max_cdm = np.max([c,d,m], axis = 1)
print('C,D,M 三家公司股票收盘价的最大值:',max_cdm)

covCDM = np.cov([c,d,m])
print('C,D,M 三家公司股票收盘价的协方差为:')
print(covCDM)

relCDM = np.corrcoef([c,d,m])
print('C,D,M 三家公司股票收盘价的相关系数为:')
print(relCDM)
```

程序 example9_3.py 的运行结果如下。

```
>>>
C,D,M 三家公司股票收盘价算术平均值分别为: [16.49 10.46 79.89]
C,D,M 三家公司股票收盘价的方差: [ 212.52 50.28 3331.71]
C,D,M 三家公司股票收盘价的中位数: [18.9 8.88 77.31]
C,D,M 三家公司股票收盘价的最小值: [ 0.22 1.62 10.25]
C,D,M 三家公司股票收盘价的最大值: [ 74.88 47.5 215.8 ]
C,D,M 三家公司股票收盘价的协方差为:
[[ 212.54 31.95 645.2 ]
 [ 31.95 50.29 − 38.44]
 [ 645.2 − 38.44 3332.06]]
C,D,M 三家公司股票收盘价的相关系数为:
[[ 1.     0.31 0.77]
 [ 0.31 1. − 0.09]
 [ 0.77 − 0.09 1. ]]
>>>
```

2. 数组元素的排序

利用 numpy.sort()函数可以对数组中的元素进行排序，根据原数组生成一个排序后的数组，原数组保持不变。例如：

```
>>> import numpy as np
>>> np.random.seed(1000)
>>> x = np.random.randint(1,10,size = (3,4))
>>> x
array([[4, 8, 8, 1],
       [2, 1, 9, 5],
       [5, 5, 3, 9]])
>>> np.sort(x)          # 默认按各行分别排序
array([[1, 4, 8, 8],
       [1, 2, 5, 9],
       [3, 5, 5, 9]])
>>> np.sort(x,axis = 1)    # 按行排序
array([[1, 4, 8, 8],
       [1, 2, 5, 9],
       [3, 5, 5, 9]])
>>> np.sort(x,axis = 0)    # 按列排序
```

```
array([[2, 1, 3, 1],
       [4, 5, 8, 5],
       [5, 8, 9, 9]])
>>> np.sort(x,axis = None)    #axis = None 时,按数组展开的元素排序
array([1, 1, 2, 3, 4, 5, 5, 5, 8, 8, 9, 9])
>>>
```

9.2 Matplotlib 数据可视化基础

Matplotlib 是 Python 中最著名的数据可视化绘图库。该库以包(package)的形式组织模块,该包中包含多个模块、类等对象。其中,pyplot 模块非常适合进行绘图以达到数据可视化的目的。使用 Matplotlib 创建图表的标准步骤如下:首先,创建 Figure 对象;接着,用 Figure 对象创建一个或者多个 Axes 或者 Subplot 对象;最后,调用 Axies 等对象的方法创建各种简单类型的图表。其中,系统会默认创建一个 Figure 对象,因此可以省略此步骤。

9.2.1 绘制基本图形

本节主要介绍常用二维图形的绘制,与图形有关的线形、颜色等参数设置,同一坐标系上的多图绘制,标题、坐标、图例等标记的绘制,多子图(多轴图)的绘制。

1. 折线图

matplotlib. pyplot. plot(* args,scalex = True,scaley = True,data = None, ** kwargs) 把 y 和 x 的关系绘制成折线或带标记点的线。常用的调用方式有以下几种。

plot([x],y,[fmt], * ,data = None, ** kwargs)绘制单条折线图。

plot([x],y,[fmt],[x2],y2,[fmt2],…, ** kwargs)绘制多条折线图。

【例 9-4】 用 numpy. random. randint()生成 10 个[0,20)区间内随机整数构成的数组作为 y 的坐标值,将数组元素位置编号从 1 到 10 构成的序列作为 x 的坐标值,绘制由 x 和 y 值关联的折线图。

程序源代码如下。

```
# example9_4. py
# coding = utf - 8
import numpy as np
import matplotlib. pyplot as plt

x = np. arange(1, 11)                    # 创建数组 x
np. random. seed(500)
y = np. random. randint(20,size = (len(x),))    # 创建数组 y
plt. plot(x, y, 'b - ')                    # 绘制折线图,线条为蓝色(b)
# 设置刻度字体大小
plt. xticks(fontsize = 15)
plt. yticks(fontsize = 15)
plt. show( )                             # 显示图像
```

程序 example9_4. py 的运行结果如图 9.3 所示。

当一个坐标系中有多个图形时,可以通过参数设置图形颜色,以方便图形的区分。例如,可以通过将语句 plt. plot(x,y,'b—')修改为 plt. plot(x,y,'r—'),把例 9-4 中的蓝色线

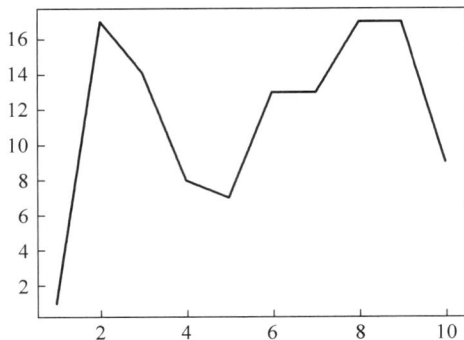

图 9.3　程序 example9_4.py 生成的折线图

条改为红色线条。

可以通过以下语句查询单字母简写的颜色标识符名称。

```
>>> import matplotlib.colors as colors
>>> print(colors.BASE_COLORS.keys())
dict_keys(['b', 'g', 'r', 'c', 'm', 'y', 'k', 'w'])
>>>
```

单字母简写的颜色标识符含义如表 9.3 所示。

表 9.3　单字母简写的颜色标识符

颜色标识符	b	g	r	c	m	y	k	w
含义	蓝色	绿色	红色	青色	品红/洋红	黄色	黑色	白色

可以使用以下语句列出可按名称使用的全部颜色名称及其对应的十六进制 RGB 值。

```
>>> import matplotlib.colors as colors
>>> for name,hsv in colors.cnames.items():
...     print(name,hsv)
```

还可以像例 9-5 的程序中一样直接使用十六进制的 RGB 颜色组合值来表示颜色。9.2.3 节将进一步介绍颜色的设置方法。

当一个坐标系中有多个图形时，还可以通过线条样式来区分图形。Matplotlib 中可以通过参数修改线条样式。例如，可以通过将语句 plt.plot(x,y,'b—')修改为 plt.plot(x,y,'r——')，把例 9-4 中的蓝色实线改成红色虚线。常用的线型标识符如表 9.4 所示。

表 9.4　常用线型标识符

线型	'—'	'——'	'—.'	':'
描述	solid(实线)	dashed(虚线)	dash-dot(点画线)	dotted(断续线)

可以通过 linewidth(可省略为 lw)参数修改线条粗细。例如，可以通过将语句 plt.plot(x,y,'b—')修改为 plt.plot(x,y,'r——',lw=3)，把例 9-4 中的细蓝色实线改成粗红色虚线。

上述案例中，将颜色和线型合并在一个字符串中表示。也可以分别用不同的参数表示，如 color='b'表示线条颜色，linestyle='——'表示线型。例 9-5 中给出了两个参数分开表示的示例。

可以通过属性参数设定图标题、轴标题和轴坐标范围。可以在一个坐标系上绘制多个图,并添加图例。后续案例的程序中融入了对这些属性的修改。

【例 9-5】　读取 stock.csv 文件的股票交易信息,在同一个图中绘制开盘价和收盘价历史走势的折线图,并分别赋以不同的颜色和线型,添加图例,限制轴坐标显示范围,并为该图添加图标题、轴标题。

程序源代码如下。

```
# example9_5.py
# coding = utf-8
import numpy as np
import matplotlib
import matplotlib.pyplot as plt

open_price,close_price = np.loadtxt('stock.csv',delimiter = ',',
                              usecols = (1,4),unpack = True,skiprows = 1)
x = np.arange(1, len(close_price) + 1)                    # 横坐标值

# 为了显示中文,指定默认字体
# plt.rcParams['font.sans-serif'] = ['FangSong']          # 方式1
matplotlib.rcParams['font.family'] = 'STXihei'            # 方式2,华文细黑
matplotlib.rcParams['font.size'] = 16                     # 改变默认字体大小

plt.plot(x,open_price,'g--',marker = 'o',linewidth = 1,label = "开盘价")
plt.plot(x,close_price,color = '#FF0000',                 # 使用十六进制表示的 RGB 颜色
           linestyle = "-", marker = '+',linewidth = 2,label = "收盘价")

# 添加图标题,并设置有别于默认的字体名称和字体大小
plt.title('开盘价与收盘价历史走势图',fontname = 'SimHei',fontsize = 18)    # 黑体
# 设置刻度字体大小
plt.xticks(fontsize = 15)
plt.yticks(fontsize = 15)
plt.xlabel('时间顺序',fontsize = 15)                       # 添加坐标轴标题
plt.ylabel('开盘价与收盘价',fontsize = 15)
plt.xlim(0.0, max(x) + 1)                                  # 设定坐标轴显示范围
plt.ylim(min(min(open_price),min(close_price)) - 1,
         max(max(open_price),max(close_price)) + 1)

# 添加图例
plt.legend(loc = 'lower right',fontsize = 15,numpoints = 3)

plt.savefig('9_5.png')                                    # 保存图片,文件名前可以指定路径
plt.show()
```

程序 example9_5.py 的运行结果如图 9.4 所示。

程序 example9_5.py 中依次对不同的折线作图。用语句 plt.legend(loc = 'lower right',fontsize=15,numpoints=3)添加图例。其中,参数 loc 表示图例放置的位置,可以取值为如下字符串:'best'、'upper right'、'upper left'、'center'、'lower left' 或 'lower right'。参数 numpoints 表示图例上的标记点个数。

2. 散点图

散点图将所有数据以点的形式展现在直角坐标系上,以显示变量之间的相互影响程度,点的位置由变量的坐标值决定。

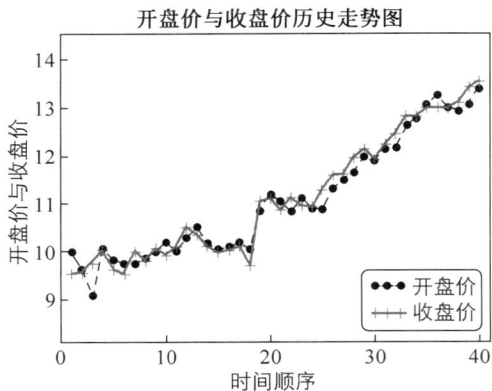

图 9.4　程序 example9_5.py 的运行结果

可以利用 matplotlib.pyplot.scatter() 来绘制散点图。其中，参数 marker 用来指定散点的类型。常用的 marker 值有"."""o""＊"等。

【例 9-6】　读取文件 stock.csv 中的股票开盘价和收盘价，根据时间顺序在同一个坐标系中分别绘制开盘价和收盘价随时间分布的散点图。

程序源代码如下。

```
# example9_6.py
# coding = utf - 8
import numpy as np
import matplotlib.pyplot as plt

open_price, close_price = np.loadtxt('stock.csv', delimiter = ',',
                                     usecols = (1, 4), unpack = True,
                                     skiprows = 1)

x = np.arange(1, len(close_price) + 1)                    # 横坐标值

plt.rcParams['font.sans - serif'] = ['SimHei']            # 指定默认字体
plt.scatter(x, open_price, c = 'b', marker = ' * ', label = "开盘价")
plt.scatter(x, close_price, c = 'r', marker = 'o', label = "收盘价")

# 设置刻度字体大小
plt.xticks(fontsize = 15)
plt.yticks(fontsize = 15)
plt.title('开盘价与收盘价历史分布图', fontsize = 18)      # 添加图标题
plt.xlabel('时间顺序', fontsize = 15)                     # 添加坐标轴标题
plt.ylabel('价格', fontsize = 15)

# 添加图例
plt.legend(loc = 'best', fontsize = 15)
# 设定坐标轴显示范围
plt.xlim(0.0, max(x) + 1)
plt.ylim(min(min(open_price), min(close_price)) - 1,
         max(max(open_price), max(close_price)) + 1)
plt.show()
```

程序 example9_6.py 的执行结果如图 9.5 所示。

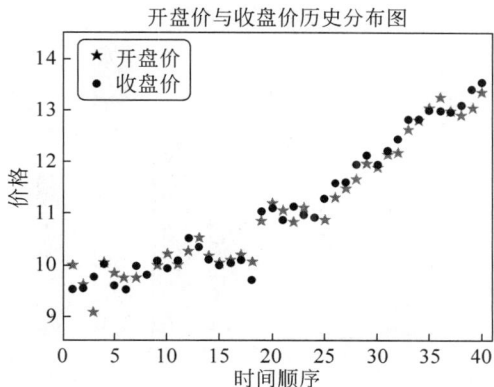

图 9.5　程序 example9_6.py 的运行结果

3. 直方图

直方图是一种统计报告图,是数值数据分布的图形表示,由一系列条形组成。构建直方图的第一步是将数据的统计范围分成多个区段,然后计算分别有多少个数据落在相应的区段内,再根据每个区段的统计数据个数来绘制条形的高度。这些区段连续、相邻且不重叠,并且宽度通常相同。matplotlib.pyplot.hist()用于绘制直方图。

【例 9-7】 读取 score.csv 文件中的"Java 程序设计"课程成绩,并绘制位于[30,101)、宽度为 10 的各分数区段内人数的直方图。

程序源代码如下。

```
# example9_7.py
# coding = utf - 8
import numpy as np
import matplotlib.pyplot as plt

java_score = np.loadtxt('score.csv', delimiter = ',',
                        usecols = (6,), unpack = True, skiprows = 1)
bins = np.arange(30, 101, 10)

plt.rcParams['font.sans - serif'] = ['SimHei']      # 指定默认字体
plt.hist(java_score, bins, rwidth = 0.7)            # 条形宽度设为 0.7

# 设置刻度字体大小
plt.xticks(fontsize = 15)
plt.yticks(fontsize = 15)
plt.xlabel('成绩', fontsize = 15)
plt.ylabel('出现次数', fontsize = 15)
plt.title('成绩分布直方图', fontsize = 18)
plt.show()
```

程序 example9_7.py 的运行结果如图 9.6 所示。

10.3 节的例子中给出了直方图中如何显示每个条形对应数据,还演示了在同一个图形中绘制多组数据的直方图方法。

4. 柱状图

柱状图常用于显示某个特征的值,例如,各专业的招生人数。而直方图表示各区段值出

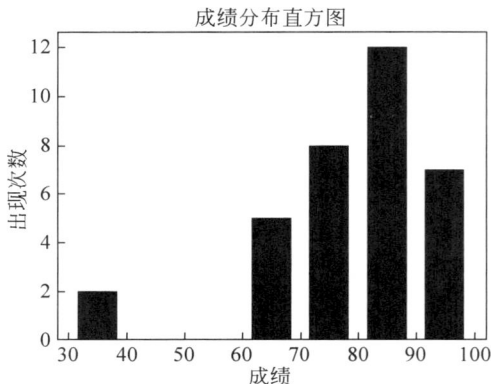

图 9.6　程序 example9_7.py 的运行结果

现的个数，例如，应发工资 5000～6000 元的人数。matplotlib.pyplot.bar() 用于绘制柱状图，matplotlib.pyplot.barh() 用于绘制横向的柱状图。

【例 9-8】　某学院有信息管理与信息系统、应用统计、经济统计、数据科学与大数据技术 4 个专业，2018 级各专业新生报到人数分别为 33、65、30 和 30。请用柱状图表示各专业人数，并在各条形顶端显示相应的人数。

程序源代码如下。

```python
# example9_8.py
# coding = utf-8
import matplotlib.pyplot as plt
import matplotlib.colors as colors
persons = [33,65,30,30]
majors = ['信息管理与信息系统','应用统计','经济统计','数据科学与大数据技术']

plt.rcParams['font.sans-serif'] = ['SimHei']
plt.figure(figsize = (5.5,6.5))                      # 设置图像大小

bars = plt.bar(x = majors,height = persons,width = 0.6,
               facecolor = "y",                      # 填充颜色
               edgecolor = "r",                      # 边框线条颜色
               alpha = 0.5)                          # 柱子的透明度
plt.bar_label(bars,padding = 5,fontsize = 12)
plt.xticks(fontsize = 12,rotation = 15)              # rotation 表示旋转的角度
plt.yticks(fontsize = 12)
plt.ylabel("报到人数",fontsize = 13)
plt.show()
```

程序 example9_8.py 的运行结果如图 9.7 所示。

5. 饼图

饼图又称圆饼图、圆形图等，表示各组成部分的数据在全部数据中的比重，主要用于结构性问题研究，如消费结构、专业结构等。可用 matplotlib.pyplot.pie() 来绘制饼图。

【例 9-9】　某学院有信息管理与信息系统、应用统计、经济统计、数据科学与大数据技术 4 个专业，2018 级各专业新生报到人数分别为 33、65、30 和 30。请用饼图表示各专业人数所占的比例，并突出显示信息管理与信息系统、经济统计这两个专业的相关信息。

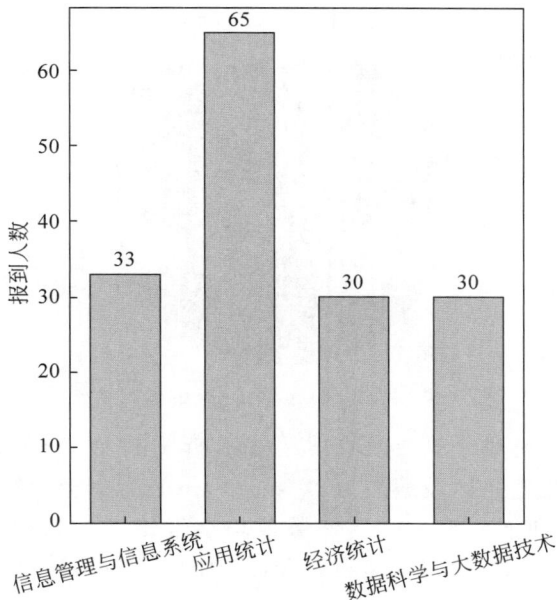

图 9.7　程序 example9_8.py 的运行结果

程序源代码如下。

```
# example9_9.py
# - * - coding: utf - 8 - * -
import matplotlib.pyplot as plt
persons = [33,65,30,30]
majors = ['信息管理与信息系统','应用统计','经济统计','数据科学与大数据技术']
color = ['c','m','r','y']

plt.rcParams['font.sans - serif'] = ['SimHei']
plt.figure(figsize = (7.5,5))              # 设置图像大小

# startangle 参数表示逆时针方向开始绘制的角度
# shadow 表示是否显示阴影,explode 表示突出显示某些切片
# textprops 为一个字典,表示饼块标签和饼块上数字的格式,如字体大小、颜色等
plt.pie(persons, labels = majors, colors = color, startangle = 90,
        shadow = True, explode = (0.1,0,0.1,0), autopct = '%.1f % %',
        textprops = {'fontsize': 15})

plt.title('各专业新生人数分布',fontsize = 20)
plt.show()
```

程序 example9_9.py 的运行结果如图 9.8 所示。

9.2.2　绘制多轴图

Matplotlib 中用轴表示一个绘图区域。一个绘图(figure)对象可以包含多个轴(axis)。一个轴可以理解为一个子图。可以使用 subplot()、subplots()、subplot2grid()等函数来绘制多轴图。

1. 用 subplot()函数绘制多轴图

使用 subplot()可以快速绘制多轴图表。subplot()函数的调用形式如下：subplot

观看视频

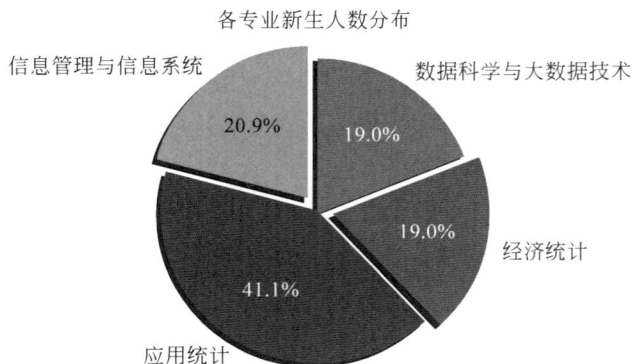

各专业新生人数分布

图 9.8　程序 example9_9.py 的运行结果

（rows,cols,plotNum）。将整个绘图区域分为 rows 行、cols 列个子区域。从左到右、从上到下对每个子区域编号，左上角区域编号为 1。plotNum 表示创建的轴对象在绘图区域中的编号。如果 rows、cols 和 plotNum 三个参数值均小于 10，参数之间的逗号可以省略，如subplot(245) 和 subplot(2,4,5) 表示相同的含义。如果用 subplot 创建的对象和之前创建的轴对象重叠，之前的轴对象将被覆盖。

【**例 9-10**】　读取 stock.csv 文件中的开盘价、最高价、最低价和收盘价，在同一个图的 4个子图中分别绘制这些价格的历史数据折线图。

程序源代码如下。

```python
# example9_10_1_subplot.py
# - * - coding: utf - 8 - * -
import numpy as np
import matplotlib.pyplot as plt

open_price, high_price, low_price, close_price = np.loadtxt('stock.csv',
                                    delimiter = ',', usecols = (1,2,3,4),
                                    unpack = True, skiprows = 1)

x = np.arange(1, len(open_price) + 1)
font_dict = {"family": "FangSong", "size": 15, "color": "r"}
plt.rcParams['font.sans - serif'] = ['SimHei']
plt.figure(figsize = (11,7))                    # 设置图像大小

ax1 = plt.subplot(2,2,1)                         # 创建第 1 个子图
plt.plot(x, open_price, color = 'red')
# 设置刻度字体大小
plt.xticks(fontsize = 15)
plt.yticks(fontsize = 15)
ax1.set_xlabel("时间顺序", fontdict = font_dict)
ax1.set_ylabel("价格", fontdict = font_dict)
plt.title('开盘价', fontsize = 15)

ax2 = plt.subplot(2,2,2)                         # 创建第 2 个子图
plt.plot(x, close_price, 'b-- ')
# 设置刻度字体大小
plt.xticks(fontsize = 15)
plt.yticks(fontsize = 15)
ax2.set_xlabel("时间顺序", fontdict = font_dict)
```

```
ax2.set_ylabel("价格",fontdict = font_dict)
plt.title('收盘价',fontsize = 15)

ax3 = plt.subplot(2,2,3)                    # 创建第 3 个子图
plt.plot(x,high_price,'g-- ')
# 设置刻度字体大小
plt.xticks(fontsize = 15)
plt.yticks(fontsize = 15)
ax3.set_xlabel("时间顺序",fontdict = font_dict)
ax3.set_ylabel("价格",fontdict = font_dict)
plt.title('最高价',fontsize = 15)

ax4 = plt.subplot(2,2,4)                    # 创建第 4 个子图
plt.plot(x,low_price)
# 设置刻度字体大小
plt.xticks(fontsize = 15)
plt.yticks(fontsize = 15)
ax4.set_xlabel("时间顺序",fontdict = font_dict)
ax4.set_ylabel("价格",fontdict = font_dict)
plt.title('最低价',fontsize = 15)

# 调整子图间距
plt.subplots_adjust(wspace = 0.25, hspace = 0.5)
plt.show()
```

程序 example9_10_1_subplot.py 的执行结果如图 9.9 所示。

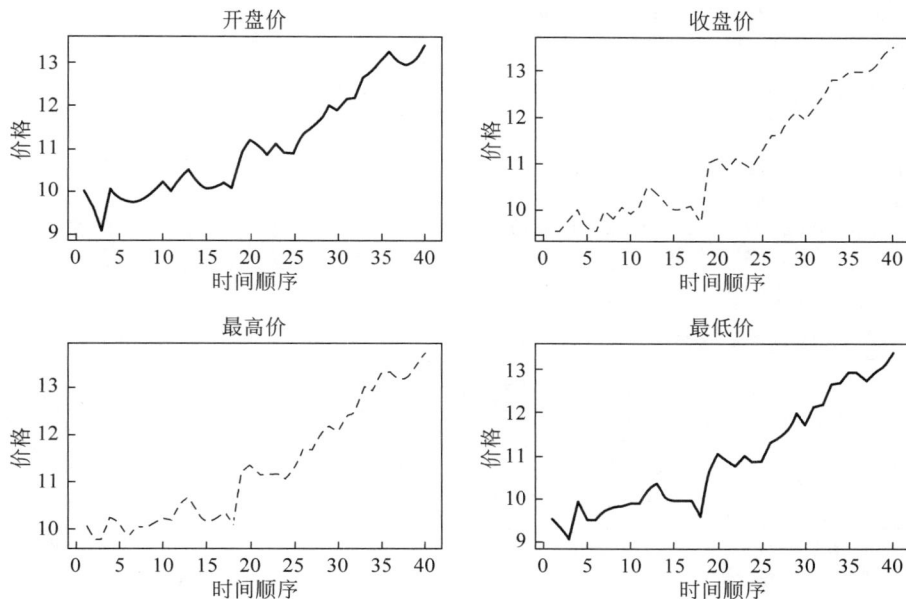

图 9.9　程序 example9_10_1_subplot.py 的运行结果

2．用 subplots()函数绘制多轴图

可以用 matplotlib.pyplot.subplots()函数绘制多轴图。其基本步骤是先创建子区域（可以同时设置图像大小），然后分别在各子区域中绘图。请读者通过帮助文档了解参数及详细用法。

例 9-10 可以改用 matplotlib.pyplot.subplots()函数来实现。修改后的程序源代码

如下。

```python
# example9_10_2_subplots.py
# - * - coding: utf-8 - * -
import numpy as np
import matplotlib.pyplot as plt

open_price, high_price, low_price, close_price = np.loadtxt('stock.csv',
                                    delimiter = ',', usecols = (1, 2, 3, 4),
                                    unpack = True, skiprows = 1)

x = np.arange(1, len(open_price) + 1)
font_dict = {"family": "FangSong", "size": 15, "color": "r"}
plt.rcParams['font.sans-serif'] = ['SimHei']

# 划分子图, 并设置图像大小
fig, axes = plt.subplots(2, 2, figsize = (11, 7))            # 设置图像大小
ax1 = axes[0, 0]
ax2 = axes[0, 1]
ax3 = axes[1, 0]
ax4 = axes[1, 1]

# 绘制第 1 个子图
ax1.plot(x, open_price, color = 'red')
# 设置刻度字体大小
ax1.tick_params(axis = 'both', labelsize = 15)
ax1.set_xlabel("时间顺序", fontdict = font_dict)
ax1.set_ylabel("价格", fontdict = font_dict)
ax1.set_title('开盘价', fontsize = 15)

# 绘制第 2 个子图
ax2.plot(x, close_price, 'b--')
# 设置刻度字体大小
ax2.tick_params(axis = 'both', labelsize = 15)
ax2.set_xlabel("时间顺序", fontdict = font_dict)
ax2.set_ylabel("价格", fontdict = font_dict)
ax2.set_title('收盘价', fontsize = 15)

# 绘制第 3 个子图
ax3.plot(x, high_price, 'g--')
# 设置刻度字体大小
ax3.tick_params(axis = 'both', labelsize = 15)
ax3.set_xlabel("时间顺序", fontdict = font_dict)
ax3.set_ylabel("价格", fontdict = font_dict)
ax3.set_title('最高价', fontsize = 15)

# 绘制第 4 个子图
ax4.plot(x, low_price)
# 设置刻度字体大小
ax4.tick_params(axis = 'both', labelsize = 15)
ax4.set_xlabel("时间顺序", fontdict = font_dict)
ax4.set_ylabel("价格", fontdict = font_dict)
ax4.set_title('最低价', fontsize = 15)

# 调整子图间距
plt.subplots_adjust(wspace = 0.25, hspace = 0.5)
plt.show()
```

程序 example9_10_2_subplots.py 的执行结果与 example9_10_1_subplot.py 的执行结

果相同,如图 9.9 所示。

3. 用 subplot2grid()函数绘制多轴图

函数 subplot2grid(shape,loc,rowspan=1,colspan=1,fig=None, ** kwargs)可以用于绘制多轴图。其中,shape 为(int,int)格式的元组,表示图像网格的总行数与总列数;loc 为(int,int)格式的元组,表示待绘制的子图放置的位置行号与列号;rowspan 表示子图跨越的行数;colspan 表示子图跨越的列数;fig 是一个可选参数,表示待绘制子图放置的 Figure 对象,默认为当前图像。 ** kwargs 为传递给 Figure. add_subplot 的附加的关键参数,可以没有。

用 subplot2grid()函数设置好子图的行列数量及位置后,利用 plot()函数来绘制相应的图形。

【例 9-11】　读取 stock. csv 文件中的开盘价、最高价和收盘价。在同一个图中绘制三个子图。第一行的两个子图分别绘制表示开盘价和收盘价的历史数据折线图,第二行的一个子图占两列,绘制表示最高价的历史数据折线图。

程序源代码如下。

```python
# example9_11_subplot2grid.py
# - * - coding: utf - 8 - * -
import numpy as np
import matplotlib.pyplot as plt

open_price, high_price, close_price = np.loadtxt('stock.csv',
            delimiter = ',', usecols = (1,2,4), unpack = True, skiprows = 1)

x = np.arange(1, len(open_price) + 1)
font_dict = {"family": "FangSong", "size": 15, "color": "r"}
plt.rcParams['font.sans - serif'] = ['SimHei']
# 创建图像
fig = plt.figure(figsize = (11,7))                          # 设置图像大小

# 第 1 个子图
ax1 = plt.subplot2grid((2,2),(0,0),fig = fig)
ax1.plot(x, open_price, color = 'red')                      # 设置数据
# 设置刻度字体大小
plt.xticks(fontsize = 15)
plt.yticks(fontsize = 15)
ax1.set_xlabel("时间顺序",fontdict = font_dict)
ax1.set_ylabel("价格",fontdict = font_dict)
plt.title('开盘价',fontsize = 15)

# 第 2 个子图
ax2 = plt.subplot2grid((2,2),(0,1),fig = fig)
ax2.plot(x, close_price, 'b-- ')                            # 设置数据
# 设置刻度字体大小
plt.xticks(fontsize = 15)
plt.yticks(fontsize = 15)
ax2.set_xlabel("时间顺序",fontdict = font_dict)
ax2.set_ylabel("价格",fontdict = font_dict)
plt.title('收盘价',fontsize = 15)

# 第 3 个子图,跨越两列
ax3 = plt.subplot2grid((2,2),(1,0),fig = fig,colspan = 2)
```

观看视频

```
ax3.plot(x, high_price, 'g:')                                    ♯设置数据
♯设置刻度字体大小
plt.xticks(fontsize = 15)
plt.yticks(fontsize = 15)
ax3.set_xlabel("时间顺序",fontdict = font_dict)
ax3.set_ylabel("价格",fontdict = font_dict)
plt.title('最高价',fontsize = 15)

♯调整子图间距
plt.subplots_adjust(wspace = 0.2, hspace = 0.5)
plt.show()
```

程序 example9_11_subplot2grid.py 的执行结果如图 9.10 所示。

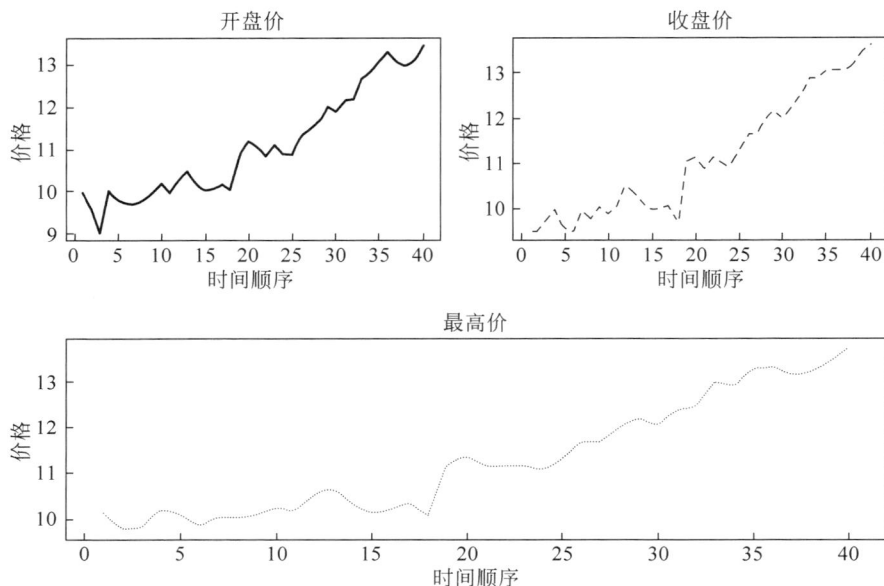

图 9.10　程序 example9_11_subplot2grid.py 的运行结果

9.2.3　颜色的设置

1. 颜色列表

打开 Matplotlib 官方网站，选择菜单 Examples→Color→List of Named Colors，页面上显示了各种预定义的颜色名称及对应的颜色。这些颜色的定义信息位于 matplotlib.colors 模块中。例如，基本颜色模块可以用以下方式查看。

```
>>> import matplotlib.colors as colors
>>> print(colors.BASE_COLORS)
{'b': (0, 0, 1), 'g': (0, 0.5, 0), 'r': (1, 0, 0), 'c': (0, 0.75, 0.75), 'm': (0.75, 0, 0.75), 'y
': (0.75, 0.75, 0), 'k': (0, 0, 0), 'w': (1, 1, 1)}
```

用同样的方式，还可以查看 colors.TABLEAU_COLORS、colors.CSS4_COLORS、colors.XKCD_COLORS 等预定义颜色列表。

例 9-9 中的颜色列表语句 color=['g','r','c','m']可以更改为 color=list(colors.BASE_COLORS.keys())[1:len(majors)+1]，也就是取 colors.BASE_COLORS 中的第 1～4 这

4 种颜色名称。请读者修改该程序后,重新运行,结果如图 9.8 所示。

也可以修改为 color＝list(colors. TABLEAU_COLORS. keys())[1:len(majors)＋1]
使用 colors. TABLEAU_COLORS 中的部分颜色,或者修改为 color＝[list(colors. CSS4_
COLORS. keys())[i] for i in range(10,41,10)]使用 colors. CSS4_COLORS 中的部分
颜色。

2. 颜色映射

颜色映射(colormap)是一种将数值映射到颜色的方法,常用于制作热力图、散点图等。
模块 matplotlib. cm 提供了多种颜色映射,如线性映射(viridis、plasma、inferno、magma、
cividis 等)、扩散映射(如 PiYG、PRGn、BrBG 等)、周期性循环映射(如 twilight、twilight_
shifted、hsv 等)、定性映射(如 Paired、Accent 等)、杂色映射(如 flag、prism、ocean 等)。用
户可以根据需要选择不同的颜色映射。

模块 matplotlib. cm 同时提供了一组用于处理颜色映射的类和函数。这些函数将数值
映射到颜色。例如,cm. OrRd 的颜色条如图 9.11 所示。

图 9.11　cm. OrRd 的颜色条

如果为 cm. OrRd 对象指定一个 0～1 范围内的值,则取对应颜色条上相应位置的
RGBA 模式的颜色值。例如:

```
>>> from matplotlib import cm
>>> cmap = cm.OrRd(0.5)
>>> print(cmap)
(0.9874356016916571, 0.550480584390619, 0.34797385620915033, 1.0)
```

返回 RGBA 模式的颜色值,其中,前三个值分别表示 R、B、G 各自除以 255 后的值,最后位
置上的 1.0 表示透明度 alpha 值。例如,plt. plot(x,y,c＝cm. OrRd(0.5))选择了 OrRd 颜
色条中位置为 0.5 所对应的颜色作为线条颜色。

如果要为一组数据寻找指定的颜色,该颜色条最左侧的位置对应这组数据的最小值,最
右侧的位置对应这组数据的最大值,其他数据按照数据大小找到对应的颜色。

【例 9-12】　生成一个包含 30 个随机整数的数组,各元素位于区间[1,25]内。以元素的
位置顺序为横坐标,元素值为纵坐标,绘制散点图。散点图中点的大小为相应点纵坐标值的
10 倍,各点的颜色为纵坐标值对应的颜色映射表 OrRd 中的颜色。

程序源代码如下。

```
#example9_12.py
import numpy as np
import matplotlib.pyplot as plt
from matplotlib import cm

np.random.seed(1)
y = np.random.randint(1,25,30)
print("生成的随机整数数组为:",y,sep = "\n")
x = list(range(1,len(y) + 1))
```

```
sc = plt.scatter(x,y,c = y,
                s = y * 10,          #s 表示数据点的大小
                cmap = cm.OrRd,      # 色彩映射表,将参数 c 的值映射到特定颜色
                alpha = 0.8)         # 透明度
cb = plt.colorbar(sc)
cb.ax.tick_params(labelsize = 12)    # 设置颜色标签字体大小
plt.xticks(fontsize = 12)
plt.yticks(fontsize = 12)
plt.show()
```

运行程序 example9_12.py,在屏幕上输出如下结果。

```
>>>
生成的随机整数数组为:
[ 6 12 13 9 10 12 6 16 1 17 2 13 8 14 7 19 21 6 19 21 12 11 15 19
  5 24 24 10 18 24]
>>>
```

并生成如图 9.12 所示的图像。

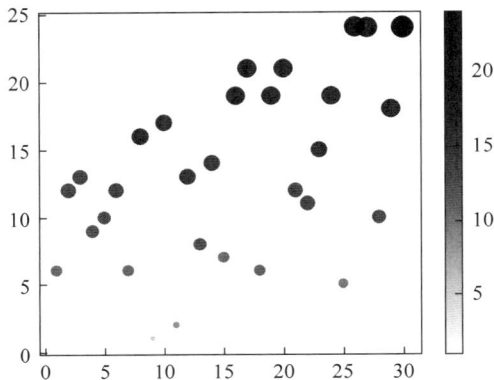

图 9.12 程序 example9_12.py 中数值到颜色条的映射示例

也可以自定义颜色映射,并可以进一步将其注册到 Matplotlib 颜色映射库中。限于篇幅,这里不展开阐述。

9.2.4 坐标轴主次刻度的设置

坐标轴上的主刻度带有数字标记,两个主刻度之间的次刻度通常没有数字标记。Matplotlib 绘制的图像中,默认只显示主刻度。可以通过调用相关的方法设置次刻度,还可以调整主刻度的显示格式。这里以案例的方式演示主次刻度坐标的设置方式。

【例 9-13】 读取 stock.csv 文件的股票交易信息,绘制开盘价历史走势的折线图。设置横坐标主刻度标签为 5 的倍数、次刻度标签为 1 的倍数,其中,第 3 个主刻度标签文本为红色、22 磅。设置纵坐标主刻度标签为 1 的倍数、次刻度标签为 0.2 的倍数,主刻度标签文本保留 1 位小数。

程序源代码如下。

```
# example9_13.py
# coding = utf - 8
import numpy as np
```

```
import matplotlib
import matplotlib.pyplot as plt
from matplotlib.ticker import MultipleLocator, FormatStrFormatter

open_price = np.loadtxt('stock.csv',delimiter = ',',
                        usecols = (1,),unpack = True,skiprows = 1)
x = np.arange(1, len(open_price) + 1)                    #横坐标值

#为了显示中文,指定默认字体
matplotlib.rcParams['font.family'] = 'STXihei'           #华文细黑
matplotlib.rcParams['font.size'] = 15                    #改变默认字体大小

fig,ax = plt.subplots(figsize = (8,6))
ax.plot(x,open_price,'g--',marker = 'o',linewidth = 2,label = "开盘价")

ax.set_xlim(0.0, max(x) + 1)                             #设定坐标轴显示范围
ax.set_ylim(min(open_price) - 1, max(open_price) + 1)

#设置 x 轴主刻度标签
xmajorLocator = MultipleLocator(5)                       #将 x 轴主刻度设置为 5 的倍数
ax.xaxis.set_major_locator(xmajorLocator)
#设置 x 轴主刻度标签文本格式
xmajorFormatter = FormatStrFormatter('%1d')
ax.xaxis.set_major_formatter(xmajorFormatter)
#设置特定刻度标签的格式
obj = ax.get_xticklabels()[3]                            #获取第 3 个刻度标签对象,编号从 1 开始
obj.set_size(22)                                         #设置字体大小
obj.set_color("red")                                     #设置字体颜色

#设置 y 轴主刻度标签
ymajorLocator = MultipleLocator(1)                       #将 y 轴主刻度设置为 1 的倍数
ax.yaxis.set_major_locator(ymajorLocator)
#设置 y 轴主刻度标签文本格式
ymajorFormatter = FormatStrFormatter('%1.1f')
ax.yaxis.set_major_formatter(ymajorFormatter)

#显示次刻度标签
xminorLocator = MultipleLocator(1)                       #将 x 轴次刻度设置为 1 的倍数
ax.xaxis.set_minor_locator(xminorLocator)
yminorLocator = MultipleLocator(0.2)                     #将 y 轴次刻度设置为 0.2 的倍数
ax.yaxis.set_minor_locator(yminorLocator)

#添加图标题,并设置有别于默认的字体名称和字体大小(黑体,18 磅)
ax.set_title('开盘价历史走势图',fontname = 'SimHei',fontsize = 18)
ax.set_xlabel('时间顺序')                                 #添加坐标轴标题
ax.set_ylabel('开盘价')
plt.show()
```

程序 example9_13.py 的执行结果如图 9.13 所示。

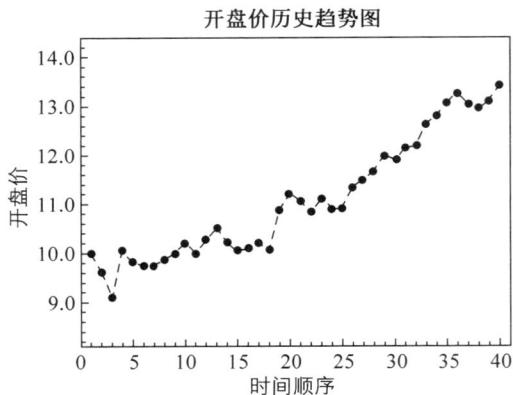

图 9.13　程序 example9_13.py 的运行结果

9.3　Pandas 数据分析基础

Pandas 是基于 NumPy 的一种数据分析工具库。该库中的模块提供了一些标准的数据模型和高效地操作大型数据集所需的函数与方法。本节主要介绍 Pandas 数据结构与基本操作、文件数据存取、数据分析前的预处理方法、Pandas 数据分析统计与绘图函数。

9.3.1　数据结构与基本操作

目前 Pandas 主要提供两种类型的数据结构：Series 和 DataFrame。Series 是带标签的一维数组，DataFrame 是带标签且大小可变的二维数组。Pandas 0.25.0 以前的版本还提供了 Panel。Panel 是一种带标签且大小可变的多维数组，从 Pandas 0.25.0 开始去除了该结构。这里简要介绍 Series 和 DataFrame 两种结构。

1. Series 基础

1）创建 Series 对象

创建 Series 对象的基本语法为 pandas.Series(data = None, index = None, dtype = None, name = None, copy = False, fastpath = False)。其中，data 可以是数组、类似于数组的列表、元组等，还可以是字典、标量等值；index 表示生成的 Series 对象中每个元素的标签，可以是数组或类似于数组的列表、元组等，与 data 有相同的长度；dtype 可以用来指定元素的类型，如果没有指定，将从数据中推断；name 是指定给 Series 对象的名字；copy 表示是否复制数据，默认为 False。帮助文档没有对 fastpath 参数给出解释，表示 Series 对象的创建方式。

NumPy 中的一维数组没有标签，而 Series 对象具有标签。创建 Series 时可以不指定标签，系统自动添加标签，其值从 0 开始至元素个数减 1。例如：

```
>>> import numpy as np
>>> import pandas as pd
>>> s1 = pd.Series([1,3,np.nan,5])
>>> s1
0    1.0
1    3.0
```

```
2     NaN
3     5.0
dtype: float64
>>>
```

上述例子中,np. nan 表示空值。查看对象时,左侧的数字 0～3 分别表示 4 个标签。
创建 Series 对象时,也可以通过为 index 参数赋值来指定自定义的标签。例如:

```
>>> s2 = pd. Series(np. arange(4), index = list('ABCD'))
>>> s2
A     0
B     1
C     2
D     3
dtype: int32
```

2) Series 中的 index 和 values 属性

Series 作为一维数据的存储单位,拥有两个属性:标签(index)和元素值(values)。标签是一个 Index 或 RangeIndex 类型的对象,元素值是一个 NumPy 数组。例如:

```
>>> s1. index
RangeIndex(start = 0, stop = 4, step = 1)
>>> s1. values
array([ 1., 3., nan, 5.])
>>> s2. index
Index(['A', 'B', 'C', 'D'], dtype = 'object')
>>> s2. values
array([0, 1, 2, 3])
```

3) 通过 Series 对象的标签引用元素

Series 对象中,可以通过“对象名[标签值]”的方式引用特定标签对应的元素。例如:

```
>>> s1[1]          #使用标签值1,这个1不是序号
3.0
>>> s2["C"]        #使用标签值 C
2
>>>
```

注意,在新版本中,不再支持“对象名[位置序号]”的方式来引用特定位置上的元素。如果要使用位置索引,须使用接着要介绍的 Series 对象的 iloc 属性。

4) 通过 Series 对象的 loc 或 iloc 属性引用元素

Series 对象中,可以通过“对象名. iloc[位置序号]”来引用位置序号对应位置上的元素。第一个位置上的序号从 0 开始,往后依次加 1。例如:

```
>>> s1. iloc[1]          #使用位置索引值1
3.0
>>> s2. iloc[2]          #使用位置索引值2
2
```

Series 对象中,也可以通过“对象名. loc[标签值]”来引用特定标签对应的元素。例如:

```
>>> s1. loc[1]          #这里的 1 为标签,不是序号
3.0
>>> s2. loc["D"]        #这里的"D"为标签
3
>>>
```

5）Series 对象的算术运算

对 Series 进行算术运算即对 Series 中每个数据进行相应的算术运算，但要注意运算后生成一个新的 Series 对象，原 Series 对象保持不变。例如：

```
>>> x = s2 + 10
>>> x
A    10
B    11
C    12
D    13
dtype: int32
>>> s2              ♯原对象保持不变
A    0
B    1
C    2
D    3
dtype: int32
>>>
```

6）Series 对象的切片

可以通过切片操作获取 Series 中特定位置的数据构成新的 Series 对象。切片主要有 6 种方式。

第一种方式是通过标签序列来实现切片，此时的切片结果不仅包含开始标签上的元素，还包含结束标签上的元素。例如：

```
>>> x = pd.Series(np.arange(4) + 5, index = list('ABCD'))
>>> x
A    5
B    6
C    7
D    8
dtype: int32
>>> x['B':'D']
B    6
C    7
D    8
dtype: int32
>>> x['B':'D':2]
B    6
D    8
dtype: int32
>>>
```

第二种方式是通过按序的位置索引来切片。如果 Series 对象中元素个数为 n，位置索引是指从前往后的 0 到 n−1，或从后往前的−1 到−n。此时的切片结果包含开始位置对应的元素，但不包含结束位置上的元素。例如：

```
>>> x[1:3]
B    6
C    7
dtype: int32
>>> x[ - 3: - 1]
B    6
```

```
C    7
dtype: int32
>>>
```

在创建 Series 对象时,参数 index 指定的内容均为标签,不是位置索引。使用数字作为切片依据时,该数字表示位置索引,不是表示数字标签。例如:

```
>>> s3 = pd.Series([1,3,np.nan,5],index = range(3,7))
>>> s3
3    1.0                    # 左边的数字 3 是标签,位置索引为 0 或 - 4
4    3.0                    # 左边的数字 4 是标签,位置索引为 1 或 - 3
5    NaN                    # 左边的数字 5 是标签,位置索引为 2 或 - 2
6    5.0                    # 左边的数字 6 是标签,位置索引为 3 或 - 1
dtype: float64
>>>
>>> y = s3[1:3]            # 这里的 1 和 3 表示位置索引
>>> y
4    3.0
5    NaN
dtype: float64
>>> type(y)
< class 'pandas.core.series.Series'>
>>>
```

第三种方式是通过标签的花式切片。用列表指定特定标签出现的顺序,同一个标签可以多次出现,获得这些标签对应的元素,构成新的 Series 对象。例如:

```
>>> x[['B','D','B']]
B    6
D    8
B    6
dtype: int32
>>>
```

在旧版本中,也可以采用元素位置索引作为花式切片的依据,如 x[[1,3,1]]将得到与 x[['B','D','B']]相同的结果。但新的版本将不再支持 x[[1,3,1]]这种方式。

第四种方式是通过条件获取元素切片,称为布尔切片。切片的结果中包含条件表达式为 True 所对应的行。例如:

```
>>> x[x>6]
C    7
D    8
dtype: int32
>>>
```

第五种方式是通过数组的标签在 loc 属性中获取数组的切片。例如:

```
>>> x.loc[['B','D','B']]
B    6
D    8
B    6
dtype: int32
>>>
```

第六种方式是通过数组的位置索引号在 iloc 属性中获取数组的切片。例如:

```
>>> x.iloc[[1,3,1]]
```

```
B    6
D    8
B    6
dtype: int32
>>>
```

另外，Series 的 head(n)方法返回前 n 个元素构成的新 Series 对象，tail(n)方法返回最后 n 个元素构成的新 Series 对象。其中，参数 n 的默认值均为 5。

2. DataFrame 基础

Pandas 对二维数据操作使用的是 DataFrame 数据结构。DataFrame 是大小可变、多种类型元素可以混合、具有行和列标签的二维数据，拥有 index 和 columns 属性。创建 DataFrame 对象的语法结构为

```
pandas.DataFrame(data = None, index = None, columns = None, dtype = None, copy = False)
```

参数 data 可以是 numpy.ndarray 多维数组、字典或其他 DataFrame 对象；如果 data 是字典类型，该字典中的值可以包含序列、数组、常量或类似于列表类型的对象。参数 index 表示行标签，其值可以是索引或数组；如果输入数据 data 中没有标签信息，并且在创建 DataFrame 对象时没有为 index 提供实际参数，则 index 被赋值为一个 RangeIndex(0,1,2,…,n)类型的对象。参数 columns 表示列标签，其值可以是索引或数组类型；如果在创建 DataFrame 对象时没有为 columns 提供作为列标签的实际参数，则 columns 被赋值为一个 RangeIndex(0,1,2,…,n)类型的对象。参数 dtype 表示元素的数据类型，默认为空。参数 copy 为布尔类型，默认为 False；参数 data 为 DataFrame 对象或者二维数组时，由参数 copy 决定是否复制数据；参数 data 为其他类型时，参数 copy 不起作用。

1）创建 DataFrame 对象

可以从 NumPy 多维数组构建 DataFrame 对象。例如：

```
>>> import numpy as np
>>> import pandas as pd
>>> n = np.random.randint(low = 0, high = 10, size = (5,5))      # 创建 NumPy 数组
>>> n
array([[5, 3, 6, 9, 7],
       [3, 9, 7, 4, 1],
       [5, 8, 6, 8, 5],
       [1, 2, 0, 1, 3],
       [5, 1, 8, 1, 6]])
>>> df = pd.DataFrame(data = n, columns = list('ABCDE'))      # 创建 DataFrame 对象
>>> df
   A  B  C  D  E
0  5  3  6  9  7
1  3  9  7  4  1
2  5  8  6  8  5
3  1  2  0  1  3
4  5  1  8  1  6
>>>
```

可以由字典创建 DataFrame 对象。例如：

```
>>> import pandas as pd
>>> # 通过 pd.set_option 设置 DataFrame 打印时右对齐
>>> pd.set_option("display.unicode.east_asian_width",True)
```

```
>>> data = {"姓名":["D","张三","A","李四","C","王五","E","B"],

...     "数学":(85,88,81,92,79,81,68,72),
...     "Java":[65,77,81,91,80,77,95,63],
...     "English":[83,78,79,82,86,71,78,83]}
>>> df = pd.DataFrame(data)
>>> df
     姓名    数学    Java    English
0     D     85     65      83
1    张三    88     77      78
2     A     81     81      79
3    李四    92     91      82
4     C     79     80      86
5    王五    81     77      71
6     E     68     95      78
7     B     72     63      83
>>>
```

2）获取 DataFrame 对象的相关信息

可以通过 DataFrame 对象的属性或方法获取对象的相关信息。例如：

```
>>> df.index
RangeIndex(start = 0, stop = 8, step = 1)
>>> df.columns
Index(['姓名', '数学', 'Java', 'English'], dtype = 'object')
>>> list(df) #返回以 DataFrame 对象列名为元素的列表
['姓名', '数学', 'Java', 'English']
>>> df.dtypes
姓名        object
数学        int64
Java       int64
English    int64
dtype: object
>>> df.info()
< class 'pandas.core.frame.DataFrame'>
RangeIndex: 8 entries, 0 to 7
Data columns (total 4 columns):
 #     Column    Non – Null Count     Dtype
---   ------    --------------     -----
0     姓名       8 non – null          object
1     数学       8 non – null          int64
2     Java      8 non – null          int64
3     English   8 non – null          int64
dtypes: int64(3), object(1)
memory usage: 388.0 + bytes
>>> df.values
array([['D', 85, 65, 83],
       ['张三', 88, 77, 78],
       ['A', 81, 81, 79],
       ['李四', 92, 91, 82],
       ['C', 79, 80, 86],
       ['王五', 81, 77, 71],
       ['E', 68, 95, 78],
       ['B', 72, 63, 83]], dtype = object)
>>>
```

3）将某列作为行标签

可以使用 DataFrame 对象中的 set_index()方法将某一列作为行标签，生成新的 DataFrame 对象，原对象保持不变。例如：

```
>>> score = df.set_index("姓名")
>>> score
       数学     Java     English
姓名
D      85      65       83
张三    88      77       78
A      81      81       79
李四    92      91       82
C      79      80       86
王五    81      77       71
E      68      95       78
B      72      63       83
>>>
```

可以查看到原来的对象保持不变。

```
>>> df
    姓名     数学     Java    English
0   D      85      65      83
1   张三    88      77      78
2   A      81      81      79
3   李四    92      91      82
4   C      79      80      86
5   王五    81      77      71
6   E      68      95      78
7   B      72      63      83
>>>
```

4）提取一列获得一个 Series 对象

可以从 DataFrame 对象中提取某一列得到一个 Series 对象，例如：

```
>>> x = score["Java"]
>>> x
姓名
D        65
张三      77
A        81
李四      91
C        80
王五      77
E        95
B        63
Name: Java, dtype: int64
>>> type(x)
<class 'pandas.core.series.Series'>
>>>
```

5）提取一列或多列获得一个 DataFrame 对象

如果要获取 DataFrame 对象中某一列或多列的切片得到一个新的 DataFrame 对象，列标签需要放在一个列表中。例如：

（2）在 DataFrame 对象的 loc 属性中使用行列标签进行切片。

行列标签用在 loc 属性中获取数据时，包含开始与结束标签所在的行与列。例如：

```
>>> score.loc["张三":"王五":2]                    #包括结束标签所在行
      数学      Java     English
姓名
张三    88       77       78
李四    92       91       82
王五    81       77       71
>>>
>>> score.loc[:,"数学":"English"]                 #包括结束标签所在列
      数学      Java     English
姓名
D     85       65       83
张三    88       77       78
A     81       81       79
李四    92       91       82
C     79       80       86
王五    81       77       71
E     68       95       78
B     72       63       83
>>>
```

（3）在 DataFrame 对象的 iloc 属性中使用行列位置索引进行切片。

整数表示的位置索引值用在 iloc 属性中获取数据时，包含开始值所在的行与列，不包含结束值所在的行与列。例如：

```
>>> score.iloc[1:5]        #包含位置索引为1的行,不包含位置索引为5的行
      数学      Java     English
姓名
张三    88       77       78
A     81       81       79
李四    92       91       82
C     79       80       86
>>> score.iloc[1:5:2, 0:2]      #不包含位置索引号为2的列
      数学      Java
姓名
张三    88       77
李四    92       91
>>>
```

另外，DataFrame 对象的 head(n)方法返回前 n 行构成新的 DataFrame 对象，tail(n)方法返回最后 n 行构成新的 DataFrame 对象。其中，参数 n 的默认值均为 5。

7）根据条件筛选部分行

DataFrame 对象可以根据条件筛选部分行构成新的 DataFrame 对象，原对象保持不变。例如：

```
>>> score[score["English"]>=80]
      数学      Java     English
姓名
D     85       65       83
李四    92       91       82
```

```
C       79      80      86
B       72      63      83
>>>
```

8）添加新的列

NumPy 数组对象中的大部分操作在 DataFrame 里都是适用的。DataFrame 对象中还可以根据已有特征构造出新的特征，并将新的特征添加到 column 里，根据此 column 还可以给出一些新的处理。例如：

```
>>> score["总分"] = score["数学"] + score["Java"] + score["English"]
>>> score
        数学      Java    English     总分
姓名
D       85      65      83          233
张三     88      77      78          243
A       81      81      79          241
李四     92      91      82          265
C       79      80      86          245
王五     81      77      71          229
E       68      95      78          241
B       72      63      83          218
>>>
```

从上述结果可以看出，score 对象中增加了总分这一列。

9.3.2 在文件中存取 Pandas 数据对象

1. 从文本文件读取 DataFrame 对象

利用 pandas.read_csv() 函数可以读取 CSV 等格式的文本文件中的内容，返回一个 DataFrame 对象。可以通过帮助文档来了解详细的参数及其含义。例如：

```
>>> import pandas as pd
>>> help(pd.read_csv)
```

这里省略了 help() 函数返回的帮助文档信息，读者可以自行查看。该函数的参数较多，除第一个参数 filepath_or_buffer 外，其他参数均有默认值。受篇幅限制，以下列出部分参数的含义。

- filepath_or_buffer：包含路径的文件名；如果没有指定路径，则表示程序文件所在的路径。
- sep：文件中字段值之间的分隔符，默认为英文逗号。
- delimiter：sep 的替代参数名。
- header：用作列名的行号，默认自动推断列名。
- names：用作 DataFrame 对象列名的列表，如果没有用 names 指定列名，默认 header=0，如果用 names 指定了列名，则 header=None。
- index_col：用作 DataFrame 行标签的列。
- usecols：需要读取的列名序列。
- converters：用于转换某些列值的函数的字典，字典的 key 可以是列号或列标签。
- skiprows：跳过的行号（整数序列）或行数（整数）。
- nrows：读取的行数。

【例 9-14】 读取 stock.csv 文件中前 5 行的 Date、Open、High、Low、Close、Volume 各列的值构成 DataFrame 对象，其中，Date 列作为对象的行标签数据。

程序源代码如下。

```
# example9_14.py
import pandas as pd
df = pd.read_csv('stock.csv', sep = ',', index_col = 'Date', nrows = 5,
                usecols = ['Date', 'Open', 'High', 'Low', 'Close', 'Volume'])
print(df)
```

程序 example9_14.py 的执行结果如下。

```
>>>
           Open    High    Low     Close    Volume
Date
2018/4/2   9.99    10.14   9.51    9.53     64824600
2018/4/3   9.63    9.77    9.30    9.55     54891600
2018/4/4   9.08    9.81    9.04    9.77     67356900
2018/4/5   10.05   10.20   9.91    10.02    65758800
2018/4/6   9.83    10.10   9.50    9.61     51087100
>>>
```

2. 从 Excel 文件读取 DataFrame 对象

利用 pandas.read_excel() 函数可以读取 Excel 文件中的内容，返回 DataFrame 对象。该函数的参数较多，读者可以通过 help() 函数查看帮助文档来了解详细的参数及其含义。除第一个参数 io 外，其他参数均有默认值。受篇幅限制，以下列出部分参数的含义。

- io：包含路径的 Excel 文件名；如果没有指定路径，则表示程序文件所在的路径。
- sheet_name：Excel 文件中的 Sheet 名，或者用整数表示的 Sheet 序号（从 0 开始），也可以是由 Sheet 名与 Sheet 序号混合构成的列表，默认为整数 0；如果 sheet_name 为 Sheet 名或 Sheet 序号，则函数返回一个 DataFrame 对象；如果 sheet_name 为一个列表，则函数返回一个字典，每个 Sheet 代表一个字典的键，从该 Sheet 中读取的数据构成一个 DataFrame 对象作为对应的值。
- header：为整数，表示作为列标签的行号（开始行号为 0），默认为 0；也可以是整数列表，列表中行号对应的信息被组合为多重索引。
- usecols：可以为 None、整数、整数列表或字符串；如果为 None，表示导入所有列；如果为整数，表示需导入的最后一列列号（开始列号为 0）；如果为整数列表，表示导入列表中整数表示的列号对应的所有列；如果为字符串，则字符串中的元素以英文逗号分隔，每个元素是 Excel 列字母或冒号分隔的列范围，如"A:E"或"A,C,E:G"；字符串中的元素如果是冒号分隔的范围，则包含该范围的起始和结束值。
- engine：读取 Excel 文件时使用的引擎，如 'xlrd'、'openpyxl' 等；这些引擎必须提前安装；如果要读取 xlsx 文件，需要安装 openpyxl 等支持 xlsx 读取的模块，而 xlrd 模块不支持 xlsx 文件的读取；可以通过 engine 参数指定读取 Excel 文件时所使用的引擎。
- names、index_col、converters、skiprows 和 nrows 等参数的含义与 pandas.read_csv() 函数中同名参数的含义相同。

【例 9-15】 读取 stock.xlsx 文件中的 Date、Open、High、Low、Close、Volume 这几列的

前 5 行数据构成 DataFrame 对象。将 Date 列作为对象的行标签。

程序源代码如下。

```
＃example9_15.py
import pandas as pd
df = pd.read_excel('stock.xlsx', sheet_name = 'stock',
                   index_col = 'Date', nrows = 5, usecols = 'A:E,G')
print(df)
```

程序 example9_15.py 的执行结果如下。

```
>>>
               Open     High     Low      Close    Volume
Date
2018 - 04 - 02  9.99    10.14    9.51     9.53     64824600
2018 - 04 - 03  9.63     9.77    9.30     9.55     54891600
2018 - 04 - 04  9.08     9.81    9.04     9.77     67356900
2018 - 04 - 05 10.05    10.20    9.91    10.02     65758800
2018 - 04 - 06  9.83    10.10    9.50     9.61     51087100
>>>
```

注意,上述程序读取 xlsx 格式的文件,需要提前安装 openpyxl 以支持 xlsx 文件的读取。xlrd 模块只支持 xls 格式的文件读取,不支持 xlsx 格式的文件读取。可以采用 pip install openpyxl 来安装 openpyxl 模块。如果采用 Anaconda 的 Python 增强版本,则已经内置了 openpyxl,不需要再另行安装。

3. 将 DataFrame 对象保存到 CSV 或 Excel 文件中

可以使用 DataFrame 对象的 to_csv()方法和 to_excel()方法将该对象分别存储到 CSV 或 Excel 文件。详细参数请参考帮助文档。以下给出一个简单的使用案例。

先创建一个 DataFrame 对象:

```
>>> import pandas as pd
>>> data = {"姓名":["D","张三","A","李四","C","王五","E","B"],
...      "数学":(85,88,81,92,79,81,68,72),
...      "Java":[65,77,81,91,80,77,95,63]}
>>> df = pd.DataFrame(data)        ＃创建 DataFrame 对象
```

将上述 DataFrame 对象 df 存储到 CSV 文件中:

```
>>> df.to_csv("c:/score.csv", encoding = "gbk")
```

将上述 DataFrame 对象 df 存储到 Excel 文件中:

```
>>> df.to_excel("c:/score.xlsx")
```

读者可以在 c 盘查看生成的文件。

Series 对象也有相应的 to_csv()和 to_excel()方法,读者可以通过帮助文档了解其用法。

9.3.3 数据预处理

获得 DataFrame 对象后,数据预处理是数据分析前的重要一环。数据预处理的范围主要包括删除重复值、处理缺失值、数据格式规范化等。限于篇幅,本章对这些内容不展开阐述,请参考相关资料或阅读 Pandas 官方文档。这里简单介绍数据排序、记录抽取等简单的预处理方法。

1. 数据排序

DataFrame 中的方法 sort_index(self,axis：'Axis'＝0,level：'Level｜None'＝ None, ascending：'bool｜int｜Sequence[bool｜int]'＝True,inplace：'bool'＝False,kind：'str'＝ 'quicksort',na_position：'str'＝'last',sort_remaining：'bool'＝True,ignore_index：'bool'＝ False,key：'IndexKeyFunc'＝None)可以实现按指定轴向上的标签进行排序。参数 axis＝0 （默认）表示按行标签排序。参数 axis＝1 表示按列标签排序。新版本增加的参数 key 如果 不是 None,则在排序之前将 key 指定的函数先应用于标签值,然后按照 key 函数返回的值 进行排序。旧版本中的参数 by 不再支持。其他参数的详细说明可以通过 help(pd. DataFrame.sort_index)命令来查看帮助文档。

利用 sort_index()方法排序可生成新的 DataFrame 对象,原 DataFrame 对象保持不变。 例如：

```
>>> df = pd.DataFrame([[1,7,10],[9,2,6],[3,5,8]],index = ("c","A","b"),
        columns = ["F","g","e"])
>>> #默认 axis = 0, 按行标签排序; ascending = False 降序
>>> df2 = df.sort_index(ascending = False)
>>> df2
     F    g    e
c    1    7    10
b    3    5    8
A    9    2    6
>>> df        #原 DataFrame 对象保持不变
     F    g    e
c    1    7    10
A    9    2    6
b    3    5    8
>>> df3 = df.sort_index(key = lambda x: x.str.lower())
>>> df3
     F    g    e
A    9    2    6
b    3    5    8
c    1    7    10
>>>
```

DataFrame.sort_values(self,by,axis＝0,ascending＝True,inplace＝False,kind＝ 'quicksort',na_position＝'last')可以实现按列值排序或按行值排序。当参数 axis 为数值 0 或字符串 index 时,表示按列值纵向排序,默认为 0；当参数 axis 为数值 1 或字符串 columns 时,表示按行值横向排序。当参数 axis 为 0 时,by 为列名或列名构成的列表；当参 数 axis 为 1 时,by 表示行标签或行标签构成的列表。参数 ascending 表示参数 by 中各个字 段是否以升序排列,如果参数 by 是由多个字段（标签）构成的列表,则 ascending 是由对应 个数的布尔值构成的列表。其他参数的含义详见帮助文档。

【**例 9-16**】 读取 stock.xlsx 文件中的股票数据,分别实现按最高价升序排列、按最高 价升序的基础上实现开盘价升序排列、按最高价降序排列、以某一天的各价格数据为依据对 各列位置进行升序排列。

程序源代码如下。

```
# example9_16.py
# coding = utf - 8
import pandas as pd
df = pd.read_excel('stock.xlsx', sheet_name = 'stock',
                   index_col = 'Date', usecols = 'A:E', nrows = 10)
print('排序前的 DataFrame 对象:\n', df)

# 以最高价来排序,默认为升序
df2 = df.sort_values(by = ['High'])
print('以最高价升序排列后的 DataFrame:\n', df2)
# 原来的 df 保持不变
print('原 DataFrame 保持不变:\n', df)

# 以最高价排序,如果最高价相同则再按开盘价排序
df3 = df.sort_values(by = ['High', 'Open'])
print('以最高价和开盘价升序排列后的 DataFrame:\n', df3)

# 按最高价排序,ascending = False 降序
df4 = df.sort_values(by = ['High'], ascending = False)
print('以最高价降序排列后的 DataFrame:\n', df4)

# axis = 1 按照某行数据排序(横向)
df5 = df.sort_values(axis = 1, by = ['2018 - 04 - 13'])
print('以行标签为"2018 - 04 - 13"所在行的各列数据为依据,' +
      '对列进行排序后:\n', df5)
```

程序 example9_16.py 的执行输出结果行数较多,请读者执行程序并查看结果。

2. 记录抽取

在进行数据分析之前,可能需要抽取 DataFrame 对象的部分数据进行分析。可以按照条件进行记录抽取,也可以随机抽取部分数据。

可以使用 DataFrame 中的 sample()方法随机抽取样本数据。其调用格式如下。

```
sample(n = None, frac = None, replace = False, weights = None, random_state = None, axis = None)
```

其中,参数 n 表示要抽取的行数或列数;frac 表示样本抽取的比例;replace＝True 表示有放回抽样,replace＝False 表示未放回抽样;weights 表示每个元素被抽样的权重;random_state 表示随机数种子;axis＝0 表示随机抽取 n 行数据,axis＝1 表示随机抽取 n 列数据。

【**例 9-17**】　读取 stock.xlsx 文件中的股票信息,选取开盘价大于 13 的数据行、开盘价最高的数据行、开盘价位于[12.5,13.5]区间内的数据行、开盘价或收盘价为空的数据行、从读取的原始数据中随机选取三行数据。

程序源代码如下。

```
# example9_17.py
# coding = utf - 8
import numpy as np
import pandas as pd
df = pd.read_excel('stock.xlsx', sheet_name = 'stock', usecols = 'A:E,G')
print(df)
print('开盘价大于 13 的数据行:\n', df[df['Open'] > 13], sep = "")
print('开盘价最高的数据行:\n',
      df[df.Open == max(df['Open'])], sep = "")
```

```
print('收盘价位于[12.5,13.5]区间内的数据行:\n',
      df[df.Close.between(12.5,13.5)],sep = "")
print('开盘价或收盘价为空值的数据行:\n',
      df[df.Open.isnull() | df.Close.isnull()],sep = "")

i = 3
print(f'随机选取的{i}行数据为:\n',
      df.sample(i).sort_index(),sep = "")
```

程序 example9_17.py 的执行输出结果行数较多,请读者执行程序并查看结果。

9.3.4　统计分析

利用 Pandas 可以进行各种类型的数据统计。限于篇幅,这里只介绍基本统计分析和简单的相关性分析方法。

1. 基本统计分析

数据的均值、方差、标准差、分位数、相关系数、协方差等统计特征能反映出数据的整体分布。Pandas 中有计算这些基本统计特征的函数或相应的 Series 及 DataFrame 对象方法。Pandas 中主要特征统计函数或对象方法如表 9.5 所示。

表 9.5　Pandas 主要特征统计函数或对象方法及说明

函数或对象方法	说　　明
sum()	元素之和
mean()	算术平均值
median()	中位数
prod()	元素之积
var()	方差
std()	标准差
corr()	Spearman(Pearson)相关系数矩阵
cov()	协方差
skew()	样本值的偏度(三阶矩)
kurt()	样本值的峰度(四阶矩)
describe()	样本的基本描述(基本统计量如均值、标准差等)

请读者通过帮助文档了解表 9.5 中的函数或对象方法。其中,describe()方法返回基本的描述统计,例如:

```
>>> import pandas as pd
>>> df = pd.DataFrame({"stu":["Wang","Li","Zhang","Yang"],
        "math":[85,70,68,90],"Java":[78,65,92,85]})
>>> df.describe()
              math        Java
count     4.000000    4.000000
mean     78.250000   80.000000
std      10.904892   11.518102
min      68.000000   65.000000
25 %     69.500000   74.750000
50 %     77.500000   81.500000
75 %     86.250000   86.750000
max      90.000000   92.000000
```

```
>>> df.describe().transpose()
         count    mean       std         min     25%     50%    75%      max
math     4.0      78.25      10.904892   68.0    69.50   77.5   86.25    90.0
Java     4.0      80.00      11.518102   65.0    74.75   81.5   86.75    92.0
>>> df.describe().transpose()["max"]
math     90.0
Java     92.0
Name: max, dtype: float64
```

【例9-18】 读取 score.xlsx 文件中的成绩数据。A、B 两列分别为学号与姓名,C 至 I 列分别保存各门课程的成绩。每一行为一位学生的各门课程成绩。用 describe() 对此数据做一个基本统计量分析;利用 mean() 和 std() 分别求取每位学生和每门功课的平均分与标准差。

程序源代码如下。

```
# example9_18.py
# coding = utf-8
import pandas as pd

# 打开文件
data = pd.read_excel('score.xlsx', index_col = '姓名', usecols = 'B:I')
print('成绩 DataFrame 对象:\n', data)

# 对所有课程求基本统计量
df = data.describe()
print('所有课程成绩基本统计信息:\n', df)
print('«Java 程序设计»成绩基本统计信息:\n', df['Java 程序设计'])
print('各门课程的平均成绩:\n', df.loc['mean'])

# 对一门课程求基本统计量
print('«Java 程序设计»成绩基本统计信息:\n',
        data.loc[:, 'Java 程序设计'].describe())

# 可以指定求行(axis = 1 或 columns)或列(axis = 0 或 index)的统计量
print('每个人的平均分:\n', data.mean(axis = 'columns'))
print('每个人的成绩标准差:\n', data.std(axis = 1))
print('每门课程的平均分:\n', data.mean(axis = 'index'))
print('每门课程的成绩标准差:\n', data.std(axis = 0))
# axis 默认为 0 或 index(按列统计)
print('每门课程的平均分:\n', data.mean())
print('每门课程的成绩标准差:\n', data.std())
```

程序 example9_18.py 的执行输出结果行数较多,请读者执行程序并查看结果。

2. 相关分析

相关分析研究变量之间的依存方向与程度,是研究变量之间相互关系的一种统计方法。相关系数用来定量描述变量之间的相关程度。Series 和 DataFrame 对象均用 corr() 函数来计算变量之间的相关系数。

【例9-19】 读取 score.xlsx 文件中的成绩数据,计算各门课程之间的相关系数。

程序源代码如下。

```
# example9_19.py
# coding = utf-8
```

```
import pandas as pd

pd.set_option("display.unicode.east_asian_width",True)      #打印时右对齐
#打开文件
data = pd.read_excel('score.xlsx',index_col = '姓名',usecols = 'B:I')
print('成绩 DataFrame 对象:',data,sep = "\n")

#所有课程之间的相关系数
print('所有课程之间的相关系数:',data.corr(),sep = "\n")

#部分课程之间的相关系数
print('部分课程之间的相关系数:',
        data.loc[:,['线性代数','数据结构','Java 程序设计']].corr(),sep = "\n")

#两门课程之间的相关系数
print('两门课程之间的相关系数:',
        data.loc[:,['线性代数','数据结构']].corr(),sep = "\n")
print('两门课程之间的相关系数:',
        data['线性代数'].corr(data['数据结构']),sep = "")
```

程序 example9_19.py 的部分运行结果如下。

部分课程之间的相关系数:
	线性代数	数据结构	Java 程序设计
线性代数	1.000000	0.632099	0.517039
数据结构	0.632099	1.000000	0.363376
Java 程序设计	0.517039	0.363376	1.000000

两门课程之间的相关系数:
	线性代数	数据结构
线性代数	1.000000	0.632099
数据结构	0.632099	1.000000

两门课程之间的相关系数:0.632098690717327

程序 example9_19.py 的执行输出结果行数较多，请读者执行程序并查看全部执行结果。

9.3.5　Pandas 中的绘图方法

Python 中用于绘图的 Matplotlib 方法相对位于程序设计的底层，过程比较烦琐。目前有很多绘图的开源框架对 Matplotlib 进行了封装，使用更加方便。Pandas 的绘图功能基于 Matplotlib，并对某些命令进行了简化和封装。实际应用时通常将 Matplotlib 和 Pandas 结合使用。

Series 和 DataFrame 均提供了基本绘图接口 plot()。这里简单介绍一下 plot() 接口的一些常用参数。可以通过 help(pd.Series.plot) 和 help(pd.DataFrame.plot) 了解详细用法。参数 kind 指定绘图种类，包括 line（折线图，默认）、bar（垂直柱状图）、barh（水平柱状图）、hist（直方图）、box（箱线图）、kde 或 density（密度图）、area（面积图）、scatter（散点图）、hexbin（六边形组合图）、pie（饼图）。参数 figsize 表示图像尺寸。参数 use_index 的值为 True（默认）或 False。use_index 为 True 时会将 Series 和 DataFrame 的 Index 传给 Matplotlib，用以绘制 X 轴。sharex 和 sharey 表示是否共用 x 轴或 y 轴。参数 logx 和 logy 的值为 True 或 False，分别表示是否在 X 轴或 Y 轴上使用对数标尺。其他参数的含义详见

帮助文档。

　　用 plot() 接口绘图时可以通过 kind 参数指定图形类型来实现,如 data.plot(kind＝'line')。也可以通过调用 plot() 接口返回的对象之方法来实现,如 data.plot.line()。

　　【例 9-20】　读取 stock.xlsx 文件中的股票交易开盘价和收盘价信息构造 DataFrame 对象,画出开盘价和收盘价分布的核密度估计图。

　　分析:通过帮助系统查看 DataFrame.plot(),可以得知,只要设置参数 kind＝'kde',即可绘制核密度估计图。

　　程序源代码如下。

```
# example9_20.py
# coding = utf - 8
import numpy as np
import matplotlib
import matplotlib.pyplot as plt
import pandas as pd

df = pd.read_excel('stock.xlsx', sheet_name = 'stock',
                   usecols = 'B,E')

df.columns = ["开盘价","收盘价"]                   # 重新设置列名

# 指定默认字体和默认字体大小
plt.rcParams['font.sans - serif'] = ['SimHei']
matplotlib.rcParams['font.size'] = 15

# kind = 'box'指定箱线图
# df.plot(kind = 'box')
# kind = 'kde'指定核密度估计图
df.plot(kind = 'kde', style = [':','- '], color = ['r','b'])

plt.xticks()
plt.yticks()
plt.grid()
plt.title('开盘价与收盘价', fontsize = 20)
plt.legend()
plt.show()
```

程序 example9_20.py 的运行结果如图 9.14 所示。

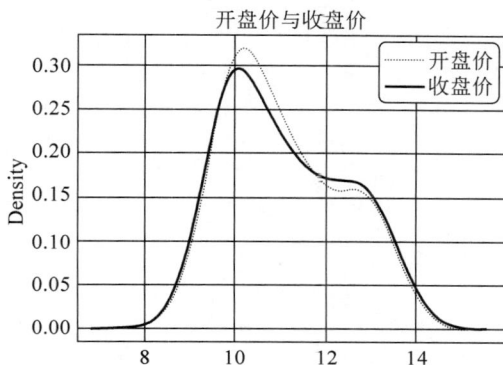

图 9.14　程序 example9_20.py 的运行结果

习题

1. 文件 sales.csv 中保存了某产品各月的销售情况,请用 NumPy 读取 sales.csv 中的数据,并分别统计销售量与销售额的算术平均数、方差、标准差、中位数、最小值、最大值。程序保存为 exercise9_1.py。

2. 读取文件 sales.csv 文件中的数据,并在同一个坐标中分别绘制销售量和销售额的折线图,并给出图例。程序保存为 exercise9_2.py。

3. 用 Pandas 读取 sales.csv 文件中的数据构成 DataFrame 对象,分别计算销售量和销售额的均值、中位数、方差和标准差,并计算销售量与销售额的协方差和相关系数。程序保存为 exercise9_3.py。

第10章

经济与管理中的数据
分析和可视化

为了方便分步执行程序、分步显示执行结果,本章开始采用 Jupyter Notebook 来编辑、调试和运行 Python 程序。本章先介绍 Jupyter Notebook 的安装和使用方法,接着以案例的方式介绍销售数据和人事管理数据的分析与可视化步骤。

10.1 Jupyter Notebook 简介

Jupyter Notebook 是一个交互式笔记本软件,支持编写、运行多种编程语言,支持代码的分块。每一块代码可以单独运行,也可以所有代码块一起运行。每个代码块的运行结果各自显示在相应代码块的下方,使得代码与运行的结果的对应关系更加清楚,因此被广泛地应用于实验过程中。

安装完 Python 标准发行版本后,在操作系统命令行下执行 pip install jupyter notebook 即可完成 Jupyter Notebook 的安装。如果读者使用的是 Anaconda 等 Python 增强发行版,则通常已经包含 Jupyter Notebook,不需要再单独安装。安装完 Jupyter Notebook 后可以在浏览器中使用,也可以在 VS Code 中使用。

1. 在浏览器中使用 Jupyter Notebook

安装完 Jupyter Notebook 后,如果使用的是标准版本的 Python,则按 Windows＋R 组合键,打开"运行"对话框,运行"CMD"命令,在打开的命令行窗口中运行 jupyter notebook 命令即可启动 Jupyter Notebook 服务。

如果要使用 Anaconda 中的 Jupyter Notebook,可以通过"开始"菜单中的 Anaconda 3→Anaconda Prompt 启动命令行窗口,然后执行 Jupyter Notebook 来启动服务;也可以直接单击"开始"菜单中的 Anaconda 3→Jupyter Notebook 来启动服务。

通过上述任意一种方式启动 Jupyter Notebook 服务后,系统将自动在默认浏览器中打开 Jupyter Notebook。如果没有在默认浏览器中自动打开,读者可以将命令行下提示的网址复制到浏览器中打开。在打开的页面中可以新建、打开、编辑、运行 Notebook 文件(后缀名为.ipynb)。注意,使用过程中不要关闭启动 Jupyter Notebook 服务的命令行窗口。

无论是使用标准发行版的 Python,还是使用 Anaconda 中的 Python,在各自相应的命令行窗口中启动 Jupyter Notebook 后,系统使用默认的存储目录。如果要使用自己指定的存储目录,可以通过以下两种方式启动 Jupyter Notebook。

（1）方式 1：先在命令行窗口中将当前路径切换到指定的目录，然后再运行 jupyter notebook 命令。

（2）方式 2：在命令行窗口中运行 jupyter notebook --notebook-dir＝ '指定路径'或 jupyter notebook '指定路径'。

对于不熟悉如何在操作系统命令行下切换当前路径的读者，建议采用方式 2。方式 2 中的指定路径要用具体的路径替换，例如，jupyter notebook --notebook-dir＝ 'd:/test'，表示启动 Jupyter Notebook，并以 d 盘 test 目录为存储路径。

在默认浏览器中打开 Jupyter Notebook 后，会出现如图 10.1 所示的网页。

单击图 10.1 中的"新建"菜单，下拉列出如图 10.2 所示的子菜单。

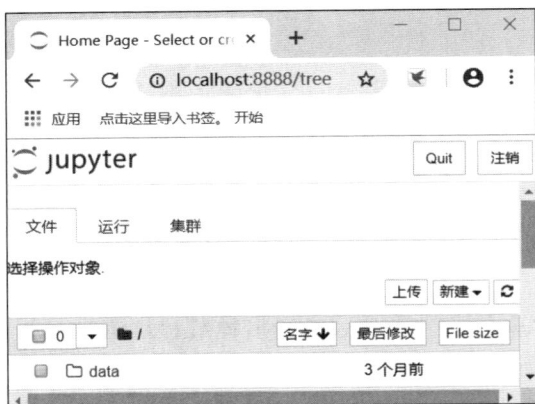

图 10.1　Jupyter Notebook 首页

图 10.2　Jupyter Notebook 中"新建"
菜单中的选项

在图 10.2 中，单击 Python 3，打开一个新的页面，并创建了一个如图 10.3 所示的空白文档。

图 10.3　Jupyter Notebook 中新建的空白文档

在图 10.3 中光标处可以输入相应程序代码。按 Ctrl＋Enter 组合键或者单击"运行"按钮执行光标所在框的代码，执行结果显示在该框下面，如图 10.4 所示。

图 10.4　输入代码并执行代码段

选择菜单中的"文件"→"重命名",打开重命名窗口。在重命名窗口中输入要保存的文件名,如这里输入"abc"。单击"重命名"按钮。这样在如图 10.1 所示的 Jupyter Notebook 首页中就出现了 abc.ipynb 文件,如图 10.5 所示。

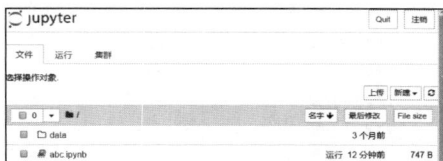

图 10.5　Jupyter Notebook 首页的文件列表

如果不更改文件名,在图 10.5 中将出现"未命名.ipynb"文件。

2. 在 VS Code 中使用 Jupyter Notebook

为了在 VS Code 中使用 Jupyter Notebook,除了需要安装第 1 章中介绍的 Python 插件外,还需要安装 Jupyter 插件。打开 VS Code 后,选择菜单"查看"→"扩展",在搜索框中输入"Jupyter"。在搜索到的 Jupter 插件信息中单击"安装"。安装完成后就可以使用 VS Code 来新建、打开、编辑、运行 Notebook 文件(后缀名为.ipynb)了。例如,要新建 Notebook 文件,依次选择菜单"新建"→"新建文件",在"新建文件"窗口中选择"Jupyter Notebook .ipynb 支持"。

在 VS Code 中,Jupyter Notebook 也是既可以单独运行一个单元格,也可以从头到尾运行所有单元格;甚至还可以运行指定单元格以前的所有单元格,或者运行指定单元格及其之后的所有单元格。

无论是在浏览器模式下,还是在 VS Code 中,均可以将.ipynb 文件转换为以.py 为后缀的 Python 源代码文件。

10.2　销售数据分析与可视化

本书配套素材对应章节目录下的 sales.xlsx 文件中保存了某电商平台某类产品的销售记录。每行为一个订单的信息,分别包含订单编号、单价、订购数量和店铺名称。Jupyter Notebook 文件 sales.ipynb 中给出了数据分析和可视化的详细代码。这里依次给出相应的步骤。

(1) 导入模块,设置 DataFrame 对象打印属性。

```
import pandas as pd
import matplotlib.pyplot as plt
# 设置 DataFrame 打印时右对齐
pd.set_option("display.unicode.east_asian_width",True)
# 打印时不隐藏列信息
pd.set_option("expand_frame_repr",False)
```

(2) 读取销售数据,并显示相应的 DataFrame 对象信息。

```
sales_df = pd.read_excel("./sales.xlsx",sheet_name = "sales",header = 0)
print("最前面的三行:\n",sales_df.head(3),sep = "")
print("随机的三行:\n",sales_df.sample(3),sep = "")
print("最后面的三行:\n",sales_df.tail(3),sep = "")
```

```
print("全部数据的概要信息:")
print(sales_df.info())
```

运行结果如下。

最前面的三行:

	订单编号	单价	订购数量	店铺名称
0	1	62.15	11341.0	A
1	2	55.15	7085.0	A
2	3	71.71	24421.0	A

随机的三行:

	订单编号	单价	订购数量	店铺名称
1205	1206	495.78	3776.0	L
2222	2222	161.68	2292.0	U
1303	1304	111.70	80981.0	M

最后面的三行:

	订单编号	单价	订购数量	店铺名称
2329	2329	651.12	NaN	V
2330	2330	1311.76	NaN	V
2331	2331	750.53	NaN	V

全部数据的概要信息:

```
<class 'pandas.core.frame.DataFrame'>
RangeIndex: 2332 entries, 0 to 2331
Data columns (total 4 columns):
 #   Column    Non-Null Count    Dtype
---  ------    --------------    -----
 0   订单编号     2332 non-null     int64
 1   单价        2332 non-null     float64
 2   订购数量     2167 non-null     float64
 3   店铺名称     2332 non-null     object
dtypes: float64(2), int64(1), object(1)
memory usage: 73.0 + KB
None
```

（3）数据预处理。

```
# 删除包含空值的行
# dropna 中 axis = 0 或"index"表示删除包含缺失值的行
# how = "any"表示只要所在行存在空值,就删除该行
sales_df = sales_df.dropna(axis = "index", how = "any")
# 删除销量为 0 的行
sales_df = sales_df.drop(sales_df[sales_df["订购数量"] == 0].index)
print(sales_df.info())
print(sales_df.describe(include = "float"))        # 只统计 float 类型的数据
```

运行结果如下。

```
<class 'pandas.core.frame.DataFrame'>
Int64Index: 2157 entries, 0 to 2290
Data columns (total 4 columns):
 #   Column    Non-Null Count    Dtype
---  ------    --------------    -----
 0   订单编号     2157 non-null     int64
 1   单价        2157 non-null     float64
 2   订购数量     2157 non-null     float64
 3   店铺名称     2157 non-null     object
```

```
dtypes: float64(2), int64(1), object(1)
memory usage: 84.3 + KB
None
                单价              订购数量
count     2157.000000        2.157000e + 03
mean       364.887135        1.418838e + 04
std        637.710040        5.996114e + 04
min         11.640000        1.000000e + 00
25 %        89.930000        3.920000e + 02
50 %       192.450000        1.840000e + 03
75 %       386.730000        7.694000e + 03
max      12210.130000        2.074711e + 06
```

（4）查看总销量，计算各订单的销售额，并将销售额作为单独一列存入 DataFrame 对象中。

```
print("商品总销量:",sales_df["订购数量"].sum())
sales_df["销售额"] = sales_df["单价"] * sales_df["订购数量"]
print("随机的三行:\n",sales_df.sample(3),sep = "")
```

运行结果如下。

```
商品总销量: 30604339.0
随机的三行:
         订单编号      单价      订购数量     店铺名称     销售额
1398     1399    186.20     6207.0      M      1155743.40
2071     2071    772.17     1.0         T      772.17
315      316     62.35      8464.0      D      527730.40
```

（5）统计所有店铺的名称、各店铺的订单数量，并绘制各店铺订单数量的柱状图。

```
# 所有店铺的名称
print("店铺名称:",sales_df["店铺名称"].unique())
# 各店铺的订单数量
s = sales_df["店铺名称"].value_counts()
# print(len(sales_df))
# print(s.sum())
plt.rcParams["font.sans - serif"] = ["SimHei"]
plt.rcParams["axes.unicode_minus"] = False
plt.figure(figsize = (8,4))
bars = plt.bar(x = s.index,height = s.values,        # height 表示纵坐标的值
               width = 0.8,facecolor = "g",edgecolor = "r")

# 柱子上添加数据标签,方式 1
# 以下参数 padding 标注与柱子顶端的距离,默认为 0,单位为像素
plt.bar_label(bars,padding = 2,fontsize = 12)
'''
# 柱子上添加数据标签,方式 2
for x,y in zip(s.index,s.values):
    # 参数 ha(horizontal alignment 的缩写)表示水平对齐方式
    plt.text(x,y + 2,f"{y:d}",ha = "center",fontsize = 12)
'''
plt.ylim(top = 300)
plt.xticks(fontsize = 12)
plt.yticks(fontsize = 12)
plt.xlabel("店铺名称",fontsize = 15)
```

```
plt.ylabel("订单数量",fontsize = 15)
plt.show()
```

运行结果如下。

店铺名称:['A' 'B' 'D' 'F' 'G' 'H' 'I' 'J' 'K' 'L' 'M' 'N' 'O' 'P' 'Q' 'R' 'S' 'T' 'U']

生成的柱状图如图 10.6 所示。

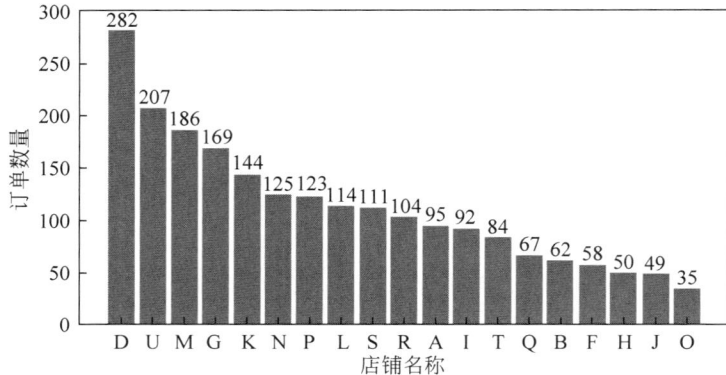

图 10.6　各店铺订单数量柱状图

（6）统计各店铺的销售数量和销售总金额，以柱状图显示相应的统计结果。

```
plt.figure(figsize = (8,10))
ax1 = plt.subplot(2,1,1)              # 创建第一个子图
ax2 = plt.subplot(2,1,2)              # 创建第二个子图

# 各店铺总销售量统计
s1 = sales_df.groupby("店铺名称")["订购数量"].sum()
plt.sca(ax1)                          # 选择第一个子图
bars = plt.bar(x = s1.index,height = s1.values,width = 0.8,
        facecolor = "c",edgecolor = "r",alpha = 0.5)
plt.bar_label(bars,fmt = " % d",padding = 2,fontsize = 12,rotation = 90)
plt.ylim(top = 5.5e6)
plt.xticks(fontsize = 12)
plt.yticks(fontsize = 12)
plt.xlabel("店铺名称",fontsize = 15)
plt.ylabel("销售数量",fontsize = 15)

# 各店铺的销售总额统计
s2 = sales_df.groupby("店铺名称")["销售额"].sum()
plt.sca(ax2)
bars = plt.bar(x = s2.index,height = s2.values,width = 0.8,
        facecolor = "y",edgecolor = "r",alpha = 0.5)
plt.bar_label(bars,padding = 2,fmt = " % .2f",fontsize = 12,rotation = 90)
plt.ylim(top = 7.6e8)
plt.xticks(fontsize = 12)
plt.yticks(fontsize = 12)
plt.xlabel("店铺名称",fontsize = 15)
plt.ylabel("销售总额",fontsize = 15)

plt.subplots_adjust(hspace = 0.25)
plt.show()
```

运行结果如图 10.7 所示。

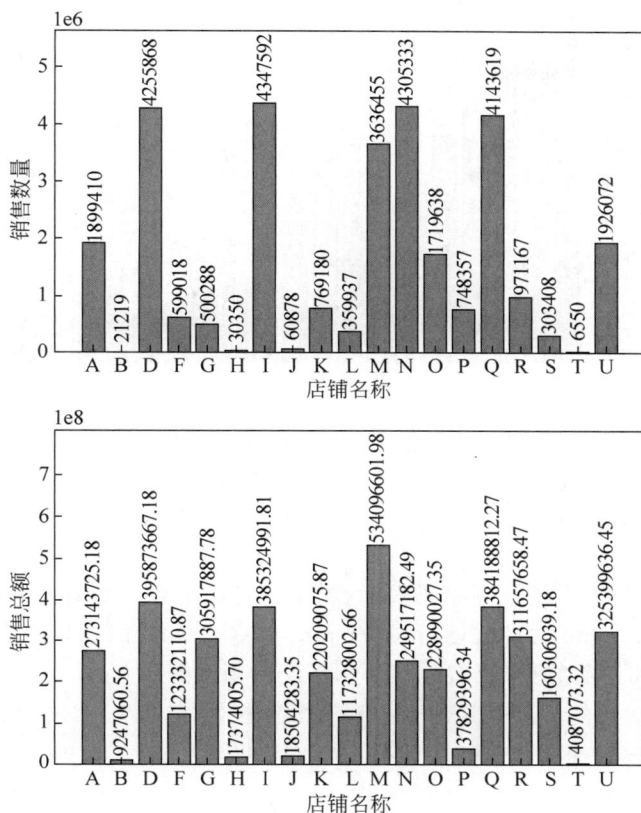

图 10.7　各店铺销售数量和销售总金额的柱状图

（7）统计各店铺商品的平均售价，并绘制相应的柱状图。

```
# 各店铺商品的平均售价
numeric_df = sales_df.groupby("店铺名称")[["订购数量","销售额"]].sum()
numeric_df["平均价格"] = numeric_df["销售额"]/numeric_df["订购数量"]
numeric_df.sort_values("平均价格",ascending = False,inplace = True)
# print(numeric_df)

plt.figure(figsize = (8,5))
bars = plt.bar(x = numeric_df.index,height = numeric_df["平均价格"],
        width = 0.8,facecolor = "y",edgecolor = "r")
plt.bar_label(bars,padding = 2,fmt = " % .2f",fontsize = 12,rotation = 90)
plt.ylim(top = 720)
plt.xticks(fontsize = 12)
plt.yticks(fontsize = 12)
plt.xlabel("店铺名称",fontsize = 15)
plt.ylabel("平均价格",fontsize = 15)
plt.show()
```

运行结果如图 10.8 所示。

（8）显示单价与订购数量分布的箱线图。

```
sales_df.plot.box(column = "单价",by = "店铺名称",figsize = (8,8))
```

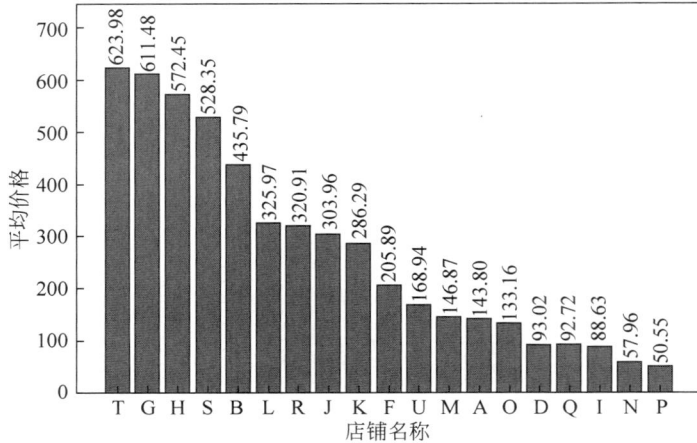

图 10.8　各店铺已售商品的平均价格

```
plt.show()
sales_df.plot.box(column = "订购数量",by = "店铺名称",figsize = (8,8))
plt.show()
```

由于异常值比较大，个别点离箱子很远，图像相对比较大。受篇幅限制，这里不做展示。读者可以查看 sales.ipynb 文件或运行 sales.py 文件查看相应的结果图像。

（9）去除单价和订购数量的异常值后，重新绘制箱线图。

可以用 Series 对象的 quantile()方法计算上四分位（实参为 0.75）和下四分位（实参为 0.25）。将大于上四分位的距离超过上四分位和下四分位之差三倍的点看作异常点，将小于下四分位的距离超过上四分位和下四分位之差三倍的点看作异常点。去除这些异常点后，重新绘制箱线图。程序源代码如下。

```
♯ 去除单价与订购量的异常值
abnormal_scale = 3
price_iqr = abnormal_scale * (sales_df["单价"].quantile(0.75) -
                              sales_df["单价"].quantile(0.25))
price_low = sales_df["单价"].quantile(0.25) - price_iqr
price_up = sales_df["单价"].quantile(0.75) + price_iqr
♯ 删除价格异常高的或异常低的记录
sales_df.drop(sales_df[sales_df["单价"]> price_up].index, inplace = True)
sales_df.drop(sales_df[sales_df["单价"]< price_low].index, inplace = True)

sale_iqr = abnormal_scale * (sales_df["订购数量"].quantile(0.75) -
                             sales_df["订购数量"].quantile(0.25))
sale_low = sales_df["订购数量"].quantile(0.25) - sale_iqr
sale_up = sales_df["订购数量"].quantile(0.75) + sale_iqr
♯ 删除订购量异常高的或异常低的记录
sales_df.drop(sales_df[sales_df["订购数量"]> sale_up].index, inplace = True)
sales_df.drop(sales_df[sales_df["订购数量"]< sale_low].index, inplace = True)

♯ 删除异常值后,重新绘制箱线图
sales_df.plot.box(column = "单价",by = "店铺名称",figsize = (8,8))
plt.show()
sales_df.plot.box(column = "订购数量",by = "店铺名称",figsize = (8,8))
plt.show()
```

运行结果中,各店铺各订单单价的箱线图如图 10.9 所示,各店铺各订单的订购数量箱线图如图 10.10 所示。

单价

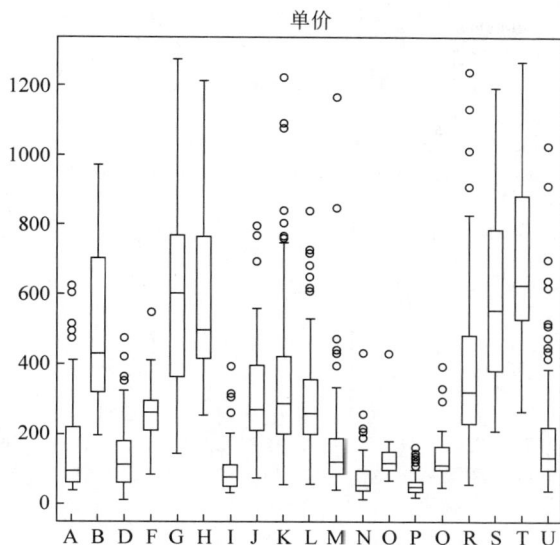

图 10.9 各店铺各订单单价的箱线图

订购数量

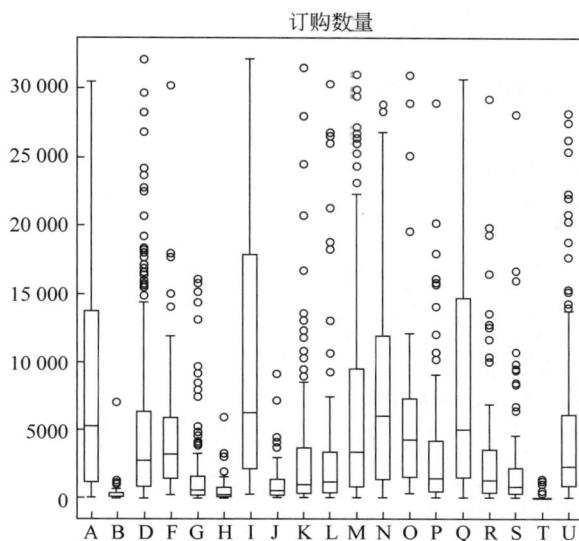

图 10.10 各店铺各订单订购数量的箱线图

10.3 人事管理数据分析与可视化

本书配套素材对应章节目录下的 hr.xlsx 文件中保存了某校职工信息。每行为一位员工的信息。Jupyter Notebook 文件 hr.ipynb 中给出了数据分析和可视化的详细代码。这里依次给出相应的步骤。

(1)导入工具模块、设置显示属性、显示前三行信息。

```
import numpy as np
import pandas as pd
import matplotlib.colors as colors
import matplotlib.pyplot as plt
# 设置 DataFrame 打印时右对齐
pd.set_option("display.unicode.east_asian_width", True)
# 打印时不隐藏列信息
# pd.set_option("expand_frame_repr", False)
plt.rcParams["font.sans-serif"] = ["SimHei"]      # 设置字体
# 解决负数的符号问题
plt.rcParams["axes.unicode_minus"] = False

hr_df = pd.read_excel("./hr.xlsx", header = 0)
print(hr_df.head(3))
```

程序执行结果如下。

	工号	部门	姓名	性别	出生日期	籍贯	学历	学位 \
0	JG00001	外语学院	邬姗	女	1992-02-22	辽宁省	研究生	文学硕士
1	JG00002	经贸学院	颜笑彤	女	1979-10-09	辽宁省	研究生	经济学硕士
2	JG00003	艺术学院	龙晓宇	女	1994-12-20	上海市	研究生	艺术学硕士

	职称	基本工资	绩效工资
0	助教	3620	3467
1	副教授	4860	3993
2	助教	3560	2662

（2）分别用柱状图和饼图显示各部门的人数。

```
# 查看各部门名称
# print("部门名称:", hr_df["部门"].unique())
# 查看各部门的人员数量
s = hr_df["部门"].value_counts()

# 绘制各部门人员数量分布的柱状图
bars = plt.bar(x = s.index, height = s.values, width = 0.6,
        facecolor = "y", edgecolor = "b")
plt.bar_label(bars, padding = 0.5, fontsize = 12)
plt.xticks(fontsize = 12, rotation = 75)
plt.yticks(fontsize = 12)
plt.ylim(top = 25)
plt.xlabel("部门名称", fontsize = 13)
plt.ylabel("职工数量", fontsize = 13)
plt.show()

# 绘制各部门人员数量分布的饼图
plt.figure(figsize = (6,6))
color_list = [list(colors.CSS4_COLORS.keys())[i]
                for i in range(5, len(s) * 10 + 1, 10)]
# print(color_list)
p = plt.pie(s.values, labels = s.index, colors = color_list,
        startangle = 90, shadow = True,
        autopct = "%.2f%%", pctdistance = 0.8,
        textprops = {'fontsize': 10, 'color':'k'})
```

```
for i in range(len(p[0])):        ♯设置透明度
    p[0][i].set_alpha(0.2)
```

```
plt.title('各部门职工数量分布',fontsize = 15)
plt.show()
```

程序执行结果分别如图 10.11 和图 10.12 所示。

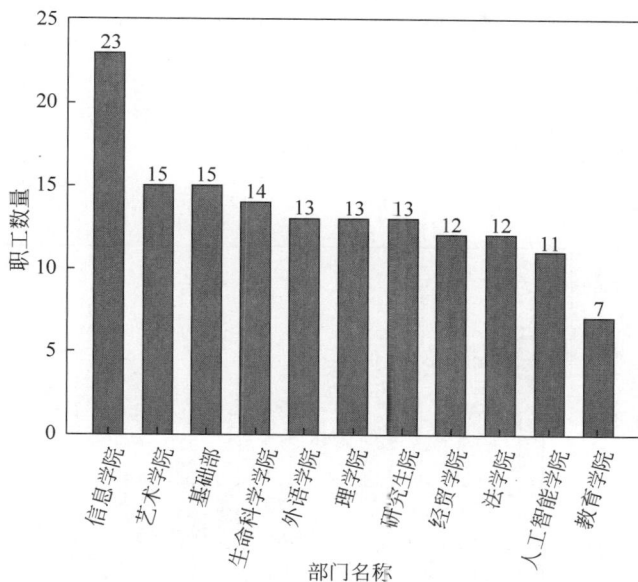

图 10.11　各部门员工数量分布柱状图

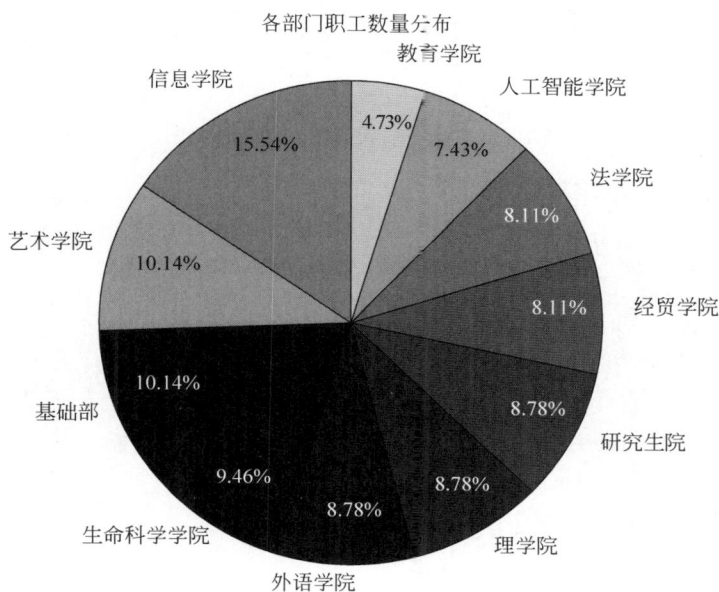

图 10.12　各部门员工数量分布饼图

（3）以柱状形式显示各部门人均应发工资。

♯各部门的人均工资

```
hr_df["应发工资"] = hr_df["基本工资"] + hr_df["绩效工资"]
salary_mean = hr_df.groupby("部门")["应发工资"].mean()
salary_mean.sort_values(ascending = False, inplace = True)      #降序
# print(salary_mean)
plt.figure(figsize = (6,4))
bars = plt.bar(x = salary_mean.index, height = salary_mean.values,
        width = 0.8, facecolor = "y", edgecolor = "r", alpha = 0.5)
plt.bar_label(bars, padding = 5, fmt = "{:.2f}", rotation = 90, fontsize = 12)
plt.ylim(bottom = 6500, top = 9300)
plt.xticks(fontsize = 12, rotation = 75)
plt.yticks(fontsize = 12)
plt.ylabel("人均应发工资", fontsize = 13)
plt.show()
```

程序运行结果如图 10.13 所示。

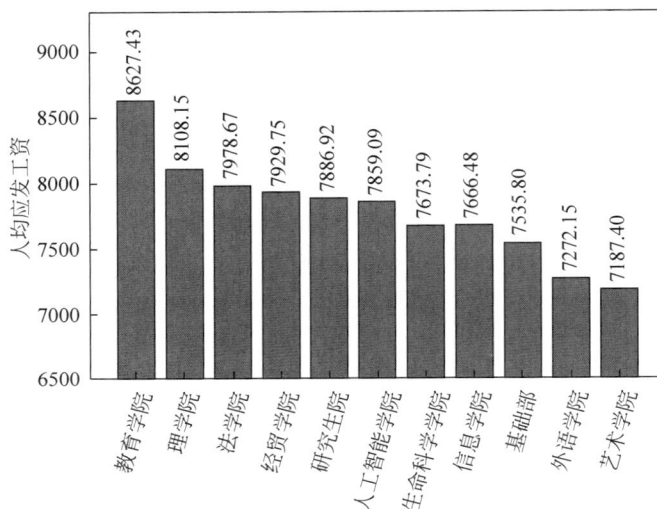

图 10.13　各部门人均应发工资柱状图

（4）应发工资分布的直方图（各工资区段的人数）。

```
#各区段应发工资的直方图
n_bins = np.arange((hr_df["应发工资"].min()//1000) * 1000,
            (hr_df["应发工资"].max()//1000 + 1) * 1000, 500)
print("工资区段:", n_bins)
#hist 中, 参数 bins 为一个数组, 则表示柱子的边界
counts, edges, bars = plt.hist(hr_df["应发工资"], bins = n_bins,
                        rwidth = 0.8, color = "c")
plt.bar_label(bars, padding = 2, fontsize = 12)      #设置条形上的数字
plt.xticks(fontsize = 13)
plt.yticks(fontsize = 13)
plt.xlabel('应发工资', fontsize = 15)
plt.ylabel('人数', fontsize = 15)
plt.title('应发工资分布直方图', fontsize = 18)
plt.show()
```

程序运行结果中打印输出如下。

工资区段: [6000 6500 7000 7500 8000 8500 9000 9500 10000 10500]

生成的直方图如图 10.14 所示。

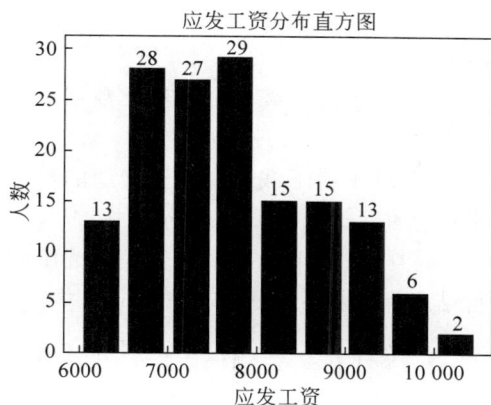

图 10.14　应发工资分布直方图

（5）将基本工资和绩效工资以直方图的形式显示。

```
#print(hr_df[["基本工资","绩效工资"]].values)
#hist 中,参数 bins 为一个整数,则表示柱子数量
counts, edges, bars = plt.hist(hr_df[["基本工资","绩效工资"]].values,
                               bins = 5,rwidth = 0.8,color = ("c","y"),
                               label = ["基本工资","绩效工资"])

for b in bars:
    plt.bar_label(b,padding = 2,fontsize = 12)        #设置条形上的数字
plt.legend(fontsize = 12)
plt.xticks(fontsize = 13)
plt.yticks(fontsize = 13)
plt.xlabel('工资',fontsize = 15)
plt.ylabel('人数',fontsize = 15)
plt.title('工资分布直方图',fontsize = 18)
plt.show()
```

程序运行结果如图 10.15 所示。

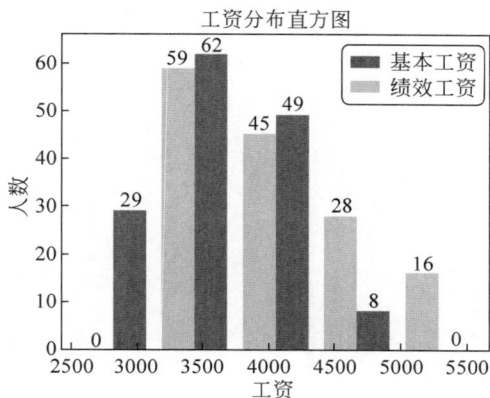

图 10.15　基本工资与绩效工资分布直方图

此步骤中给出了分组数据的直方图绘制方法,在同一个直方图中绘制了基本工资和绩效工资两组数据。

习题

1. 从图书馆或网上共享的数据平台下载一个经济类数据集，并对其进行分析和可视化展示。程序和运行结果保存在 exercise10_1.ipynb 中。

2. 从图书馆或网上共享的数据平台下载一个关于交通的数据集，并对其进行分析和可视化展示。程序和运行结果保存在 exercise10_2.ipynb 中。

3. 从图书馆或网上共享的数据平台下载一个关于医疗健康的数据集，并对其进行分析和可视化展示。程序和运行结果保存在 exercise10_3.ipynb 中。

第11章

文学与法学中文本的分析和可视化

本章首先介绍如何将文本划分为词语，并去除停用词。接着根据文本划分出的词语出现频率或对文本的重要性来制作词云。然后介绍利用 jieba 进行词性标注的方法。通过关键词可以快速了解句子或文章的含义，本章将分别介绍基于 TF-IDF 算法和 TextRank 算法的关键词提取方法。为了对文本进行语义分析，先对文本进行向量化，在文本向量化的基础上再进行相似性分析等操作。

11.1 文本的分词与停用词的去除

文本的分词是指将一个句子中的词语识别出来。英文句子中词语之间以空格分隔，只需用字符串的 split() 方法就能划分出词语。通常还使用 n-gram 方法来划分词组，也就是 n 个单词构成一组。

中文句子中的词语之间没有空格等标识符，不能使用字符串的 split() 方法进行划分。目前，中文分词算法主要分为基于规则匹配的分词、基于统计的分词、基于理解的分词。目前有不少开源第三方工具实现了这些算法，可以通过 API 直接调用来实现分词。本书不对算法展开讨论，通过调用第三方的 API 来实现中文分词。

本书主要关注中文分词。目前常用的中文开源分词工具有 jieba、SnowNLP、THULAC 等。本书主要以 jieba 为例来介绍中文分词等操作。除了分词，jieba 还可以用于关键词提取、词性标注。

分词工具 jieba 需要先安装相应模块才能使用。在已经连接互联网的情况下，读者可以在操作系统命令行下执行 pip install jieba 来安装。

jieba 有三种分词模式：精确模式、全模式和搜索引擎模式。精确模式尽可能将句子精确地进行切分，适合用于文本分析的场景。全模式把句子中所有可以成词的词语都找出来，但可能存在歧义。jieba.cut() 中的参数 cut_all 表示是否采用全模式，默认为 False，表示不采用全模式，而是采用精确模式。搜索引擎模式在精确模式的基础上，对长词继续进行切分，适合用于搜索引擎。jieba.cut_for_search() 用于搜索引擎模式的分词。

jieba.cut() 和 jieba.cut_for_search() 均返回词语构成的生成器对象，可以通过循环依次获取这些生成器中的词语。与它们相对应的 jieba.lcut() 和 jieba.lcut_for_search() 返回词语构成的列表。

本节以案例的形式给出利用 jieba 进行分词的方法。本书配套素材中的"11.1-分词与去停用词.ipynb"给出了分词的详细案例。以下分步骤进行讲解。

（1）导入模块，并对指定的字符串给出三种模式的分词。

```
import jieba
str = "云计算、人工智能、移动互联网等技术不断涌现," + \
      "我们要运用好这些技术,为中华民族的伟大复兴而努力奋斗!"
# 使用 lcut()或 lcut_for_search()返回列表
print("精确模式:",jieba.lcut(str))                            # 默认 cut_all = False
print("精确模式:",jieba.lcut(str,cut_all = False))
print("全模式:",jieba.lcut(str,cut_all = True))
print("搜索引擎模式:",jieba.lcut_for_search(str))
```

程序的运行结果如下。

精确模式:['云', '计算', '、', '人工智能', '、', '移动', '互联网', '等', '技术', '不断涌现', ',', '我们', '要', '运用', '好', '这些', '技术', ',', '为', '中华民族', '的', '伟大', '复兴', '而', '努力奋斗', '!']
精确模式:['云', '计算', '、', '人工智能', '、', '移动', '互联网', '等', '技术', '不断涌现', ',', '我们', '要', '运用', '好', '这些', '技术', ',', '为', '中华民族', '的', '伟大', '复兴', '而', '努力奋斗', '!']
全模式:['云', '计算', '、', '人工', '人工智能', '智能', '、', '移动', '互联', '互联网', '联网', '等', '技术', '不断', '不断涌现', '涌现', ',', '我们', '要', '运用', '好', '这些', '技术', ',', '为', '中华', '中华民族', '民族', '的', '伟大', '复兴', '而', '努力', '努力奋斗', '奋斗', '!']
搜索引擎模式:['云', '计算', '、', '人工', '智能', '人工智能', '、', '移动', '互联', '联网', '互联网', '等', '技术', '不断', '涌现', '不断涌现', ',', '我们', '要', '运用', '好', '这些', '技术', ',', '为', '中华', '民族', '中华民族', '的', '伟大', '复兴', '而', '努力', '奋斗', '努力奋斗', '!']

（2）使用 cut()或 cut_for_search()返回生成器对象。

为了方便直观展示，上一步骤中使用了 lcut()或 lcut_for_search()直接返回列表。如果文本长度较长，这种方式将一次性消耗大量内存。可以使用 cut()或 cut_for_search()返回一个词语构成的生成器对象，然后可以用循环语句依次从生成器中取出词语。以下代码以 cut()为例来演示返回词语生成器的用法。

```
seg = jieba.cut(str)      # 默认 cut_all = False
print("返回的对象类型:",type(seg))
print("返回的分词如下:",end = "")
for word in seg:
    print(word,end = " ")
```

程序运行结果如下。

返回的对象类型: < class 'generator'>
返回的分词如下:云 计算 、 人工智能 、 移动 互联网 等 技术 不断涌现 , 我们 要 运用 好 这些 技术 , 为 中华民族 的 伟大 复兴 而 努力奋斗 !

（3）使用 jieba.add_word()逐个添加新词语。

上述步骤中，使用了 jiaba 默认的词典进行分词。如果出现一些新的词语，需要将其添加到词典中，才能正确识别出新的词语。上述代码的运行结果中没有正确识别"云计算"这个词语，可以使用 jieba.add_word()逐个添加新词语，也可以使用 jieba.del_word()去除词语。例如：

```
jieba.add_word("云计算")              # 添加词语
```

```
#jieba.add_word("移动互联网")
print("添加新词后的分词结果:",jieba.lcut(str),sep="")
jieba.del_word("云计算")           #去除词语
print("去除词语后的分词结果:",jieba.lcut(str),sep="")
```

程序运行结果如下。

添加新词后的分词结果:['云计算', '、', '人工智能', '、', '移动', '互联网', '等', '技术', '不断涌现', ',', '我们', '要', '运用', '好', '这些', '技术', ',', '为', '中华民族', '的', '伟大', '复兴', '而', '努力奋斗', '!']

去除词语后的分词结果:['云', '计算', '、', '人工智能', '、', '移动', '互联网', '等', '技术', '不断涌现', ',', '我们', '要', '运用', '好', '这些', '技术', ',', '为', '中华民族', '的', '伟大', '复兴', '而', '努力奋斗', '!']

从运行结果可以看出,如果词典中添加了词语"云计算",那么程序就能正确地将"云计算"三个字划分为一个词语。如果从词典中去除"云计算"这个词,分词结果无法将这三个字合并为一个词语。

(4) 使用自定义词典,一次添加多个新词。

每个jieba.add_word()语句只能添加一个新词语。如果每次要添加多个新词语,或者为了方便管理新词语,可以创建一个自定义的词典文本文件,将新词语写在这个文本文件中。每个新词语一行,每行分为三部分,依次为词语、词频(可省略)和词性(可省略),每个部分之间用空格隔开。每一行中的词频和词性可以省略。在文件"12.1-分词与去停用词.ipynb"的相同目录下定义了 new_dict.txt 文件的自定义词典。该文件有三行,分别为词语"云计算""移动互联网"和"伟大复兴",没有给出词频和词性。以下代码读取自定义词典,并进行重新分词。

```
jieba.load_userdict("./new_dict.txt")
words_list = jieba.lcut(str)
print(words_list)
```

程序运行结果如下。

['云计算', '、', '人工智能', '、', '移动互联网', '等', '技术', '不断涌现', ',', '我们', '要', '运用', '好', '这些', '技术', ',', '为', '中华民族', '的', '伟大复兴', '而', '努力奋斗', '!']

与前面的结果相比,程序将"云计算""移动互联网"和"伟大复兴"划分为词语。

在上述分词的结果中,一些字词、标点符号等对句子含义的表达没有作用或作用很小,这一类词被称为停用词。很多自然语言处理研究机构整理分享了中文停用词词表,读者可以在百度上搜索、下载中文停用词词表。

以下代码在上述分词结果的基础上去除停用词。

```
#读取停用词
stopwords_list = []
with open("./cn_stopwords.txt",encoding="utf-8") as f:
    for line in f:
        #去掉两端换行符等空白符(原文件中每行结束有换行符)
        stopwords_list.append(line.strip())
#去掉停用词
words_list = [word for word in words_list if word not in stopwords_list]
print("去掉停用词后的词语列表:",words_list)
```

程序的运行结果如下。

去掉停用词后的词语列表：['云计算', '人工智能', '移动互联网', '技术', '不断涌现', ',', '运用', '技术', ',', '中华民族', '伟大复兴', '努力奋斗']

从运行结果可以看出，"等""要"等停用词词表中的词不再出现在词语列表的结果中。由于原字符串中的逗号是英文的逗号，这个符号不在停用词词表中，因此分词去掉停用词后的词表中依然出现了英文的逗号。原字符串中的感叹号是中文感叹号，已经在中文停用词词表中，因此在结果中感叹号被去除了。

下面将英文的逗号添加到停用词列表中，重新进行去停用词操作，代码如下。

```
#增加自定义的停用词
stopwords_list.append(",")
#去掉停用词
words_list = [word for word in words_list
                 if word not in stopwords_list]
print("去掉增加的停用词后的词语列表:",words_list,sep = "")
```

程序运行结果如下。

去掉增加的停用词后的词语列表:['云计算', '人工智能', '移动互联网', '技术', '不断涌现', '运用', '技术', '中华民族', '伟大复兴', '努力奋斗']

从结果可以看出，将英文标点符号添加到停用词列表，重新进行去停用词操作后，最后的词语列表中没有英文标点符号了。

11.2　制作词云

词云（Word Cloud）是一种文本可视化方式，在一张图片上突出显示出现频率较高的词语，使阅读者能够快速了解文本中的高频词语。制作词云的常用工具有 wordcloud、stylecloud、pyecharts 等。本书以 wordcloud 为工具介绍词语绘制的基本方法。

词云绘制工具 wordcloud 不在 Python 标准库中，需要先安装才能使用。可以在操作系统的命令行下输入 pip install wordcloud 来完成安装。使用 wordcloud 模块绘制词云图时，要先初始化该模块中的 WordCloud 类对象。初始化参数及格式参照帮助文档。初始化生成 WordCloud 的对象后，调用该对象的方法来绘制词云图。

WordCloud 对象中，生成词云的方法分为两类。第一类是根据词的频率或频次生成词云图。属于这一类的有 fit_words()方法和 generate_from_frequencies()方法。第二类是根据字符串生成词云图。该字符串是由词的出现频次或频率从高到低排列后连接而成的，这些词之间用空格分隔。属于这一类的有 generate_from_text()方法和 generate()方法。其中，方法 generate()是方法 generate_from_text()的别名。

本章配套源代码目录中的 news.txt 文件中保存的新闻内容是从网址为 https://new.qq.com/rain/a/20230717A01VPB00 的新闻页面中复制的文本内容。本节配套的程序代码"12.2-制作词云.ipynb"对 news.txt 文件中新闻文本分词、去停用词后制作词云图。以下给出该程序的分步讲解。

（1）导入模块。

```
import jieba
import pandas as pd
```

```
import numpy as np
import matplotlib.pyplot as plt
```

（2）读取文本内容，并分词、去掉停用词和数字。

```
with open("./news.txt", encoding = "utf-8") as f:
    contents = f.read()
#分词
segments = jieba.cut(contents)
#读取停用词
stopwords_list = []
with open("./cn_stopwords.txt", encoding = "utf-8") as f:
    for line in f:
            #去掉两端换行符等空白符(原文件中每行结束有换行符)
            stopwords_list.append(line.strip())
#将换行符等符号添加到停用词表中
stopwords_list.extend(("", "\r\n", "\n", "-", ":",
                       "(", ")", "年", "月", "日"))
#去掉停用词
#也可以在创建 WordCloud 对象时传入停用词表，在 WordCloud 内部去停用词
words_list = [word.strip() for word in segments
                if word.strip() not in stopwords_list]


#print("去掉停用词后的词语列表:", words_list)
#去掉数字
def is_number(str):
    try:
        float(str)
        return True
    except ValueError:
        return False
words_list = [word for word in words_list if not is_number(word)]
print("去掉数字后的前 10 个词语列表:", words_list[:10])
```

程序运行结果如下。

去掉数字后的前 10 个词语列表: ['第二架', '入列', 'C919', '飞出', '加速度', '中国', '青年网', '发布', '北京', '中国']

（3）统计各词语出现的频率，并按出现次数从大到小排列，并显示频次折线图。

```
#设置 DataFrame 对象打印时右对齐
pd.set_option("display.unicode.east_asian_width", True)
plt.rcParams["font.sans-serif"] = ["SimHei"]        #设置字体
#根据词语列表，构造 DataFrame 对象，方便词频的统计
words_df = pd.DataFrame({"words":words_list})
print("词语 DataFrame 的前三行:", words_df.head(3), sep = "\n")
#根据 words 列进行分组
grouped_df = words_df.groupby(by = ["words"])
#取分组结果中的 words 列进行统计，用 np.size 统计各词语元素个数，结果列名称:计数
words_statistics = grouped_df["words"].agg(计数 = np.size)
#words_statistics = words_df.groupby(by = ["words"])["words"].agg(计数 = np.size)
#print(words_statistics.head(3))
words_statistics.sort_values(by = ["计数"], ascending = False, inplace = True)
#增加一列:累计计数
words_statistics["累计计数"] = words_statistics["计数"].cumsum()
```

```
print(words_statistics.head(5))
plt.plot(words_statistics.index[:10],
        words_statistics["计数"][:10],"b-",label="词语个数")
plt.plot(words_statistics.index[:10],
        words_statistics["累计计数"][:10],"r--",label="累计计数")
plt.legend(fontsize=12)
plt.xticks(fontsize=12)
plt.yticks(fontsize=12)
plt.show()
```

程序运行打印输出的结果如下。

词语 DataFrame 的前三行：

```
     words
0    第二架
1    入列
2    C919
```

words	计数	累计计数
飞机	18	18
国产	12	30
C919	12	42
市场	8	50
中国	8	58

显示的图片如图 11.1 所示。

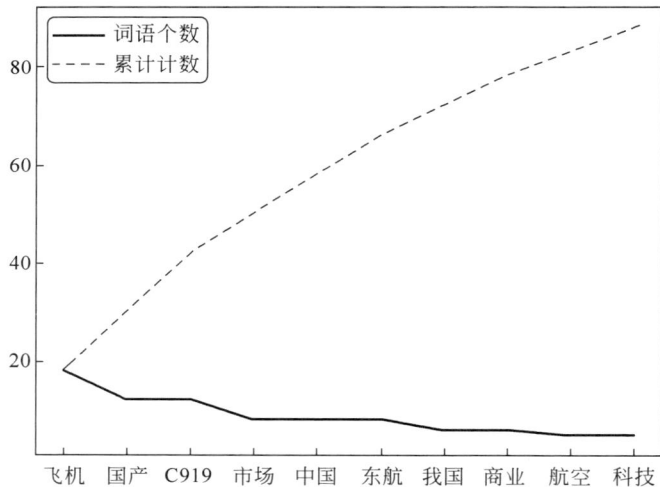

图 11.1　词语出现频次折线图

（4）根据词语出现次数（频率）绘制词云。

以词语为键，以对应词语出现的次数为值，构造词语出现频率字典。构造 WordCloud 对象后，调用该对象的 fit_words()方法或 generate_from_frequencies()方法，根据词语出现频率来生成词云图。例如：

```
from wordcloud import WordCloud
# 对 words_statistics 重建行索引标签,使原来的行标签 words 成为普通列
words_statistics.reset_index(inplace=True)
# print(words_statistics)
```

```
# 选取前 50 个最常出现的词及出现次数
word_freq_dict = {x[0]:x[1] for x in words_statistics.head(50).values}
# print(word_freq_dict)
# 创建 WordCloud 对象时,如果为参数 stopwords 赋予停用词表,则内部实现去停用词
cloud = WordCloud(font_path = "./simhei.ttf",background_color = "white",
                  # stopwords = stopwords_list,
                  max_font_size = 100,random_state = 1)
cloud.fit_words(word_freq_dict)                          # 方式 1
# cloud.generate_from_frequencies(word_freq_dict)        # 方式 2
plt.axis("off")
plt.imshow(cloud)
```

运行该程序,生成如图 11.2 所示的词云图。

图 11.2 根据词频生成的词云图

（5）自定义词云背景图片。

从上一步骤可以看出,默认情况下,生成的词云图是长方形的。创建 WordCloud 对象时,可以通过参数 mask 为词云图指定背景形状。例如:

```
from matplotlib import image
bfig = image.imread("./C919.JPG")
cloud = WordCloud(background_color = "white",mask = bfig,
                  font_path = "./simhei.ttf",
                  max_font_size = 100,random_state = 1)
cloud.fit_words(word_freq_dict)                          # 方式 1
# cloud.generate_from_frequencies(word_freq_dict)        # 方式 2
cloud.to_file("./output/C919_wordcloud.png")
plt.axis("off")
plt.imshow(cloud)
```

上述程序读取当前目录下的 C919.JPG 文件,作为创建 WordCloud 对象时实参 mask 的值。执行后生成如图 11.3 所示的飞机形状的词云图。

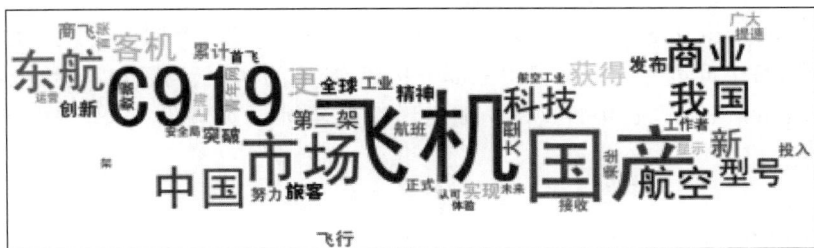

图 11.3 指定背景形状的词云图

（6）根据词语出现顺序绘制词云图。

可以根据一个字符串中词语出现的顺序来绘制词云图。将重要的(或出现频次高的)词

语放在前面。接着上述步骤，先将词语根据出现频次从大到小的顺序拼接成一个字符串，词语之间以空格分隔。然后调用 WordCloud 对象的 generate()或 generate_from_text()方法绘制词云图。例如：

```
from matplotlib import image
# 按出现次数从大到小排列的词语构成的列表
word_freq_list = [x[0] for x in words_statistics.values]
bfig = image.imread("./C919.JPG")
cloud = WordCloud(background_color = "white",mask = bfig,
                  font_path = "./simhei.ttf",max_words = 50,
                  max_font_size = 100,random_state = 1)
# cloud.generate(" ".join(word_freq_list))              # 方式1
cloud.generate_from_text(" ".join(word_freq_list))      # 方式2
plt.axis("off")
plt.imshow(cloud)
```

运行该程序，生成如图 11.4 所示的词云图。

图 11.4　根据词语顺序生成的词云

11.3　词性标注

词性标注就是在给定的句子中，确定词语属于名词（n）、动词（v）等性质。jieba 提供了词性标注功能，采用与 ICTCLAS[①] 兼容的词性标注符号。具体的词性符号请查阅相关资料或通过搜索引擎查询。jieba.posseg 中的 cut()或 lcut()用于分词并标注词性。本章配套素材中"11.3-词性标注.ipynb"文件中存储了利用 jieba 进行词性标注的案例。以下分步给出该案例的实现过程。

（1）读取自定义词典、分词并标注词性。

从文件 word_pos_dict.txt 读取自定义词典，该文件中有两个词语，分别为"云计算"和"移动互联网"，每个词语一行。每行由三部分构成，分别为词语、词频和词性，三者之间用空格分隔。word_pos_dict.txt 中将这两个词语均设为名词 n，词频设一个整数。程序源代码如下。

```
import jieba
import jieba.posseg as posseg
str = "云计算、人工智能、移动互联网等技术不断涌现," + \
```

---

　　① ICTCLAS：Institute of Computing Technology,Chinese Lexical Analysis System 的英文缩写，是中国科学院计算技术研究所研制的汉语词法分析系统，现已更名为 NLPIR。

"我们要运用好这些技术,为中华民族的伟大复兴而努力奋斗!"

```
jieba.load_userdict("./word_pos_dict.txt")
words_pos = posseg.lcut(str)       #若用 cut()将返回生成器
print(words_pos)
```

程序执行结果如下。

[pair('云计算', 'n'), pair('、', 'x'), pair('人工智能', 'n'), pair('、', 'x'), pair('移动互联网', 'n'), pair('等', 'u'), pair('技术', 'n'), pair('不断涌现', 'i'), pair(',', 'x'), pair('我们', 'r'), pair('要', 'v'), pair('运用', 'vn'), pair('好', 'a'), pair('这些', 'r'), pair('技术', 'n'), pair(',', 'x'), pair('为', 'p'), pair('中华民族', 'nz'). pair('的', 'uj'), pair('伟大', 'a'), pair('复兴', 'a'), pair('而', 'c'), pair('努力奋斗', 'nr'), pair('!', 'x')]

这里的词性标注中,n 表示普通名称,x 表示非语素词或未知的符号,u 表示助词,i 表示成语,r 表示代词,v 表示动词,vn 表示名动词(具有名称功能的动词),a 表示形容词,p 表示介词,nz 表示其他专用名称,j 表示简称略语(取汉字"简"的声母),c 表示连词,nr 表示人名。若要了解其他词性符号,请查阅 ICTCLAS 的词性标注符号。

(2)去除停用词。

上述结果中存在很多停用词。可以读取停用词词表后,去除分词结果中的停用词。例如:

```
#读取停用词
stopwords_list = []
with open("./cn_stopwords.txt", encoding = "utf - 8") as f:
    for line in f:
            #去掉两端换行符等空白符(原文件中每行结束有换行符)
            stopwords_list.append(line.strip())
#增加自定义的停用词
stopwords_list.append(",")
#去除停用词
words_pos = [(word, pos) for word, pos in words_pos if word not in stopwords_list]
print("去除停用词后:", words_pos, sep = "")
```

程序执行结果如下。

去除停用词后:[('云计算', 'n'), ('人工智能', 'n'), ('移动互联网', 'n'), ('技术', 'n'), ('不断涌现', 'i'), ('运用', 'vn'), ('技术', 'n'), ('中华民族', 'nz'), ('伟大', 'a'), ('复兴', 'a'), ('努力奋斗', 'nr')]

11.4 提取关键词

为了了解句子或文章的主题,通常可以通过抽取关键词来实现。提取关键词就是从文本中确定哪些词语能够概括该文本含义的过程。一段文本的含义通常并不能由这段文本中词语的出现频率确定。关键词的提取通常有基于语义的方法、基于机器学习的方法、基于统计的方法等。本节通过案例的形式讲解 jieba 中提供的基于 TF-IDF 算法的关键词抽取方法和基于 TextRank 算法的关键词抽取方法。这两种方法均属于基于统计的方法。

本章配套素材"11.4-提取关键词.ipynb"文件中存储了文本关键词提取的案例,以下分步给出该案例的实现过程。

为了方便本节两种关键词提取方法的实验,先导入模块、设置停用词词表,并读取待提取关键词的文本。程序代码如下。

```
from jieba import analyse
analyse.set_stop_words("./cn_stopwords.txt")
# 读取待提取关键词的文本
with open("./news.txt",encoding = "utf - 8") as f:
    contents = f.read()
```

11.4.1　基于 TF-IDF 算法的关键词抽取

重要的词在一篇文章中往往出现频率比较高。因此，一个词在文章中的词频（Term Frequency，TF）是判断一个词在文章中的重要性的重要指标。另一方面，并不是词频越高，就代表该词一定重要。因为有些词（如"我们""的"等）在文章中通常频繁出现，但它们的重要性却不如那些只在某篇文章中频繁出现的词。在文本分析中，通常进一步将逆文档频率（Inverse Document Frequency，IDF）作为词频的权重来计算词语在文档中的重要性。TF、IDF 和 TF-IDF 的计算公式分别如式（11.1）～式（11.3）所示。

$$TF = \frac{词语在文章中出现的次数}{文章的总词数} \tag{11.1}$$

$$IDF = \log\left(\frac{语料库中的文档总数}{包含该词的文档数 + 1}\right) \tag{11.2}$$

$$TF - IDF = TF \times IDF \tag{11.3}$$

在读取停用词表和待提取关键词的文本内容后，以下代码使用 jieba.analyse 中的 extract_tags() 函数，根据 TF-IDF 算法来提取关键词。

```
keywords = analyse.extract_tags(contents,          # 原始文本
                    topK = 10,                      # 前 topK 个关键词
                    withWeight = True,              # 返回每个关键词的权重
                    withFlag = True,                # 返回词性
            allowPOS = ['ns','n','vn','v','nr','a','an'])  # 允许提取的词性
print(keywords)
```

程序运行结果如下。

```
[(pair('飞机', 'n'), 0.37375915491031364), (pair('国产', 'n'), 0.32120184803958185), (pair('客机', 'n'), 0.12568467915526133), (pair('商飞', 'nr'), 0.12496272651114981), (pair('商业', 'n'), 0.1206647563034843), (pair('航空', 'n'), 0.1126451180620209), (pair('型号', 'n'), 0.10296094133881534), (pair('科技', 'n'), 0.10160757305592334), (pair('市场', 'n'), 0.09260577973742161), (pair('入列', 'v'), 0.09203853987038328)]
```

上述结果中，各浮点数为对应词语重要性的权重指标。

从式（11.2）来看，要计算 IDF，需要包含较多文档的语料库。而 analyse.extract_tags() 中只传递了一个文档的内容作为参数。那 IDF 是如何计算的呢？

实际上，jieba 自身拥有一个比较大众化的语料库，大部分文档可以使用该语料库来计算各词语的 IDF 值。如果是一些特殊行业的文档，需要根据特定的语料库来计算 IDF 的值，这里不展开阐述。

11.4.2　基于 TextRank 算法的关键词抽取

TextRank 算法是一种基于图的关键词抽取和文档摘要算法，由谷歌的网页重要性排

序算法 PageRank 改进而来。它将一个文档看成词的网络,网络中的链接表示词之间的语义关系,根据语义关系来抽取关键词。这里不对 TextRank 的具体算法展开阐述。

以下代码调用 jieba.analyse 中的 textrank()基于 TextRank 算法来抽取关键词。

```
keywords = analyse.textrank(contents,          # 原始文本
                        topK = 10,             # 前 topK 个关键词
                        withWeight = True,     # 返回每个关键词的权重
                        withFlag = True,       # 返回词性
                        allowPOS = ['ns', 'n', 'vn', 'v','nr','a','an'])
print(keywords)
```

程序运行结果如下。

```
[(pair('飞机', 'n'), 1.0), (pair('国产', 'n'), 0.693098112003025), (pair('市场', 'n'),
0.39982079419744015), (pair('商业', 'n'), 0.3360719455642086), (pair('中国', 'ns'),
0.335744284671635), (pair('科技', 'n'), 0.3007904963005156), (pair('航空', 'n'),
0.2787369374855164), (pair('实现', 'v'), 0.24605618992765507), (pair('累计', 'v'),
0.2232369711751447), (pair('飞行', 'v'), 0.21147759158491708)]
```

11.5 文本的向量化

自然语言的文本通常是非结构化的,而文本分析、机器学习等算法通常要求输入结构化的数字。因此,文本无法直接用于分析和机器学习,需要将文本转换成数字(通常是向量)。将文本表示成一系列向量的过程称为文本的向量化。词语是文本处理的基本单位,通常通过词语的向量化实现文本的向量化表示。

文本向量化的基本流程如图 11.5 所示。其基本流程如下。

(1) 先将文本进行分词、去停用词等标准化操作,得到词语序列。如果是英文,还需要进行词性还原。

(2) 根据词典,依次将上一步骤中得到的词语序列中的词语转换为其在词典中的位置索引,得到索引值编号构成的序列。词典可以是第三方根据一个大的文档集合统计构造得到的,也可以是根据当前处理的文本集合统计构造的。

(3) 将索引值编号根据一定的规则编码成向量。

将索引值编号编码成向量的过程分为以下两大类。

(1) 将文本作为集合,以离散值表示的词袋方法(Bag of Words,BOW),如基于词频(TF)编码、基于词频-逆文档频率(TF-IDF)编码等。

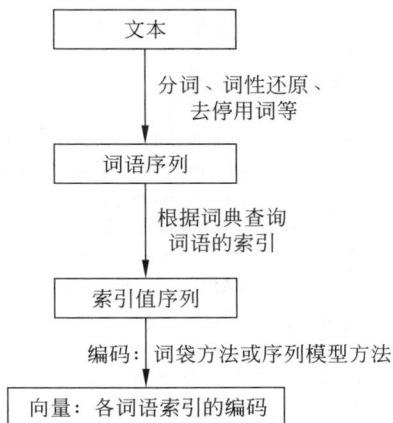

图 11.5 文本的向量化过程

(2) 将文本信息作为连续值表示的序列模型方法,如 word2vec 等词嵌入模型。

11.5.1 基于词袋模型的向量编码

词袋方法以关注的词语为特征,将每个文档表示为一个向量,向量的特征个数(维度)与关注的词语个数相同。这里关注的词语通常来自一个比较通用的文本语料库(多个文档),

去掉停用词等信息后构成。

词袋方法将文档中的单词作为集合进行处理，主要包括独热（one-hot）编码、基于词频（TF）编码、基于词频-逆文档频率（TF-IDF）编码等。

Scikit-learn（简称 Sklearn）是一个开源、免费的机器学习库。Anaconda 中已经内置了 Sklearn 库。如果使用标准版的 Python 内核，则需要在命令行下使用 pip install sklearn 来完成安装。

模块 sklearn. feature_extraction. text 中的 CountVectorizer 类实现了独热编码和基于词频的编码。模块 sklearn. feature_extraction. text 中的 TfidfVectorizer 类实现了词频-逆文档编码。本节配套的代码文件"11.5-基于词袋模型的文本向量化.ipynb"以案例的形式分别演示基于词频编码和词频-逆文档频率编码的实现方式。代码的分步实现如下。

（1）文本向量化前的数据和停用词表准备。

```python
import jieba
# 读取停用词
with open("./cn_stopwords.txt", encoding = "utf-8") as f:
    stopwords_list = f.readlines()
# 原文件中每行两端有换行符等空白符，以下去掉列表元素字符串中的空白符
stopwords_list = [word.strip() for word in stopwords_list]
# 包含多个文本的语料(这里有两个文本)
texts = ("云计算、人工智能、移动互联网等技术不断涌现。" +
         "移动互联网是移动通信技术和互联网技术融合的产物。",
    "我们要运用好这些技术,为中华民族的伟大复兴而努力奋斗!")
jieba.add_word("云计算")
jieba.add_word("移动互联网")
# 对每个文本分别分词
segments = [jieba.lcut(text) for text in texts]
print("分词结果:",segments,sep = "")
# 每个文本分别去停用词
texts_words_list = []
for seg in segments:
    seg_words_list = [word for word in seg if word not in stopwords_list]
    texts_words_list.append(seg_words_list)
print("去掉停用词后的各文本词语列表:\n",texts_words_list)
# 将去掉停用词后的各文本词语组成以空格分隔的字符串
texts_list = [" ".join(words_list) for words_list in texts_words_list]
print("重新组成文本:",texts_list)
```

程序运行结果如下。

分词结果:[['云计算', '、', '人工智能', '、', '移动互联网', '等', '技术', '不断涌现', '.', '移动互联网', '是', '移动', '通信', '技术', '和', '互联网', '技术', '融合', '的', '产物', '.'], ['我们', '要', '运用', '好', '这些', '技术', ',', '为', '中华民族', '的', '伟大', '复兴', '而', '努力奋斗', '!']]
去掉停用词后的各文本词语列表:
[['云计算', '人工智能', '移动互联网', '技术', '不断涌现', '移动互联网', '移动', '通信', '技术', '互联网', '技术', '融合', '产物'], ['运用', '技术', '中华民族', '伟大', '复兴', '努力奋斗']]
重新组成文本: ['云计算 人工智能 移动互联网 技术 不断涌现 移动互联网 移动 通信 技术 互联网 技术 融合 产物', '运用 技术 中华民族 伟大 复兴 努力奋斗']

由于传递给后续 CountVectorizer 和 TfidfVectorizer 对象的文本是各字符串表示的句子，句子中词语之间用空格分隔，因此需要将分词的结果重新组合成以空格分隔的字符串。

（2）基于词频编码。

sklearn. feature_extraction. text 中的 CountVectorizer 将文本集合转换为 TF 矩阵或独热编码。例如。

```
from sklearn. feature_extraction. text import CountVectorizer
# 参数 token_pattern 中的正则表达式避免单个字符被自动删除
tf_vector = CountVectorizer(
        token_pattern = "[\u4e00 - \u9fa5_a - zA - Z0 - 9]{1,}")
tf_features = tf_vector. fit_transform(texts_list)
print("词语表:", tf_vector. vocabulary_, sep = "")
print("各句子的 TF 编码(特征矩阵):\n",
        tf_features. toarray(), sep = "")
print("矩阵中各特征对应的词语(特征标签):\n",
        tf_vector. get_feature_names_out(), sep = "")
```

程序运行结果如下。

```
词语表:{'云计算': 2, '人工智能': 5, '移动互联网': 11, '技术': 9, '不断涌现': 0, '移动': 10, '通
信': 14, '互联网': 3, '融合': 12, '产物': 4, '运用': 13, '中华民族': 1, '伟大': 6, '复兴': 8, '努
力奋斗': 7}
各句子的 TF 编码(特征矩阵):
[[1 0 1 1 1 1 0 0 0 3 1 2 1 0 1]
 [0 1 0 0 0 0 1 1 1 1 0 0 0 1 0]]
矩阵中各特征对应的词语(特征标签):
['不断涌现' '中华民族' '云计算' '互联网' '产物' '人工智能' '伟大' '努力奋斗' '复兴' '技术' '移动'
'移动互联网' '融合' '运用' '通信']
```

上述代码中，创建 CountVectorizer 对象后，通过 fit_transform() 方法，根据文档生成词语表、TF 编码。词语表中各词语后面的数字表示词语的索引号。TF 编码是一个特征矩阵，每行对应原始文档中的一个句子文本，每列对应词语表中的一个词语，各列对应的词语（特征标签）可以通过 get_feature_names_out() 方法查询。特征矩阵中的数字表示在一个句子文本中，各特征标签（词语）出现的次数。

上述代码中，如果初始化 CountVectorizer 对象时，设置 binary＝True，则特征矩阵的输出为。

```
[[1 0 1 1 1 1 0 0 0 1 1 1 1 0 1]
 [0 1 0 0 0 0 1 1 1 1 0 0 0 1 0]]
```

其中，数字 1 表示每行的文本中出现过对应列标签的词语，数字 0 表示没有出现过对应列标签的词语。这种出现过的特征设置为 1，没有出现过的特征设置为 0 的方式称为独热编码。

（3）基于词频-逆文档频率编码。

sklearn. feature_extraction. text 中的 TfidfVectorizer 将文本集合转换为 TF-IDF 特征矩阵。例如:

```
from sklearn. feature_extraction. text import TfidfVectorizer
tf_idf_vector = TfidfVectorizer(
        token_pattern = "[\u4e00 - \u9fa5_a - zA - Z0 - 9]{1,}")
tf_idf_features = tf_idf_vector. fit_transform(texts_list)
print("词语表:", tf_idf_vector. vocabulary_, sep = "")
print("各句子的 TF - IDF 编码(特征矩阵):\n",
        tf_idf_features. toarray(), sep = "")
print("矩阵中各特征对应的词语(特征标签):\n",
```

```
        tf_idf_vector.get_feature_names_out(),sep = "")
```

程序运行结果如下。

词语表:{'云计算': 2, '人工智能': 5, '移动互联网': 11, '技术': 9, '不断涌现': 0, '移动': 10, '通信': 14, '互联网': 3, '融合': 12, '产物': 4, '运用': 13, '中华民族': 1, '伟大': 6, '复兴': 8, '努力奋斗': 7}
各句子的 TF – IDF 编码(特征矩阵):
[[0.24576482 0.   0.24576482 0.24576482 0.24576482 0.24576482
  0.   0.   0.   0.52459109 0.24576482 0.49152965
  0.24576482 0.   0.24576482]
 [0.   0.4261596 0.   0.   0.   0.
  0.4261596 0.4261596 0.4261596 0.30321606 0.   0.
  0.   0.4261596 0.   ]]
矩阵中各特征对应的词语(特征标签):
['不断涌现' '中华民族' '云计算' '互联网' '产物' '人工智能' '伟大' '努力奋斗' '复兴' '技术' '移动' '移动互联网' '融合' '运用' '通信']

采用以上方法进行向量化时,中文需要分词,转换为词语之间以空格分隔的字符串,英文不需要分词和转换,因为英文单词之间本身就是空格分隔。分词时可以不用预先去掉停用词,只要将停用词词表通过初始化参数 stop_words 传入 CountVectorizer 或 TfidfVectorizer 的对象创建过程中,在调用对象的 fit()或 fit_transform()方法时将自动去掉出现在停用词词表中的词语。本节配套的相应源代码中给出了相关的例子。

11.5.2　基于序列模型的向量编码

通过上述几种方式生成的特征矩阵中的列数量与词语数量一样多。当文本集中出现的词语比较多时,特征矩阵的列数将非常庞大,也就是文本词向量的维度非常庞大。庞大的词向量维度增加了计算资源的消耗。

基于序列模型编码的词嵌入是深度学习领域文本处理的一种重要的词语编码方式,它将词语映射到空间向量中,这个空间向量通常不需要太多的维度,每一维均用浮点数表示。语义接近的词语在这个空间中距离接近,词语之间的语义关系还可以用词嵌入向量的加减运算表示。词嵌入通常能够更好地表示词语之间的语义关系,能够更好地支持文本分类等操作。词嵌入向量可以在使用时根据文本集训练得到,也可以使用第三方预训练的词向量。训练词嵌入向量的算法有 Word2Vec、GloVe 等。

Gensim 是一款开源的第三方 Python 工具,用于从文档中无监督地学习文本向量的表达,支持 TF-IDF、Word2Vec 等多种算法。Anaconda 中已经内置了 Gensim。如果使用 Python 标准发行版本,则需要在命令行下输入"pip install gensim"来完成安装。本节配套的源代码文件"11.5-基于词序列模型的词嵌入.ipynb"使用 Gensim 4.3.3 来演示利用 Word2Vec 算法生成词嵌入向量的基本流程。其代码分步实现如下。

(1) 准备数据、去停用词。

```
import jieba
#读取停用词
with open("./cn_stopwords.txt", encoding = "utf-8") as f:
    stopwords_list = f.readlines()
#原文件中每行两端有换行符等空白符,以下去掉列表元素字符串中的空白符
stopwords_list = [word.strip() for word in stopwords_list]
```

```
# 包含多个文本的语料(这里有两个文本)
texts = ("云计算、人工智能、移动互联网等技术不断涌现。" +
        "移动互联网是移动通信技术和互联网技术融合的产物。",
    "我们要运用好这些技术,为中华民族的伟大复兴而努力奋斗!")
jieba.add_word("云计算")
jieba.add_word("移动互联网")
# 对每个文本分别分词
segments = [jieba.lcut(text) for text in texts]
# print("分词结果:", segments, sep = "")
# 每个文本分别去停用词
texts_words_list = []
for seg in segments:
    seg_words_list = [word for word in seg if word not in stopwords_list]
    texts_words_list.append(seg_words_list)
print("去掉停用词后的各文本词语列表:\n", texts_words_list, sep = "")
```

程序运行结果如下。

```
去掉停用词后的各文本词语列表:
[['云计算', '人工智能', '移动互联网', '技术', '不断涌现', '移动互联网', '移动', '通信', '技术',
'互联网', '技术', '融合', '产物'], ['运用', '技术', '中华民族', '伟大', '复兴', '努力奋斗']]
```

(2) 利用 Word2Vec 算法生成词向量。

```
import pandas as pd
from gensim.models import Word2Vec
word_vector_model = Word2Vec(texts_words_list,       # 要分析的文本,由词语列表构成
                    vector_size = 3,                 # 词向量维度,默认为100
                    window = 2,                      # 上下文关系的最大距离,默认为5
                    min_count = 1)                   # 需要计算词向量的最小词频
# print(word_vector)
# 词语与编号对应的字典
vocab2index = word_vector_model.wv.key_to_index
print("word_vector.wv.key_to_index:\n", vocab2index, sep = "")
# 词语组成的列表
vocabs = word_vector_model.wv.index_to_key
print("word_vector.wv.index_to_key:\n", vocabs, sep = "")
# 构造词语对应的向量字典
wv_dict = {word:word_vector_model.wv[word] for word in vocabs}
# print(wv_dict)
wv_df = pd.DataFrame(wv_dict).T                      # 对 DataFrame 对象进行转置
# 设置 DataFrame 打印时右对齐
pd.set_option("display.unicode.east_asian_width", True)
print("前 5 个词语的向量:\n", wv_df[:5], sep = "")
```

上述代码根据词语生成向量。词语向量的维度可以通过参数 vector_size 指定。上述代码的执行结果如下。

```
word_vector.wv.key_to_index:
{'技术': 0, '移动互联网': 1, '努力奋斗': 2, '复兴': 3, '伟大': 4, '中华民族': 5, '运用': 6, '产物': 7, '融合': 8, '互联网': 9, '通信': 10, '移动': 11, '不断涌现': 12, '人工智能': 13, '云计算': 14}
word_vector.wv.index_to_key:
['技术', '移动互联网', '努力奋斗', '复兴', '伟大', '中华民族', '运用', '产物', '融合', '互联网', '通信', '移动', '不断涌现', '人工智能', '云计算']
前 5 个词语的向量:
```

	0	1	2
技术	− 0.017918	0.007909	0.170119
移动互联网	0.300309	− 0.310098	− 0.237227
努力奋斗	0.215205	0.299150	− 0.167100
复兴	− 0.125580	0.246169	− 0.051184
伟大	− 0.151230	0.218502	− 0.161990

上述过程根据 Word2Vec 算法生成文本的词向量,设置每个词向量的维度为 3。维度越高,表示的语义越丰富,但需要更多的内存等计算资源。在词向量表示的多维空间中,距离越近表示语义越相近。提供给算法的文本资料越多,通常词向量表示的语义关系越准确。目前有不少第三方提供了根据通用文本资料库训练的词向量,称为预训练词嵌入。采用预训练词嵌入,可以不需要重新训练词向量,只需根据词语查找对应的向量,也可以在预训练词嵌入的基础上根据新的语料来优化词向量。这样可以节省很多计算资源。预训练词嵌入的维度通常有 50、100 和 300。读者可以根据需要在网上下载。

采用 Word2Vec 训练的是词语的向量。Doc2Vec 既可以训练词语的向量,又可以训练文档的向量。Doc2Vec 在 Word2Vec 的基础上实现,可以为变长的文档生成定长的向量。本书不介绍其实现原理。本节配套的源代码文件"11.5-基于词序列模型的词嵌入.ipynb"在上述 Word2Vec 案例后面,演示如何利用 Doc2Vec 算法生成词嵌入的词语向量和文档向量。相关代码分步说明如下。

（3）使用 Doc2Vec 训练词语向量和文档向量。

```python
from gensim.models.doc2vec import Doc2Vec,TaggedDocument
documents = [TaggedDocument(doc,[i])
            for i,doc in enumerate(texts_words_list)]
doc_vec_model = Doc2Vec(documents = documents,
                        vector_size = 3,        # 向量的维度
                        window = 2,             # 上下文关系的最大距离(滑动窗口大小)
                        min_count = 1,          # 最小词频
                        epochs = 20)            # 训练轮次,默认为10
# 查看各文档的向量
for i in range(len(texts_words_list)):
    print(f"第{i}个文档的向量:{doc_vec_model.dv[i]}")
# 查看词语的向量
print("查看词语的向量:",doc_vec_model.wv["人工智能"])

# 根据新文档的分词,预测其向量
print("预测文档的向量:",
      doc_vec_model.infer_vector(["人工智能","提高","工作效率"]))
# 保存模型
doc_vec_model.save("doc_vec.model")
```

程序运行结果如下。

```
第 0 个文档的向量:[ − 0.17388156 − 0.20379907 − 0.33544868]
第 1 个文档的向量:[0.286124 0.11796451 0.00672911]
查看词语的向量: [ − 0.15847321 − 0.32067025 0.1662006 ]
预测文档的向量: [ − 0.1226407 − 0.13467579 − 0.13634118]
```

（4）在需要的时候可以加载模型,并利用该模型来预测文档的向量、查看词语的向量。

```python
from gensim.models.doc2vec import Doc2Vec
doc_vec_model = Doc2Vec.load("doc_vec.model")
```

```
#根据新文档的分词,预测其向量
print("预测文档的向量:",
        doc_vec_model.infer_vector(["人工智能","提高","工作效率"]))
```

程序运行结果如下。

预测文档的向量: [− 0.12268826 − 0.1350643 − 0.13674237]

11.6 基于文本相似性的类案检索

本节主要以案例的形式,阐述相似法律文书的寻找方法,提高类案检索的效率。本节配套的数据选自法研杯 2018(CAIL2018)测试数据[①]中 201 个刑事案件的案例。其中,200 个案件作为历史案例库,放在 case_lib.xlsx 文件中;有一个案件作为新案,放在 case_target.xlsx 文件中。类案检索的目标是在案例库中寻找与新案件相似程度最高的前几个案件。实现的程序源代码见本章配套的"11.6-基于文本相似性的类案检索.ipynb"文件。下面按步骤给出实现的源代码。

(1) 读取案例库中的文本、读取停用词表。

```
import pandas as pd
from sklearn.feature_extraction.text import ENGLISH_STOP_WORDS as en_stop_words

#读取案例库中的案件文本,
case_lib = pd.read_excel("./case_lib.xlsx",usecols = "A:E")
case_lib_array = case_lib["fact"].values        #numpy 数组
#print(case_lib_array.tolist()[:2])

#读取停用词
with open("./cn_stopwords.txt","r",encoding = "utf − 8") as f:
    stopwords_text = f.read()
#用 splitlines()以换行符划分词语,并去掉换行符
stopwords_list = stopwords_text.splitlines()
#添加英文停用词
stopwords_list.extend(en_stop_words)
#添加英文标点符号到停用词词表中
stopwords_list.extend(["(",")",":",",","!"])
```

根据法学行业的特点,可以自行添加停用词。

(2) 对案例库中的案件文本分词,并去掉停用词。

```
import jieba
#案例库中的案件的文本分词
lib_text_segment_list = [jieba.lcut(one_text)
                            for one_text in case_lib_array]
#案例库中的案件文本去掉停用词
corpus_words_list = []
for words_list in lib_text_segment_list:
    corpus_words_list.append([word for word in words_list
                                if word not in stopwords_list])
```

---

① CAIL2018: A Large-Scale Legal Dataset for Judgment Prediction, Overview of CAIL2018: Legal Judgment Prediction Competition

（3）生成文本向量。

可以使用11.5节介绍的各种文本向量化方法为案例库中的各个案例文本构造文本向量。这里使用Doc2Vec算法来构造文本向量。程序源代码如下。

```
from gensim.models.doc2vec import Doc2Vec, TaggedDocument
documents = [TaggedDocument(doc, [i])
            for i, doc in enumerate(corpus_words_list)]
doc_vec_model = Doc2Vec(vector_size = 10,          # 向量的维度
                        window = 2,                # 上下文关系的最大距离(滑动窗口大小)
                        min_count = 1)             # 最小词频
doc_vec_model.build_vocab(documents)
doc_vec_model.train(corpus_iterable = documents,
                    total_examples = doc_vec_model.corpus_count,
                    epochs = 20)                   # 训练轮次,默认为10
# 保存模型
doc_vec_model.save("law_doc_vec.model")
```

（4）生成新案件文本的向量。

可以直接使用上述Doc2Vec的模型对象,也可以读取已经保存的模型对象。利用该对象生成新案件文本的向量。程序源代码如下。

```
from gensim.models.doc2vec import Doc2Vec
doc_vec_model = Doc2Vec.load("law_doc_vec.model")
# 读取目标案件(新案件)文本
case_target = pd.read_excel("./case_target.xlsx", usecols = "A:E")
case_target_text = case_target["fact"].values[0]
# 目标案件的文本分词
target_text_segment = jieba.lcut(case_target_text)
# 去掉停用词
target_words_list = [word for word in target_text_segment
                            if word not in stopwords_list]
```

（5）文本相似性计算方法1：使用Doc2Vec对象中的方法。

```
print("目标案件文本:\n", case_target_text, sep = "")
target_doc_vec = doc_vec_model.infer_vector(target_words_list)
# print(target_doc_vec)
similarities = doc_vec_model.dv.most_similar([target_doc_vec], topn = 3)
# print(similarities)
for i, similarity in similarities:
    sentence = case_lib_array[i]
    print(f'\n 与第{i + 1}个案件的相似性值为:{similarity:.3f}',
          f'\n 该案件的内容为:{case_lib_array[i].strip()}', sep = "")
    print("罚款:", case_lib.iloc[i, 1:2].values[0], sep = "")
    print("罪名:", case_lib.iloc[i, 2:3].values[0], sep = "")
    print("相关法条:", case_lib.iloc[i, 3:4].values[0], sep = "")
    print("刑期:", case_lib.iloc[i, 4:5].values[0], sep = "")
```

程序输出目标案件（新案件）的文本,并依次输出相似度最高的三个案件的相关信息及相似度值。限于篇幅,这里不展示输出结果,读者可以运行程序查看结果。

（6）文本相似性计算方法2：利用sklearn.metrics.pairwise中的cosine_similarity()函数。

```
from sklearn.metrics.pairwise import cosine_similarity
```

```
#构造案例库中各案例文本的特征向量矩阵
corpus_features = []
for i in range(len(corpus_words_list)):
    corpus_features.append(doc_vec_model.dv[i])  #各文档的特征向量
#目标案件文本与案例库中各文本的相似性
similarity = cosine_similarity([target_doc_vec], corpus_features)
#对第1个目标案件,将相似性从高到低排列的案例库文本索引号
top_docs_index = similarity[0].argsort()[::-1]
#将索引值映射到案件库的原始文本字符串,输出和目标案件文本最相似的三个文档
print("目标案件文本:\n",case_target_text,sep = "")
for index in top_docs_index[:3]:
    print(f'\n与第{index + 1}个案件的相似性值为:{similarity[0][index]:.3f}',
            f'\n该案件的内容为:{case_lib_array[index].strip()}',sep = "")
    print("罚款:",case_lib.iloc[index,1:2].values[0],sep = "")
    print("罪名:",case_lib.iloc[index,2:3].values[0],sep = "")
    print("相关法条:",case_lib.iloc[index,3:4].values[0],sep = "")
    print("刑期:",case_lib.iloc[index,4:5].values[0],sep = "")
```

本步骤的运行结果与第(5)步的运行结果相同。

本节的方法可以用于任何文本相似性的计算及其应用,例如,根据浏览新闻的历史,从新闻库中推荐新闻文本。

习题

1. 从图书馆或网上共享的数据平台下载四大名著中的其中一个文本数据集,分词后对前 50 个最常出现的词语制作词云,提取关键词。程序和运行结果保存在 exercise11_1. ipynb 中。

2. 从图书馆或网上共享的数据平台下载一个中文新闻分类数据集。从新闻网站上下载一篇你感兴趣的新闻,根据文本相似性原则从新闻数据集中找出与该新闻文本最相似的 5 篇新闻文本。程序和运行结果保存在 exercise11_2.ipynb 中。

第12章

数字媒体处理

本章主要通过案例的形式讲述音频和视频数据的基本处理方法。先讲述利用 wave 和 pydub 进行音频处理的基本方法,再讲述利用 pillow 进行数字图像处理的基本方法。

12.1 音频处理

利用 Python 处理音频时,除了 Python 标准发行版本内置的 wave 库,还有 pydub、librosa、soundfile 等第三方库。除了 wave 库,其他三个均需要先安装才能使用。

音频处理的内容非常丰富,本节通过案例的方式讲解如何利用 wave 和 pydub 来对音频数据进行简单处理,如何利用 pygame 播放 wav 声音文件。

12.1.1 利用 wave 进行音频处理

wave 是 Python 的标准库,支持单声道或多声道声音文件的处理,但不支持压缩和解压缩。

本节配套的程序文件"12.1-音频处理.ipynb"给出了利用 wave 进行音频处理的案例。下面分步给出其实现过程。

1. 打开文件、读取音频参数和音频数据

```
import wave
with wave.open("./测试音频.wav","rb") as f:
    params = f.getparams()
    nchannels,sampwidth,framerate,nframes,comptype,compname = params
    print("声道数:",nchannels,":",f.getnchannels())
    print("采样位数:",sampwidth,":",f.getsampwidth())
    print("采样频率:",framerate,":",f.getframerate())
    print("采样点数:",nframes,":",f.getnframes())
    print("压缩类型:",comptype,":",f.getcomptype())
    print("压缩类型名称:",compname,":",f.getcompname())
    music_data_bytes = f.readframes(nframes)      #读取音频数据,为 bytes 类型
```

用 wave.open() 函数读取音频文件后,可以用 getparams() 方法返回包含该音频相关参数的元组。上述程序中给出了元组中的元素顺序及相关含义,也可以用各自对应的方法返回单个参数。例如,可以用 getnchannels() 方法返回声道数,可以用 readframes() 方法返回指定个数的采样点声音数据。

上述程序的运行结果如下。

声道数: 2 : 2

采样位数：2 ∶ 2
采样频率：44100 ∶ 44100
采样点数：220500 ∶ 220500
压缩类型：NONE ∶ NONE
压缩类型名称：not compressed ∶ not compressed

2. 绘制各声道的波形

上一步骤中已经通过 readframes() 方法读取了音频数据。由于各声道数据是展平后存储的，为了方便绘制图形，将音频数据通过数组变形的方式转换为二维矩阵，各声道数据分别单独占一列。程序源代码如下。

```
import numpy as np
import matplotlib.pyplot as plt
plt.rcParams["font.sans-serif"] = ["SimHei"]
plt.rcParams["axes.unicode_minus"] = False

# 将 bytes 类型的数据转换为 int 类型
music_data_int = np.frombuffer(music_data_bytes, dtype = np.int16)
# print(music_data_int.shape)
# 将每个声道的数据划分为各自单独的一列
music_data_int = np.reshape(music_data_int, [nframes, nchannels])
# print(music_data_int.shape)
times = np.linspace(start = 0, stop = nframes/framerate,    # 开始与结束时间
                    num = len(music_data_int), endpoint = True)

plt.figure(figsize = (10,12))
plt.subplot(3,1,1)
plt.plot(times, music_data_int)                # 各列(所有声道)的波形画在同一图形上
plt.xticks(fontsize = 12)
plt.xlabel("时间(秒)", fontsize = 13)
plt.yticks(fontsize = 12)
plt.ylabel("振幅", fontsize = 13)
plt.title("两个声道叠加的波形", fontsize = 15)

plt.subplot(3,1,2)
plt.plot(times, music_data_int[:,0], c = "g")          # 第一个声道的波形
plt.xticks(fontsize = 12)
plt.xlabel("时间(秒)", fontsize = 13)
plt.yticks(fontsize = 12)
plt.ylabel("振幅", fontsize = 13)
plt.title("第一个声道的波形", fontsize = 15)

plt.subplot(3,1,3)
plt.plot(times, music_data_int[:,1], c = "b")          # 第二个声道的波形
plt.xticks(fontsize = 12)
plt.xlabel("时间(秒)", fontsize = 13)
plt.yticks(fontsize = 12)
plt.ylabel("振幅", fontsize = 13)
plt.title("第二个声道的波形", fontsize = 15)

plt.tight_layout()
plt.show()
```

程序的运行结果如图 12.1 所示。

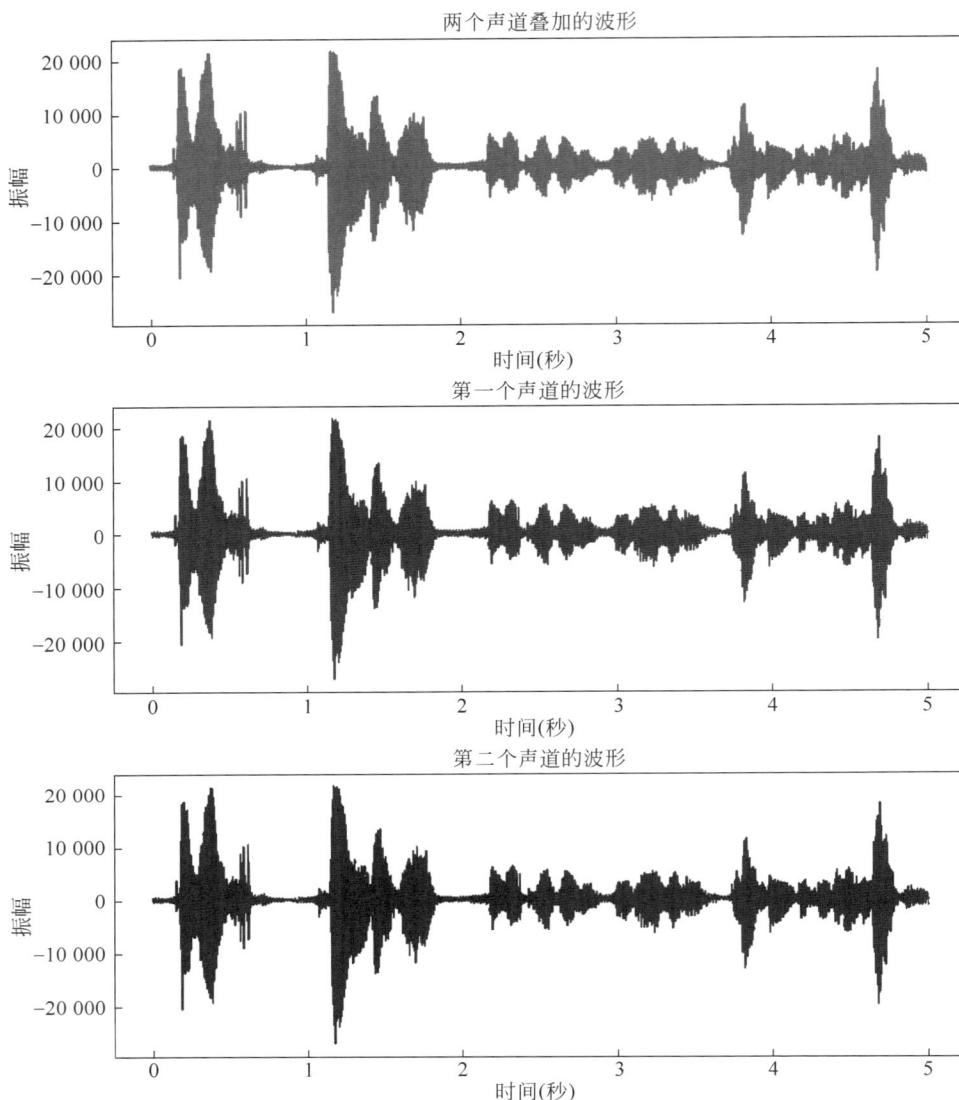

图 12.1 音频数据的波形

3. 保存音频

读取的音频属性和数据如果经过了修改（例如截取了部分时长），则需要重新写入文件。这个示例中没有修改操作。如果需要存储音频数据，则先用通道数等 6 个属性构成一个元组作为参数；然后，通过 wave. open( ) 函数打开新音频文件的对象，通过该对象的 setparams( ) 方法将上述元组设置为音频的属性；最后，用文件对象的 writeframes( ) 方法将音频数据写入文件中。例如：

```python
# 将数据展开为一维数据
music_data_int = np. reshape(music_data_int,[nframes * nchannels,])
# print(music_data_int.shape)
params = (nchannels,sampwidth,framerate,nframes,comptype,compname)
with wave.open("./music_saved.wav","wb") as f:
```

```
        f.setparams(params)
        f.writeframes(music_data_int)
```

执行该程序后,在程序文件所在的同一目录下生成了 music_saved.wav 文件。

12.1.2　利用 pygame 播放音乐

pygame 是一个流行的 Python 游戏开发库。它不是 Python 的标准库,在 Anaconda 中也没有集成,需要先安装才能使用。下面通过案例的方式展示利用 pygame 实现 WAV 文件播放的方法。

```
import pygame
from math import ceil
pygame.init()                                       # 初始化 pygame
music = pygame.mixer.Sound("./测试音频.wav")          # 加载 WAV 文件
music.play()                                        # 播放
# 延时 music.get_length()秒,等待播放完成
pygame.time.wait(ceil(music.get_length() * 1000))
pygame.quit()                                       # 关闭 pygame
```

上述程序源代码位于本节配套的程序文件"12.1-音频处理.ipynb"中。其中,math 模块中的 ceil(x)函数返回大于或等于 x 的最小整数。

12.1.3　利用 pydub 进行音频处理

pydub 是一个第三方的音频处理库,Anaconda 中也没有集成该库。读者可以在命令行窗口中通过 pip install pydub 进行在线安装。它支持对 WAV、MP3 等多种格式音频的分割、合并、混音、音量调节、格式转换等。

本节配套的程序文件"12.1-音频处理.ipynb"的后半部分给出了利用 pydub 进行音频处理的案例。下面分步给出其实现过程。

1. 利用 pydub 合并音频

```
from pydub import AudioSegment
# 读取音频
music1 = AudioSegment.from_file("./测试音频.wav")
music2 = AudioSegment.from_file("./music_saved.wav")
# 合并音频
music = music1 + music2
music.export("music.wav", format = "wav")
```

执行该程序后,在程序所在目录下生成了新的 WAV 音频文件 music.wav。该音频文件是原来两个音频文件的拼接。

2. 利用 pydub 剪取音频

以下代码从 music.wav 文件中,通过切片的方式,剪取前 5 秒的音频。

```
music = AudioSegment.from_wav("./music.wav")
music_clip = music[:5 * 1000]     # 剪取 5 秒
music_clip.export("music_clip.wav", format = "wav")
```

3. 利用 pydub 调整音量

可以通过对音频对象的加、减实现音量的增减。例如:

```
music = AudioSegment.from_file("./测试音频.wav")
music = music + 5        # 增加 5dB
music.export("music_plus.wav",format = "wav")
```

对音量增减后，通过 export()方法将结果保存到一个新的文件。

12.2　利用 Pillow 库进行图像处理

OpenCV 和 Pillow 是 Python 图像处理领域比较常用的两个库。OpenCV 是用 C/C++编写的，同时提供了 Python、MATLAB 等语言的编程接口，可在多个操作系统上运行。在 Python 2 中，PIL(Python Imaging Library)是非常受欢迎的图像处理库，但不支持 Python 3。Pillow 是 PIL 的一个开发分支，支持 Python 3，是 Python 中比较基础，同时又非常优秀的图像处理库，主要用于图像的基本处理，例如，图像的缩放、剪裁、旋转、复制、合并等。Anaconda 中已经内置了 Pillow。如果使用 Python 标准版本的解释器，需要先使用 pip install pillow 来安装 Pillow。

Pillow 库中提供了模块化的结构，各模块提供不同的功能。本节主要通过案例的形式介绍 Pillow 库中 Image、ImageDraw、ImageFont 和 ImageFilter 这 4 个模块的常用方法。限于篇幅，不介绍其他模块。本节配套的源代码文件"12.2-图像处理.ipynb"中给出了详细的案例及其执行结果。本节以下部分分模块、分步骤给出案例的讲解。限于篇幅，大部分输出内容将不在本书中展示，请读者对照文件"12.2-图像处理.ipynb"的运行结果来查看。

12.2.1　Image 模块

Image 模块主要提供图像的读写、显示、缩放、复制粘贴、剪裁、翻转等功能。以下通过对"美丽乡村.jpg"图片的操作来演示相关用法。

1. 导入 Pillow 库中的相关模块，打开、显示图片

```
from PIL import Image
import matplotlib.pyplot as plt
# 打开并显示图像
pic = Image.open("./美丽乡村.jpg")
# pic                    # 在 Jupyter Notebook 中可以直接输入变量名来显示图像
# pic.show()             # 用操作系统的默认图像工具打开
plt.axis("off")          # 关闭坐标轴
plt.imshow(pic)
plt.show()               # 为了在非 ipython 环境下显示图像
```

从上述代码可以看出，引用 Pillow 库中相关模块时，使用的包名称为 PIL，而不是 pillow。例如，要从 Pillow 库中引用 Image 模块，使用 from PIL import Image。使用 Image 模块中的 open()函数打开图像文件后，返回图像的对象。本例中图像对象的变量名称为 pic，可以使用 pic.show()显示图像。这时自动打开操作系统默认的图像工具来显示图像。为了方便在 Jupyter Notebook 内部显示，可以直接输入变量名 pic，但这种方法在.py 文件中无法显示图像。也可以使用 matplotlib.pyplot.imshow()在具有 ipython 的环境中显示图像。如果要在没有 ipython 的环境中显示图像，需要在 imshow()后面再添加 plt.show()。在利用 Matplotlib 显示图像时，为了去除默认的横纵坐标，需要添加 plt.axis("off")。为了

程序的通用性,本书利用 Pillow 进行图像处理时,均使用以下三行来显示图像。

```
plt.axis("off")              #关闭坐标轴
plt.imshow(图像对象名称)
plt.show()                   #为了在非 ipython 环境下显示图像
```

上述程序的图像显示结果如图 12.2 所示。

图 12.2   用于 Pillow 图像处理的示例图像

2. 查看图像信息

```
print("图像格式:",pic.format)
print("色彩模式:",pic.mode)
print("图像尺寸:",pic.size)
print("图像宽度:",pic.width)
print("图像高度:",pic.height)
print("是否为只读:",pic.readonly)
```

程序执行的结果如下。

```
图像格式: JPEG
色彩模式: RGB
图像尺寸: (4000, 3000)
图像宽度: 4000
图像高度: 3000
是否为只读: 0
```

3. 改变图像尺寸(图像的缩放)

图像对象的 resize()方法可以实现对图像的缩放,也就是改变尺寸。参数 size 表示缩放后的宽度和高度组成的元组或列表。例如:

```
#改变整幅图像的尺寸
pic_mini = pic.resize(size = (pic.width//20,pic.height//20))
plt.axis("off")              #关闭坐标轴
plt.imshow(pic_mini)
plt.show()                   #为了在非 ipython 环境下显示图像
pic_mini.save("pic_mini.jpg")
```

也可以用 box 参数指定只对部分区域进行缩放。例如：

```
#改变部分区域的尺寸
pic_mini_center = pic.resize(size = (pic.width//10,pic.height//10),
            box = [pic.width//4,pic.height//4,pic.width * 3//4,pic.height * 3//4])
plt.figure()
plt.axis("off")              # 关闭坐标轴
plt.imshow(pic_mini_center)
plt.show()                   # 为了在非 ipython 环境下显示图像
pic_mini_center.save("pic_mini_center.jpg")
```

在程序的相同目录下保存了两个经过缩小的文件，分别为 pic_mini.jpg 和 pic_mini_center.jpg。请读者打开这两个图像，并和原图像进行比较。

4. 创建缩略图

缩略图就是改变原图的尺寸，可以用图像对象的 thumbnail()方法实现。例如：

```
pic_thumbnail = pic.copy()              # 复制图像
# 缩略图：将原图缩小到指定大小(size)的图像
pic_thumbnail.thumbnail(size = (256,128))
plt.axis("off")                         # 关闭坐标轴
plt.imshow(pic_thumbnail)
plt.show()                              # 为了在非 ipython 环境下显示图像
pic_thumbnail.save("pic_thumbnail.jpg")
```

5. 图像的复制与粘贴

以下程序中，先复制一个图像，然后通过 resize 构造一个缩小的图像。最后将这个缩小的图像放在复制图像的右下角。

```
pic_copy = pic.copy()                   # 复制图像
pic_mini = pic_copy.resize((pic_copy.width//3,pic_copy.height//3))
# 粘贴图像，参数 box 指定 im 图像的左上角位置
pic_copy.paste(im = pic_mini,
                box = (pic_copy.width - pic_mini.width,
                      pic_copy.height - pic_mini.height))
plt.axis("off")
plt.imshow(pic_copy)
plt.show()                              # 为了在非 ipython 环境下显示图像
```

6. 修改指定像素点的颜色

利用图像对象的 putpixel()方法可以修改各像素点的颜色。参数 xy 指定像素点的位置，参数 value 指定像素点的 RGB 颜色值。例如：

```
# print(pic.size)
pic_copy = pic.copy()
for x in range(100,1001):
    for y in range(900,1351):
        pic_copy.putpixel(xy = (x,y),value = (0,0,255))
plt.axis("off")
plt.imshow(pic_copy)
plt.show()       # 为了在非 ipython 环境下显示图像
```

上述程序将 x 轴范围从 100 到 1000、y 轴范围从 900 到 1350 的区域内像素点颜色修改为蓝色，执行结果如图 12.3 所示。

图 12.3　修改指定范围内像素点颜色的结果

7. 改变图像模式

图像模式代码及其含义如表 12.1 所示。

表 12.1　图像模式代码及其含义

模 式 代 码	含　　　义
1	1 位像素,0 表示黑,1 表示白,单色通道
L	8 位像素(取值范围 0~255)表示的灰度,单色通道
P	8 位像素,使用调色板映射到任何其他模式,单色通道
RGB	三色通道,每个通道 8 位像素(0~255),真彩色
RGBA	四个通道(三个真彩色+一个透明通道),每个通道 8 位像素
CMYK	四色通道,每个通道 8 位像素,适合打印图片
YCbCr	三色通道,每个通道 8 位像素,彩色视频格式
LAB	L、a、b 三色通道,每个通道 8 位像素
HSV	三个通道(色相、饱和度、颜色空间),每个通道 8 位像素
I	单色通道,用 32 位有符号整数表示像素值
F	单色通道,用 32 位浮点数表示像素值

利用图像对象的 convert() 方法可以改变图像的模式。以下代码从原来的 RGB 模式图像生成灰度图像。

```
print("图像原模式:",pic.mode)
pic_L = pic.convert("L")
plt.axis("off")              ♯关闭坐标轴
plt.imshow(pic_L)
plt.show()                   ♯为了在非 ipython 环境下显示图像
```

8. 图像剪裁

可以通过图像对象的 crop() 方法剪裁图像的指定区域。参数 box 指定图像左上角和右下角的位置,通过这两点沿各自平行于边缘的两条直线构成一个长方形区域。最终生成该区域的像素点构成的图像。例如:

```
pic_crop = pic.crop(box = [pic.width//4, pic.height//4,
                           pic.width * 3//4, pic.height * 3//4])
plt.axis("off")                    # 关闭坐标轴
plt.imshow(pic_crop)
plt.show()                         # 为了在非 ipython 环境下显示图像
```

9. 图像翻转

图像对象的 transpose() 方法可以实现图像的水平、垂直等方向的翻转。参数 method 决定翻转的方式，其值由 Image 模块中的相应常数决定。例如，Image.FLIP_LEFT_RIGHT 表示水平方向的左右翻转，Image.FLIP_TOP_BOTTOM 表示垂直方向的上下翻转。其他翻转方式的参数见帮助文档。

```
pic_trans = pic.transpose(method = Image.FLIP_LEFT_RIGHT)   # 左右翻转
plt.axis("off")                                             # 关闭坐标轴
plt.imshow(pic_trans)
plt.show()      # 为了在非 ipython 环境下显示图像

pic_trans = pic.transpose(Image.FLIP_TOP_BOTTOM)            # 垂直翻转
plt.figure()
plt.axis("off")                                             # 关闭坐标轴
plt.imshow(pic_trans)
plt.show()      # 为了在非 ipython 环境下显示图像
```

利用手机等摄像工具自拍的时候，通常会产生左右相反的相片。可以利用上述代码实现相片的左右重新翻转。

10. 图像任意角度的旋转

图像对象的 rotate() 方法可以实现图像任意角度的逆时针旋转。参数 angle 表示逆时针旋转的角度值。例如：

```
# 任意角度、逆时针旋转，angle 表示角度
pic_rotate = pic.rotate(angle = 45)
plt.axis("off")                    # 关闭坐标轴
plt.imshow(pic_rotate)
plt.show()                         # 为了在非 ipython 环境下显示图像
pic_rotate.save("pic_rotate.png")
```

11. 通道的分离与合并

不同的图像模式有不同个数的通道及其不同的通道含义。利用图像对象的 split() 方法可以将各通道的数据分离开，返回由各通道数据构成的元组。例如：

```
# 分离 RGB 颜色通道
print("图像模式:", pic.mode)
pic_r, pic_g, pic_b = pic.split()
plt.axis("off")
plt.imshow(pic_r)
plt.show()          # 为了在非 ipython 环境下显示图像

plt.figure()
plt.axis("off")
plt.imshow(pic_g)
plt.show()          # 为了在非 ipython 环境下显示图像
```

```
plt.figure()
plt.axis("off")
plt.imshow(pic_b)
plt.show()          #为了在非 ipython 环境下显示图像
```

图像对象的 merge()方法可以合并通道数据。合并的通道个数由参数 mode 决定,如 RGB 模式有三个通道,则参数 bands 须提供三个通道数据构成的元组或列表。例如:

```
#合并通道(模式 mode 决定合并的通道数)
pic_rg = Image.merge(mode = "RGB",
                     bands = (pic_r,pic_g,pic_r))
plt.figure()
plt.axis("off")
plt.imshow(pic_rg)
plt.show()          #为了在非 ipython 环境下显示图像
```

12. 创建图像

以上案例均使用了 Image.open()函数打开的图像对象。Image 模块中的 new()函数提供了图像创建的方法,返回一个新的图像,可以在上面做各种操作,然后保存图像。例如:

```
image_new = Image.new(mode = "RGB",
                     size = (256,128),color = (0,128,128))
image_new.save("image_new.png")
plt.axis("off")
plt.imshow(image_new)
plt.show()          #为了在非 ipython 环境下显示图像
```

12.2.2 ImageDraw 与 ImageFont 模块

ImageDraw 模块提供了绘制各种几何图形、添加文字的功能。ImageFont 模块创建位图格式的字体,可用于 PIL.ImageDraw.ImageDraw.text()方法中。

1. 为图像添加文字

```
from PIL import Image, ImageDraw, ImageFont
import matplotlib.pyplot as plt
import numpy as np
#打开并显示图像
pic_source = Image.open("./美丽乡村.jpg")
image_draw = ImageDraw.Draw(pic_source)
font_simhei = ImageFont.truetype("./simhei.ttf",size = 200)
image_draw.text(xy = (pic_source.width//2 - 350,200),
               text = "美丽乡村",font = font_simhei,fill = "red")
plt.axis("off")          #关闭坐标轴
plt.imshow(pic_source)
plt.show()          #为了在非 ipython 环境下显示图像
```

上述代码中,利用 ImageDraw 对象的 text()方法在图像中添加文字。利用 ImageFont 创建位图格式的字体对象,并设置字体大小。在 text()方法中,利用 fill 参数指定字体颜色。

2. 在图像中绘制形状

ImageDraw 模块中的 ImageDraw 类提供了绘制几何形状的各种方法。例如,可以利用 line()方法绘制直线,利用 ellipse()方法绘制椭圆。在上一步骤添加文字的基础上,以下代码给出了绘制直线和椭圆的案例。

```
#绘制直线
image_draw.line(xy = (200,pic_source.height - 200,
                      pic_source.width - 200,pic_source.height - 200),
                fill = (255,0,0),width = 30)
#绘制椭圆
image_draw.ellipse(xy = (250,250,1000,600),fill = (253,253,150))
plt.axis("off")
plt.imshow(pic_source)
plt.show()     #为了在非 ipython 环境下显示图像
```

上述代码中,line()方法的 xy 参数为一个元组或列表,包含 4 个元素,依次为直线起点的横纵坐标、终点的横纵坐标,参数 fill 表示线条的 RGB 颜色,width 表示线条粗细的像素值。绘制椭圆的 ellipse()方法中,xy 表示椭圆长方形边框中的左上角和右下角坐标值,fill 表示椭圆的填充颜色。

经过上述两个步骤,在图像中添加了文字、绘制了直线和椭圆后,显示的图像结果如图 12.4 所示。

图 12.4　添加文字、几何图形后的图像

12.2.3　ImageFilter 模块

ImageFilter 实现图像滤波的功能,实现对图像进行平滑、锐化、细节增强、边界增强等功能。可以通过图像对象的 filter()方法实现滤波。其中,参数 filter 决定滤波类型。在 ImageFilter 模块中定义了滤波类型的常量。Pillow 官方文档给出的常用滤波类型如表 12.2 所示。

表 12.2　ImageFilter 中的滤波类型常量定义

滤 波 类 型	作　　　用
BLUR	均值滤波,使图像变模糊
CONTOUR	轮廓滤波,呈现图像轮廓

滤波类型	作用
DETAIL	细节滤波,使细节更加精细
EDGE_ENHANCE	边界增强滤波,使边界更清晰
EDGE_ENHANCE_MORE	深度边界增强滤波
EMBOSS	浮雕滤波,呈现图像的浮雕形式
FIND_EDGES	边缘检测滤波,呈现图像边缘
SHARPEN	锐化滤波
SMOOTH	平滑滤波
SMOOTH_MORE	深度平滑滤波

以下根据本节配套的源代码文件"12.2-图像处理.ipynb"依次给出部分图像滤波案例。

1. 生成轮廓图

```
from PIL import ImageFilter
pic_contour = pic.filter(filter = ImageFilter.CONTOUR)
plt.axis("off")                # 关闭坐标轴
plt.imshow(pic_contour)
plt.show()                     # 为了在非 ipython 环境下显示图像
```

2. 生成浮雕图

```
pic_emboss = pic.filter(filter = ImageFilter.EMBOSS)
plt.figure()
plt.axis("off")                # 关闭坐标轴
plt.imshow(pic_emboss)
plt.show()                     # 为了在非 ipython 环境下显示图像
```

3. 图像边缘检测

```
pic_edges = pic.filter(filter = ImageFilter.FIND_EDGES)
plt.figure()
plt.axis("off")                # 关闭坐标轴
plt.imshow(pic_edges)
plt.show()                     # 为了在非 ipython 环境下显示图像
```

4. 细节滤波

```
pic_edges = pic.filter(filter = ImageFilter.DETAIL)
plt.figure()
plt.axis("off")            # 关闭坐标轴
plt.imshow(pic_edges)
plt.show()                 # 为了在非 ipython 环境下显示图像
```

5. 图像边界增强

```
pic_edge_enhance = pic.filter(filter = ImageFilter.EDGE_ENHANCE)
plt.figure()
plt.axis("off")            # 关闭坐标轴
plt.imshow(pic_edge_enhance)
plt.show()                 # 为了在非 ipython 环境下显示图像
```

12.2.4 综合实例：利用 Pillow 制作验证码图像

在验证用户身份时,为了防止计算机的自动枚举破解,通常在少量几次验证失败后要求每次输入验证码才可以进行重新身份验证。过于简单的验证码通常会被计算机软件进行自动识别，无法避免自动枚举破解。通常需要生成一个具有复杂噪声的验证码图像。本节利用 Pillow 库中的相关模块，制作验证码图像。

本节的案例程序位于配套的源代码文件"12.2-图像处理.ipynb"中。下面分步骤依次给出相关程序及其说明。

1. 导入模块、定义相关函数

```python
import random, string
import matplotlib.pyplot as plt
from PIL import Image, ImageFont, ImageDraw, ImageFilter
# 获取随机的 n 个英文字母或数字组合
def getRandomChars(n):
    char_lib = string.ascii_letters + string.digits
    return "".join(random.sample(char_lib, n))


# 获取随机的 RGB 颜色组合值
def getRandomRGBColor(low, high):
    R = random.randint(low, high)
    G = random.randint(low, high)
    B = random.randint(low, high)
    return R, G, B

# 随机生成图像范围内一个点的坐标值
def getRandomPoint(w, h):
    x = random.randint(0, w)
    y = random.randint(0, h)
    return x, y
```

模块 string 中的变量 ascii_letters 的值是由所有英文大小写字母构成的字符串，变量 digits 的值是由数字 0~9 构成的字符串。模块 ranmdom 中的 sample(x, n) 表示从 x 中随机抽取 n 个元素构成列表，randint(low, high) 函数随机生成一个位于 [low, high] 区间内的整数。

2. 定义验证码图像制作函数，返回生成的验证码字符串

从英文字母和数字构成的字符串中随机抽取指定个数的字符组成验证字符串。生成图像，构建图像上的画笔，依次填入验证字符串中的字符。为了增加字符被软件自动识别的难度，在图像上分别添加各种颜色的随机分布点、随机的线条。然后显示图像，并返回验证码字符串。

```python
# 创建验证码图像, w 或 h 分别表示图像宽度和高度, 返回验证码字符串
def generateVerifyPic(w=256, h=64):
    # 创建空白图像
    pic = Image.new(mode="RGB", size=(w, h),
                    color=getRandomRGBColor(64, 128))    # 设置底色
    font_size = 32                                        # 设置字体大小
    # 创建字体
    font = ImageFont.truetype("./simhei.ttf", size=font_size)
    draw = ImageDraw.Draw(pic)                            # 创建 pic 上的画笔
    n = 5                                                 # 验证码字符个数
    verify_chars = getRandomChars(n)
    # 在图像上依次填写验证码字符
```

```
for i in range(len(verify_chars)):
    draw.text(xy = (font_size * i + 64, 16), text = verify_chars[i],
            font = font, fill = getRandomRGBColor(32, 128))

# 绘制随机颜色的点
for i in range(w * h // 16):
    draw.point(xy = getRandomPoint(w, h),
            fill = getRandomRGBColor(0, 255))

line_numbers = 8                            # 绘制线条的数量
for i in range(line_numbers):
    draw.line(xy = (getRandomPoint(w, h), getRandomPoint(w, h)),
            fill = getRandomRGBColor(128, 255), width = 2)

plt.axis("off")                             # 关闭坐标轴
plt.imshow(pic)
plt.show()                                  # 为了在非 ipython 环境下显示图像
return verify_chars
```

3. 在主程序中生成验证图像，进行验证码比较

主程序调用上一步骤的函数，生成验证码图像，并返回真实验证码。要求用户输入验证码进行比较，如果输入错误，则重新生成验证码图像，并返回真实验证码。再次要求用户输入验证码，直到输入正确的验证码。

```
# 主程序
verify_chars = generateVerifyPic()
input_chars = input("请输入验证码:").strip()
# 将真实验证码和输入的验证码均转换为小写进行比较
while verify_chars.lower() != input_chars.lower():
    print("验证失败!")
    verify_chars = generateVerifyPic()
    input_chars = input("请重新输入验证码:").strip()
print("验证通过!")
```

习题

1. 请将自己喜欢的三首歌曲的文件按顺序进行合并，方便一首歌曲播放完成后接着播放下一首歌曲。程序保存为 exercise12_1.ipynb。

2. 编写程序，为一批图片打上自己的个性化文字标记。程序保存为 exercise12_2.ipynb。

参 考 文 献

[1] 杨年华,柳青,郑戟明. Python 程序设计教程[M]. 3 版. 北京：清华大学出版社,2023.

[2] Hetland M L. Python 基础教程(修订版)[M]. 3 版. 袁国忠,译. 北京：人民邮电出版社,2023.

[3] Phillips D. Python 3 面向对象编程[M]. 2 版. 孙雨生,译. 北京：电子工业出版社,2018.

[4] McKinney W. 利用 Python 进行数据分析[M]. 3 版. 陈松,译. 北京：机械工业出版社,2023.

[5] Albon C. Python 机器学习手册：从数据预处理到深度学习[M]. 韩慧昌,林然,徐江,译. 北京：电子工业出版社,2019.

[6] 肖刚,张良均. Python 中文自然语言处理基础与实战[M]. 北京：人民邮电出版社,2022.

[7] Pajankar A. Python 3 图像处理实战[M]. 张庆红,周冠武,程国建,译. 北京：清华大学出版社,2022.

[8] Dey S,王燕. Python 图像处理经典实例[M]. 王存珉,译. 北京：人民邮电出版社,2023.

图书资源支持

感谢您一直以来对清华版图书的支持和爱护。为了配合本书的使用，本书提供配套的资源，有需求的读者请扫描下方的"书圈"微信公众号二维码，在图书专区下载，也可以拨打电话或发送电子邮件咨询。

如果您在使用本书的过程中遇到了什么问题，或者有相关图书出版计划，也请您发邮件告诉我们，以便我们更好地为您服务。

我们的联系方式：

清华大学出版社计算机与信息分社网站：https://www.shuimushuhui.com/

地　　址：北京市海淀区双清路学研大厦 A 座 714

邮　　编：100084

电　　话：010-83470236　010-83470237

客服邮箱：2301891038@qq.com

QQ：2301891038（请写明您的单位和姓名）

资源下载：关注公众号"书圈"下载配套资源。

资源下载、样书申请

图书案例

书圈

清华计算机学堂

观看课程直播